WTB

Chemie

WISSENSCHAFTLICHE TASCHENBÜCHER

GÜNTER WAGNER
HANS KÜHMSTEDT

Pharmazeutische Chemie

AKADEMIE-VERLAG · BERLIN

WTB

BAND 7

Günther Wagner
und
Hans Kühmstedt

Pharmazeutische Chemie

THEORIA CUM PRAXI

AKADEMIE-VERLAG · BERLIN
1963

Reihe CHEMIE

Herausgegeben im Auftrage der Sektion Chemie
bei der Deutschen Akademie der Wissenschaften zu Berlin

von:
Prof. Dr. H. Klare, Teltow-Seehof,
Prof. Dr.-Ing. Dr. h. c. E. Leibnitz, Leipzig,
Prof. Dr.-Ing. K. Schwabe, Dresden,
Prof. Dr. Dr. h. c. E. Thilo, Berlin

Verantwortlicher Herausgeber dieses Bandes:
Prof. Dr.-Ing. Dr. h. c. E. Leibnitz

Verfasser:
Prof. Dr. G. Wagner, Leipzig,
und
Dr. H. Kühmstedt, Leipzig
Pharmazeutisches Institut
der Karl-Marx-Universität zu Leipzig

Erschienen im Akademie-Verlag GmbH,
Berlin W 8, Leipziger Straße 3—4

Lizenznummer: 202 · 100/501/506/62
Gesamtherstellung: Druckhaus „Maxim Gorki", Altenburg
Bestellnummer: 7007
E S 17 S/18 C 5
Preis: DM 12,50

Vorwort

Die Darstellung der pharmazeutischen Chemie auf begrenztem Raum ist bei der ungeheuren Stoffülle vor allem ein Auswahlproblem. Wir haben bei der Lösung dieser Aufgabe drei Ziele verfolgt. Erstens soll ein Überblick über die für die moderne Therapie wichtigen Arzneimittel gegeben werden. Zweitens werden auch Arzneistoffe besprochen, die heute von besseren Mitteln verdrängt sind, die zu ihrer Zeit aber der Therapie wesentliche Fortschritte ermöglichten und Ausgangspunkte moderner Arzneimittelentwicklung waren. Drittens soll gezeigt werden, daß Arzneistoffe mit gleicher oder ähnlicher pharmakologischer Wirkung ganz verschiedenen chemischen Stoffklassen angehören können.

Für diese drei Ziele schien uns die Anordnung des Stoffes nach pharmakologischen Gesichtspunkten am zweckmäßigsten.

Bei der gebotenen Kürze konnten einige Stoffklassen wie Röntgenkontrastmittel, Farbstoffe und Zucker nicht berücksichtigt werden.

Die Nomenklatur stützt sich weitgehend auf die von der World Health Organization (WHO) empfohlenen, gesetzlich nicht schutzfähigen, internationalen Kurzbezeichnungen (mit * gekennzeichnet). Daneben werden noch einige Synonyma, in der Regel die entsprechenden

Präparatenamen der Deutschen Demokratischen Republik (mit • gekennzeichnet), registrierte Importpräparate aus den sozialistischen Ländern (mit □ gekennzeichnet) und der Deutschen Bundesrepublik bzw. des kapitalistischen Auslandes angegeben.

Anregungen und kritische Hinweise nehmen wir jederzeit dankbar entgegen.

Herrn Apotheker H. Probst danken wir für seine Hilfe bei den Korrekturarbeiten.

Inhaltsverzeichnis

1. Aufgaben und Entwicklung der pharmazeutischen Chemie

Die pharmazeutische Chemie beschäftigt sich mit der Chemie der Arzneimittel. Das schließt die Synthese von Arzneimitteln und die Isolierung von pharmakologisch wirksamen und als Arzneimittel einsetzbaren Naturstoffen aus dem Pflanzen- und Tierreich, die Erarbeitung von Methoden, um die als Reinsubstanzen oder in Arzneien vorliegenden Arzneimittel zu identifizieren und quantitativ zu bestimmen, Untersuchungen über die Stabilität der Arzneistoffe und den Mechanismus ihrer Zersetzung ein.

Bis zu Beginn der Neuzeit wurden hauptsächlich Drogen zur Behandlung von Krankheiten herangezogen. Im 17. Jahrhundert gewann die von PARACELSUS inspirierte Jatrochemie, die in den Dienst der Medizin gestellte Chemie, zunehmend an Bedeutung. Als Folge dieser Entwicklung wurden mehr anorganische Verbindungen in den Arzneischatz und in die Arzneibücher aufgenommen.

Im 18. Jahrhundert wurde mit Versuchen zur Isolierung der wirksamen Stoffe aus Drogen begonnen. Ein erster großer Erfolg in diesem Bestreben wurde zu Beginn des 19. Jahrhunderts dem Apotheker SERTÜRNER mit der Isolierung des Alkaloids Morphin aus dem Schlafmohn zuteil. In den folgenden Jahren und Jahrzehnten wurden vor allen Dingen von französischen Chemikern viele derartige Alkaloide aus therapeutisch verwendeten

Drogen isoliert. Die Isolierung dieser Wirkstoffe gestattete die Anwendung von Reinsubstanzen als Arzneimittel, die sich exakter als Drogenzubereitungen, wie Tinkturen und Extrakte, dosieren lassen. Häufig sind aber in den einzelnen Drogen mehrere Wirkstoffe mit verschiedenem Wirkungsspektrum vorhanden. Sind diese Wirkstoffe chemisch sehr eng verwandt, so bereitet ihre Reindarstellung häufig große Schwierigkeiten.

Nach der Isolierung eines Wirkstoffes war die Aufklärung seiner Konstitution das nächste Ziel, um die Verbindung auch der Synthese zugänglich machen zu können und damit unabhängig vom pflanzlichen Ausgangsmaterial zu werden. In vielen Fällen ist die Synthese der Naturstoffe gelungen, und in einigen Fällen kann sie rationeller als die Isolierung der entsprechenden Verbindungen aus pflanzlichem Material durchgeführt werden. Viele Naturstoffe, wie z. B. das Morphin und das Chinin, sind allerdings so kompliziert gebaut, daß die Synthese wohl möglich ist, aber nur mit beträchtlich höherem Kostenaufwand als die Isolierung aus Drogen durchgeführt werden kann.

Nach gelungener Konstitutionsaufklärung und bisweilen schon vor gelungener Synthese versuchte man Abwandlungsprodukte der Naturstoffe herzustellen, um zu besseren Arzneimitteln zu gelangen. Bekanntlich entstehen ja Naturstoffe, wie z. B. Alkaloide und Glykoside, aus einer Eigengesetzlichkeit der Pflanze heraus, und es ist gewissermaßen ein Zufall, wenn diese Stoffe eine starke und verwertbare pharmakologische Wirkung besitzen. Die zunächst hergestellten Abwandlungsprodukte zeigten meist noch eine enge strukturelle Verwandtschaft mit den Naturstoffen; häufig wurden aber im Laufe der Entwicklung Verbindungen synthetisiert, der pharmakologischen Prüfung unterzogen und als Arzneimittel angewendet, die mit den ursprünglich als Modell benutzten Naturstoffen chemisch keine Ähnlichkeit mehr besaßen. In einzelnen Fällen wurde auch schon mit Versuchen zur synthetischen Gewinnung neuer Arzneimittel begonnen, ehe die Konstitution des Naturstoffes genau bekannt war.

So konnte z. B. im Rahmen der Versuche, auf synthetischem Wege zu chininähnlich wirkenden Verbindungen zu gelangen, das Antipyrin synthetisiert und damit die Gruppe der antipyretisch und analgetisch wirkenden Pyrazolone entdeckt werden.

Die sich ab Mitte des 19. Jahrhunderts stürmisch entwickelnde organische Chemie lieferte eine immer umfangreicher werdende Palette organischer Verbindungen, von denen viele eine pharmakologische Wirkung besaßen und einige als Arzneimittel eingeführt werden konnten. Mehr und mehr versuchte man auch gezielt Arzneimittel herzustellen. Zu diesem Zwecke wurden Stoffgruppen, in denen eine Verbindung mit verwertbaren pharmakologischen Eigenschaften angetroffen worden war, systematisch durchforscht. Dabei wurden auch viele Kenntnisse über Zusammenhänge zwischen Konstitution und Wirkung gewonnen, die dann bei der Bearbeitung anderer Arzneistoffgruppen bisweilen erfolgreich angewendet werden konnten.

Voraussetzung für den Erfolg aller arzneimittelsynthetischen Arbeiten ist das Vorhandensein entsprechender pharmakologischer Untersuchungsverfahren, denn alle neu hergestellten Verbindungen müssen zunächst auf ihre pharmakologischen Wirkungen und auf ihre Nebenwirkungen qualitativ und quantitativ untersucht werden. Die Anzahl der Verbindungen, die heute jährlich zur pharmakologischen Untersuchung gegeben werden, ist sehr groß. Die Zahl der Stoffe, die dann als Arzneimittel eingeführt werden, ist im Verhältnis dazu gering, aber noch beträchtlich. Die Erfolge der umfangreichen Forschung auf dem Gebiete der pharmazeutischen Chemie führen zu einer raschen Erhöhung der Zahl der Arzneimittel und bedingen einen ständigen Wandel des Arzneischatzes. Obwohl viele Kenntnisse über Zusammenhänge zwischen Konstitution und Wirkung gesammelt werden konnten, muß die Suche nach neuen, besseren Arzneimitteln auch heute noch weitgehend empirisch durchgeführt werden. Die Ausbeute bei einer empirischen Forschung ist natürlich relativ gering, d. h., unter einer Vielzahl hergestellter und zur pharmakologischen Prüfung gegebener Stoffe finden sich nur wenige mit einer so guten Wirkung, daß ihre Einführung einen Fortschritt gegenüber den in Gebrauch befindlichen Arzneimitteln bedeutet. Wenn in Zukunft umfangreichere Kenntnisse über Arzneistoff-Rezeptor-Beziehungen gesammelt sein werden, dürfte auch die zweifellos rationellere „geplante" Herstellung von Arzneimitteln möglich sein.

Die Arzneistoffe müssen in Arzneiformen übergeführt werden, die für die Anwendung am Patienten geeignet erscheinen. Diese Arbeiten werden teilweise in den Betrieben der pharmazeutischen Industrie durchgeführt, die dann die Arzneimittel als Arzneifertigwaren in den Handel bringen. Teilweise werden aber auch in den Apotheken die Arzneistoffe nach ärztlichem Rezept in die entsprechenden Arzneiformen gebracht und dann als Arzneien an die Patienten abgegeben.

Ehe ein Arzneistoff zu einer bestimmten Arzneiform verarbeitet werden kann, müssen umfangreiche Untersuchungen über seine Stabilität in der entsprechenden Arzneiform durchgeführt werden. So können z. B. viele für die Injektion bestimmte Arzneistoffe in wäßriger Lösung in Ampullen vorrätig gehalten werden, bei einigen labilen Arzneistoffen ist aber auf Grund der geringen Stabilität der wäßrigen Lösungen nur eine Aufbewahrung der festen Substanzen in Form sogenannter Trockenampullen möglich. Die Fragen der Verarbeitung der Arzneistoffe zu den entsprechenden Arzneiformen werden von der pharmazeutischen Technologie bearbeitet.

Weitere Aufgaben der pharmazeutischen Chemie bestehen darin, Möglichkeiten zur Identifizierung der Arzneimittel zu schaffen, Vorschriften zur Reinheitsprüfung der Arzneistoffe auszuarbeiten und Verfahren zur quantitativen Bestimmung der Arzneistoffe auch in ihren Zubereitungen und Arzneistoffgemischen zu erarbeiten.

Die bewährten und für ein bestimmtes Land wichtigen Arzneimittel sind im Arzneibuch des entsprechenden

Landes aufgenommen. In diesem Arzneibuch werden die Eigenschaften der Arzneimittel beschrieben, und die Methoden zu ihrer Identifizierung, zur Reinheitsprüfung und zur quantitativen Bestimmung mit den entsprechenden Forderungen in bezug auf Reinheit und Gehalt angegeben. Auf diese Weise sichert das Arzneibuch eine gleichbleibende Qualität der Arzneimittel. Die auch auf dem Gebiet der Deutschen Demokratischen Republik noch gültige 6. Ausgabe des Deutschen Arzneibuches aus dem Jahre 1926 (DAB 6) ist durch den Nachtrag 1954 und den Nachtrag 1959 ergänzt worden. Für das Gebiet der Bundesrepublik Deutschland ergänzt der ebenfalls 1959 erschienene 3. Nachtrag zum DAB 6 das alte Deutsche Arzneibuch.

Der in der Deutschen Demokratischen Republik auf Grund der Arzneimittelgesetzgebung gebildete Zentrale Gutachterausschuß für den Arzneimittelverkehr ist bemüht, zugunsten einer rationalen Therapie nur eine bestimmte Anzahl von Arzneimitteln zuzulassen.

2. Inhalationsnarkotica

Narkotica bewirken eine vorübergehende Lähmung des Zentralnervensystems unter weitgehender Ausschaltung von Bewußtsein, Schmerzempfinden, Muskelspannung und Abwehrreflexen und ohne Beeinflussung der lebenswichtigen Zentren der Medulla oblongata.

Man unterscheidet nach Art der Narkoticawirkung zwischen Prä-, Kurz- und Langnarkotica und nach Art der Applikation zwischen Inhalations-, Injektions- und Rektalnarkotica. Die wichtigsten Injektionsnarkotica werden bei der Besprechung der Hypnotica erwähnt. Das früher als Rektalnarkoticum benutzte Tribromäthanol (Avertin) ist heute praktisch ohne Bedeutung. So sollen in diesem Abschnitt nur die Inhalationsnarkotica besprochen werden.

Mitte des 19. Jahrhunderts wurde über die Durchführung von Narkosen mit Distickstoffmonoxid (WELLS, 1844), Äther (MORTON, 1846) und Chloroform (FLOURENS, 1847; SIMPSON) berichtet. Seitdem sind auch verschiedene andere Stoffe als Inhalationsnarkotica erprobt worden. Das Hauptaugenmerk wurde aber nicht so sehr auf die Darstellung neuer Verbindungen gelegt, vielmehr standen die Fragen der Reinigung und Stabilisierung der Inhalationsnarkotica im Vordergrund. Mit Ausnahme des Distickstoffmonoxids und des Xenons sind die heute gebräuchlichen Inhalationsnarkotica entweder gasförmige aliphatische Kohlenwasserstoffe oder leicht flüchtige halogenierte aliphatische Kohlenwasserstoffe oder Äther. Die Inhalationsnarkotica gelangen mit der Atemluft in die Lunge und werden dort resorbiert.

Die narkotische Wirkung des Distickstoffmonoxids wurde bereits 1799 von DAVIS beobachtet, der die Verbindung als Lachgas bezeichnete. Distickstoffmonoxid, N_2O, läßt sich leicht durch Erhitzen von Ammoniumnitrat auf 250° darstellen.

$$NH_4NO_3 \rightarrow N_2O + 2\,H_2O$$

Distickstoffmonoxid ist reaktionsträge, nicht explosibel und nicht brennbar, es unterhält lediglich die Verbrennung. Diese Vorteile gegenüber den anderen Gasnarkotica werden durch die schwache Wirkung aufgehoben.

Die anderen Gasnarkotica sind aliphatische Kohlenwasserstoffe. Verbindungen mit verzweigter Kohlenstoffkette, mit Mehrfachbindungen und Halogenatomen im Molekül sind besonders wirksam. Die technischen Schwierigkeiten bei der Anwendung der Gasnarkotica (Ausschaltung der Explosionsgefahr, Herstellung eines optimal günstigen Gas/Luft-Gemisches von konstanter Zusammensetzung) sind trotz intensiver Bemühungen in einfacher Weise nie befriedigend gelöst worden, so daß Verbindungen wie Äthylen und Acetylen (in besonders reiner Form für Inhalationszwecke als Narcylen bekannt) nie große

Bedeutung erlangten. Lediglich Cyclopropan erfreut sich wegen hoher Wirksamkeit, schnellem Wirkungseintritt und rascher Ausscheidung einer gewissen Beliebtheit.

Cyclopropan kann durch Behandeln von 1,3-Dibrompropan mit Zink in alkoholischer Lösung gewonnen werden. Um die Bildung größerer Mengen von Propen auszuschalten, müssen bestimmte Reaktionsbedingungen (Temperatur, Konzentration) genau eingehalten werden. Billiger wird Cyclopropan durch Erhitzen von 1,3-Dichlorpropan mit Zink in geschmolzenem Acetamid auf 90° hergestellt.

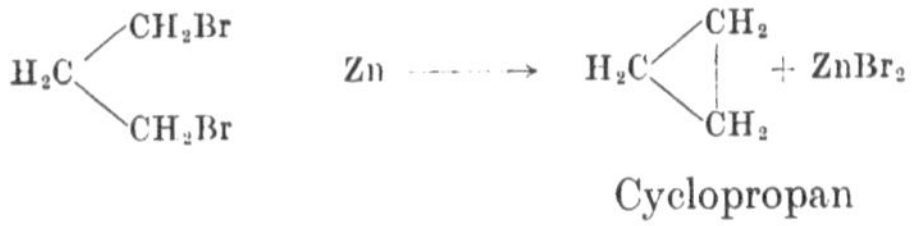

Durch Chlorieren von Kohlenwasserstoffen werden stärker wirksame, aber auch erheblich toxischere Inhalationsnarkotica erhalten. Das bereits 1847 als Inhalationsnarkoticum benutzte Chloroform wurde erstmals von J. v. Liebig 1831 dargestellt. Für die Darstellung von Chloroform, $CHCl_3$, sind viele Verfahren ausgearbeitet worden. So kann Chloroform z. B. durch Chlorierung von Methan oder durch Reduktion von Tetrachlorkohlenstoff gewonnen werden. Auch nach dem Liebigschen Verfahren wird noch heute technisch Chloroform gewonnen. Man behandelt Äthylalkohol mit Chlorkalk, der oxydierend, chlorierend und hydrolysierend wirkt.

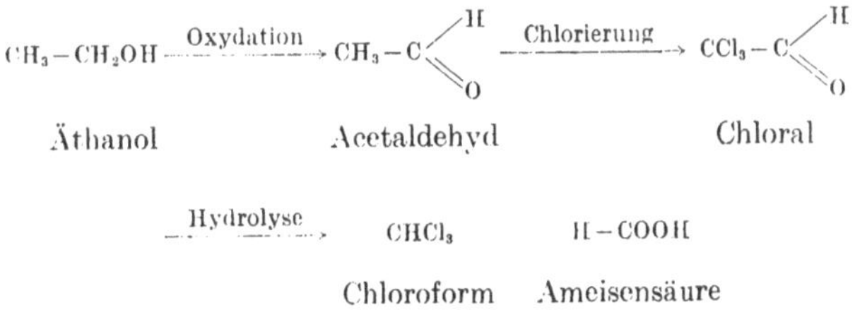

Heute umgeht man den ersten Schritt der Reaktionsfolge, indem man für Alkohol die technisch billig herstellbaren Verbindungen Acetaldehyd bzw. Aceton einsetzt. Bei Verwendung von Aceton resultiert neben Chloroform als Endprodukt der Umsetzung nicht Ameisensäure, sondern Essigsäure. Für Narkosezwecke bestimmtes Chloroform muß sorgfältig gereinigt und in kleinen braunen Flaschen von höchstens 60 ml Fassungsvermögen vor Licht geschützt aufbewahrt werden. Die Prüfung des Chloroforms erstreckt sich hauptsächlich auf die Anwesenheit von Chlor und Chlorid, von Aldehyden und Phosgen. Die Bildung des giftigen Phosgens erfolgt durch Einwirkung des Luftsauerstoffes und wird durch Licht gefördert. Dem Chloroform wird 0,6 bis 1,0% Äthylalkohol zugesetzt. Der Alkohol hat die Aufgabe, gebildetes Phosgen in Kohlensäurediäthylester zu überführen.

Phosgen

Kohlensäurediäthylester

Chloroform wird heute nur noch selten als Inhalationsnarkoticum verwendet. Andere chlorierte Kohlenwasserstoffe besitzen zur Zeit größere Bedeutung, so z. B. Äthylchlorid für die Kälteanaesthesie und als Kurznarkoticum und Isopropylchlorid (Isoprid®) als Rauschnarkoticum.

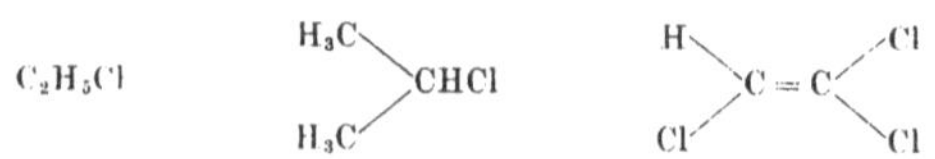

Äthylchlorid Isopropylchlorid Trichloräthylen*

Erheblich stärker als Chloroform wirkt Trichloräthylen* (Chlorylen®), das ebenfalls als Rauschnarkoticum, besonders in der Geburtshilfe, verwendet wird. Trichloräthylen* kann sich in ähnlicher Weise wie Chloroform zersetzen. Es muß aus diesem Grunde in gleicher Weise aufbewahrt und nach dem DAB 6 (Nachtrag 1959) durch Zusatz von 0,5—1,0% Alkohol stabilisiert werden. Auch mit Thymol stabilisierte Produkte sind im Handel (Trichloran). Trichloräthylen* muß ebenfalls auf die Anwesenheit von Phosgen, Chlorid und Chlor geprüft werden. Daneben ist aber die Prüfung auf Dichloracetylen, einem hochtoxischen, Nervenlähmung bewirkenden Zersetzungsprodukt, von besonderer Wichtigkeit. Dieses Dichloracetylen kann durch Einwirkung von Alkalien auf Trichloräthylen* entstehen. Der Nachweis des Dichloracetylens beruht auf der Reaktion der Acetylene mit Schwermetallionen (Kupfer) und ist aus diesem Grunde nicht spezifisch für Dichloracetylen.

$$HClC{=}CCl_2 \xrightarrow{OH^-} \underset{\text{Dichloracetylen}}{ClC{\equiv}CCl} + HCl$$

Mit dem Halothan* (Fluothan) ist neuerdings ein stark wirksames Inhalationsnarkoticum eingeführt worden, das verschiedene Halogenatome im Molekül enthält.

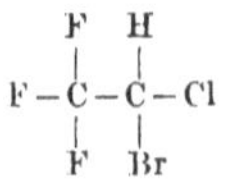
Halothan*

Eine beherrschende Stellung als Inhalationsnarkoticum nimmt auch heute noch der Diäthyläther ein. Er ist das unbestrittene Standardnarkoticum.

Der für Inhalationszwecke bestimmte Äther wird nach dem Schwefelsäureverfahren hergestellt. In ein auf 140° erhitztes Schwefelsäure/Alkohol-Gemisch läßt man Alkohol eintropfen. Der rohe Äther, der u. a. noch etwas Alkohol, Wasser und Schwefeldioxid enthält, destilliert ab und wird anschließend gründlich gereinigt. Es muß darauf geachtet werden, daß die Umsetzung nicht bei zu hoher Temperatur vorgenommen wird, weil sich sonst zu viel Äthylen bildet. Bei der Synthese von Äther wirkt die Schwefelsäure katalytisch. Zunächst entsteht der Schwefelsäuremonoäthylester, der dann mit einem weiteren Mol. Alkohol unter Bildung des Äthers und Rückbildung der Schwefelsäure reagiert. Die Aufgabe der Schwefelsäure kann auch von der p-Toluolsulfonsäure übernommen werden. Äther kann man auch durch Überleiten von Alkoholdämpfen über auf 300° erhitzte Aluminiumoxidkatalysatoren gewinnen.

$$C_2H_5OH + H_2SO_4 \rightleftarrows \begin{matrix} C_2H_5-O \\ HO \end{matrix}\!\!>\!SO_2$$

$$\begin{matrix} C_2H_5-O \\ HO \end{matrix}\!\!>\!SO_2 + C_2H_5OH \rightleftarrows C_2H_5-O-C_2H_5 + H_2SO_4$$

Diäthyläther (Äther)

Für die Aufbewahrung von Narkoseäther gelten wieder bestimmte Vorschriften. Es wird gefordert, daß Narkoseäther in gut verschlossenen Flaschen mit höchstens 150 ml Inhalt aufbewahrt wird. Narkoseäther wird auf die Anwesenheit von Säuren, Aldehyden, Aceton und vor allen Dingen von Peroxiden geprüft. Die Peroxide können leicht Explosionen verursachen und nach der Inhalation toxisch wirken. Für die Autoxydation von Diäthyläther wird von Rieche der folgende Reaktionsmechanismus angenommen. Es handelt sich bei dem

$$CH_3-CH_2-O-C_2H_5 \xrightarrow{+O_2} \begin{matrix} CH_3-CH-O-C_2H_5 \\ | \\ O-OH \end{matrix}$$

$$\xrightarrow{+H_2O} \begin{matrix} CH_3-CH-OH \\ | \\ O-OH \end{matrix} \qquad C_2H_5OH$$

$$n\begin{matrix} CH_3-CH-OH \\ | \\ O-OH \end{matrix} \longrightarrow n\,H_2O + \left[\begin{matrix} CH_3-\dot{C}H \\ | \\ O-O\bullet \end{matrix}\right]_n$$

letzten Schritt des Autoxydationsvorganges um eine Radikalkettenpolymerisation.

Außer dem Diäthyläther besitzt noch der Divinyläther als Inhalationsnarkoticum beschränkte Bedeutung.

$$CH_2{=}CH{-}O{-}CH{=}CH_2$$

Divinyläther

3. Sedativa und Hypnotica

Sedativa (Beruhigungsmittel) sind Verbindungen, die die Erregbarkeit des Zentralnervensystems herabsetzen, ohne seine normale Funktion wesentlich zu beeinflussen. Hypnotica (Schlafmittel) sollen das Einschlafen fördern oder einen schlafähnlichen Zustand herbeiführen. Hypnotica können in niedrigen Dosen sedativ, Sedativa in höheren, aber toxischen Dosen hypnotisch wirken.

Zu Beginn des 19. Jahrhunderts standen als Sedativa nur wenige Drogen und deren Zubereitungen zur Verfügung. Das aus dem Schlafmohn gewonnene Opium spielte eine beherrschende Rolle. Seit Mitte des 18. Jahrhunderts wird im europäischen Raum in der Volksmedizin auch der Baldrian (bevorzugt in Form der Baldriantinktur) als leichtes Sedativum angewendet. Trotz intensiver Bemühungen ist es bis jetzt noch nicht gelungen, aus der Baldrianwurzel Stoffe zu isolieren, die eindeutig für eine Beruhigungswirkung verantwortlich gemacht werden können. Da Baldrianauszüge im Tierversuch nicht mit Sicherheit eine beruhigende Wirkung erkennen lassen, ist wiederholt die Annahme gemacht worden, daß eine Wirkung am Menschen nur psychisch bedingt sein könne. Wiederholt wurde über die Isolierung von Stoffen berichtet, die im Tierversuch eine sedative Wirkung auslösen. Diese Verbindungen sind aber in der Droge in zu geringer

Menge vorhanden, um beim Menschen eine beruhigende Wirkung entfalten zu können.

Von den anorganischen Verbindungen werden heute noch die Bromide, bevorzugt Kalium-, Natrium- und Ammoniumbromid, als Sedativa verwendet. Bei ausreichender Dosierung und kochsalzarmer Diät sind sie in der Lage, eine pathologisch gesteigerte Erregbarkeit des Zentralnervensystems herabzusetzen.

Die heute zum Einsatz gelangenden Sedativa und Hypnotica sind hauptsächlich synthetische organische Verbindungen. Chloralhydrat, das 1832 von LIEBIG dargestellt und 1869 von LIEBREICH in die Therapie eingeführt wurde, machte den Arzt erstmals vom Opium und dem aus ihm isolierten suchterregenden Morphin unabhängig. Heute wird Chloralhydrat nur noch wenig angewendet. Nicht mehr gebräuchlich sind auch viele in den 80er Jahren des vergangenen Jahrhunderts eingeführte Verbindungen, wie Paraldehyd, Sulfonal und Amylenhydrat. Im Gegensatz zu den Sulfonen erwies sich die weitere Bearbeitung der Gruppe der tertiären Alkohole als fruchtbar. Der Er-

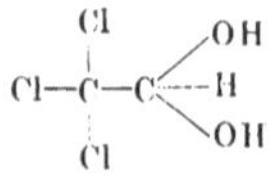

Chloralhydrat

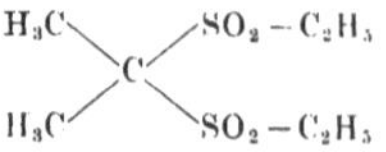

Sulfonal

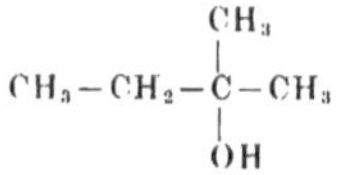

Amylenhydrat

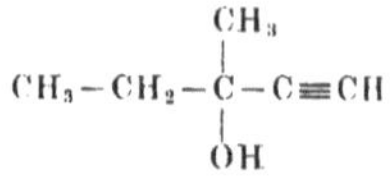

Methylpentynol*

satz einer Methylgruppe im Amylenhydrat durch einen ungesättigten Rest, besonders durch eine Äthinylgruppe, erhöht die sedative Wirkung. Als Arzneimittel wird heute das Methylpentynol* (Pentinol•, Oblivon) angewendet, das durch Äthinylierung nach REPPE aus Methyläthylketon und Acetylen in Gegenwart eines Schwermetallacetylids als Katalysator gewonnen werden kann.

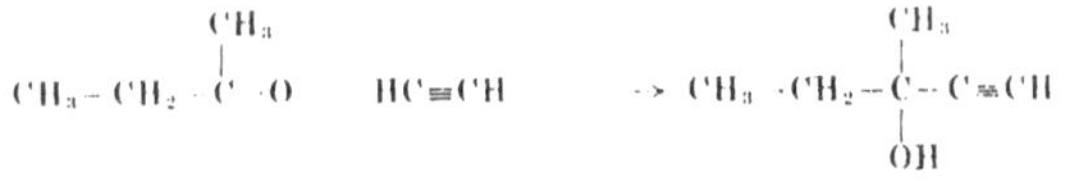

Da die Verbindung flüssig ist, kann sie nur in Form von Lösungen oder Kapseln appliziert werden. Um den Nachteil des flüssigen Aggregatzustandes zu umgehen und gleichzeitig den schlechten Geschmack und Geruch derartiger Verbindungen zu beseitigen, hat man gut kristallisierende Ester ungesättigter Alkohole mit Carbaminsäure (im Falle des Ethinamat* = Valamin) bzw. mit Allophansäure (im Falle des Dolcental) hergestellt und in die Therapie eingeführt.

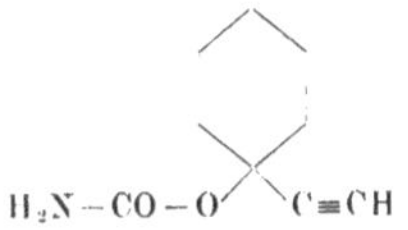

Ethinamat*

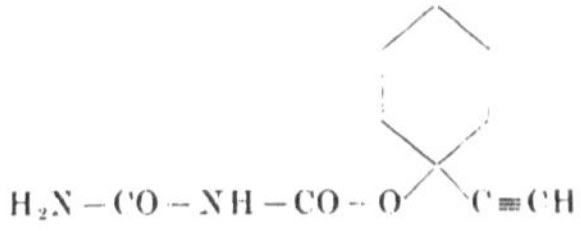

Dolcental

Ein anderer Ester der Carbaminsäure, das Äthylurethan, ist schon früher als Sedativum bzw. schwaches Hypnoticum verwendet worden. Eine beträchtliche cytostatische Wirkung der Verbindung läßt ihre Anwendung heute nicht mehr unbedenklich erscheinen.

Größere Bedeutung als Sedativa haben Acylharnstoffe erlangt, die noch heute verwendet werden. Die bekanntesten Vertreter dieser Reihe sind das Bromisoval* (Alluval•, Bromural) und das Carbromal* (Adalin). Diese bromierten Acylharnstoffderivate kann man durch Umsetzung der leicht zu erhaltenden α-Bromcarbonsäurebromide mit Harnstoff darstellen.

$$C_2H_5-O-CO-NH_2$$

Äthylurethan

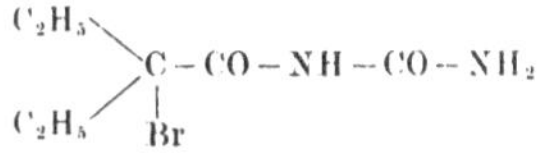

Carbromal*

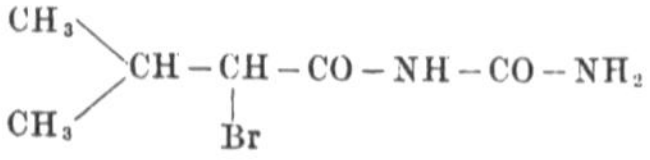

Bromisoval*

Die strukturellen Zusammenhänge zwischen den erwähnten Acylharnstoffen und Carbamaten und den zeitweilig als Sedativa verwendeten Säureamiden und Allophanaten einerseits und den später eine beherrschende Stellung übernehmenden Barbitursäurederivaten andererseits kann die folgende Formelübersicht verdeutlichen.

Ein bedeutender Fortschritt auf dem Gebiet der Hypnotica wurde um die Jahrhundertwende mit der Einführung der Barbiturate in den Arzneischatz erzielt. Die von A. v. Baeyer dargestellte Barbitursäure zeigte keine hypnotische Wirkung. Für die dialkylierten Barbitur-

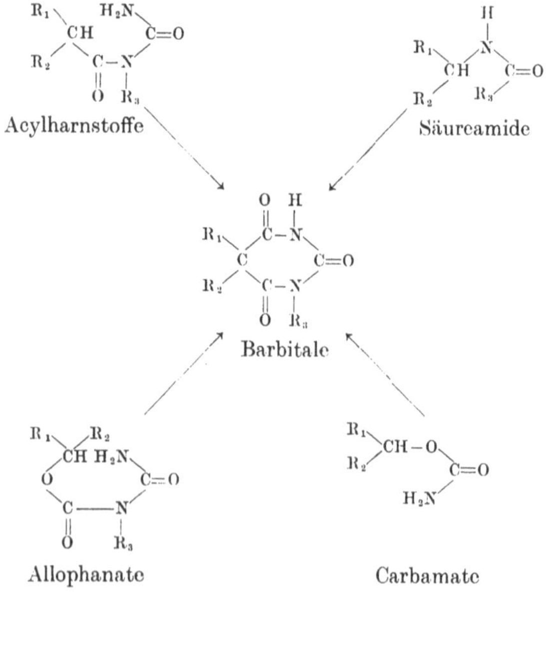

säuren, von denen die Diäthylbarbitursäure schon früher bekannt war, konnte E. FISCHER (1903) im Zusammenhang mit seinen Harnsäurearbeiten ergiebige Syntheseverfahren entwickeln. Die starke hypnotische Wirkung der Diäthylbarbitursäure wurde von v. MERING erkannt. Unter dem Namen Veronal ist diese Substanz, die man jetzt als Barbital* (Äthylbarbital•) bezeichnet, bekannt geworden.

Barbital* stellt man auch heute noch nach der Synthese von E. FISCHER her. Malonsäurediäthylester wird in abs. alkoholischer Lösung mit Äthylbromid und Natrium dialkyliert. Der entstandene Diäthylmalonsäurediäthylester wird mit Harnstoff in Gegenwart von Natriumalkoholat kondensiert. Es bildet sich dabei das Natriumsalz des Barbitals*. Mit Hilfe von Säure kann aus diesem Natriumsalz die Diäthylbarbitursäure in Freiheit gesetzt werden.

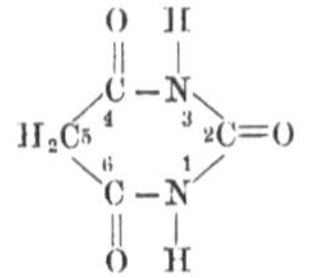

Barbitursäure

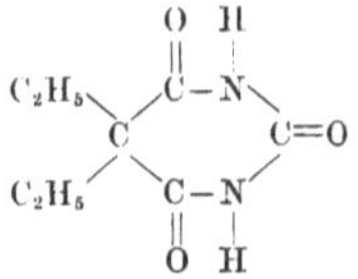

Diäthylbarbitursäure (Barbital*)

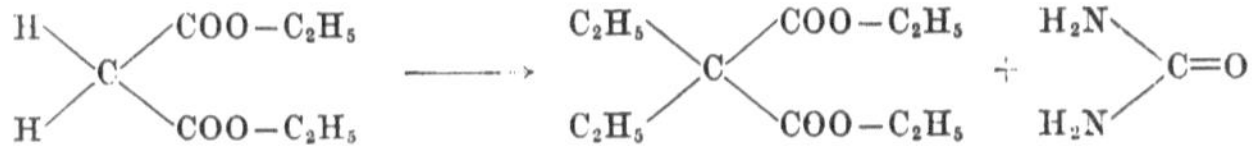

Malonsäurediäthylester Diäthylmalonsäurediäthylester

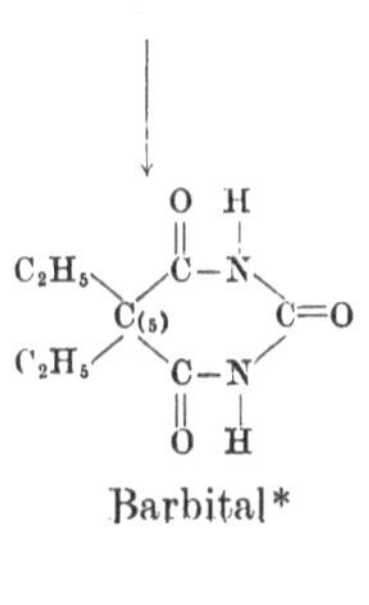

Barbital*

Für Verbindungen, die am $C_{(5)}$ der Barbitursäure zwei verschiedene Alkylreste tragen, ist diese Synthese unzweckmäßig, weil der Monoalkylmalonsäurediäthylester nur sehr schwer vollständig frei von dem entsprechenden Dialkylmalonsäurediäthylester erhalten werden kann. Die Einführung von Phenylresten ist auf diesem Wege nicht möglich.

Am Beispiel der Synthese der Äthylcrotylbarbitursäure (Kalypnon•) soll das in diesen Fällen anwendbare Verfahren erläutert werden. Oxalsäuredibutylester und Buttersäurebutylester werden in Gegenwart von Natriumbutyrat kondensiert. Das primär entstehende Kondensationsprodukt gibt beim Erhitzen Kohlenmonoxid ab und geht in Äthylmalonsäuredibutylester über, der in Gegenwart von Natrium mit Crotylbromid in üblicher Weise alkyliert und in Äthylcrotylmalonsäuredibutylester übergeführt werden kann.

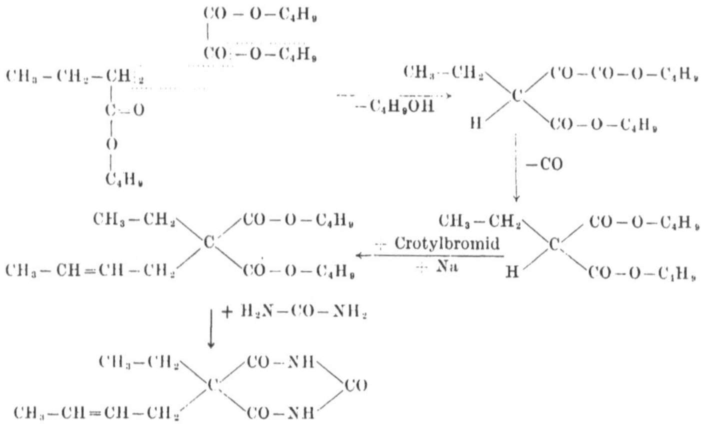

Kalypnon•

Die Kondensation mit Harnstoff führt dann zum Kalypnon•. Im Falle des Kalypnons• kann auch zunächst die Kondensation des Monoäthylmalonsäuredibutylesters mit

Harnstoff zur Monoäthylbarbitursäure und anschließend die Crotylierung vorgenommen werden.

Die am $C_{(5)}$ dialkylierten Barbitursäuren sind auf Grund der vorliegenden Lactam-Lactim-Tautomerie in der Lage, Alkali- oder Erdalkalisalze zu bilden. Für die Salzbildung

ist die Anwesenheit mindestens einer Iminogruppe notwendig. So sind u. a. auch die als Kurznarkotica verwendeten N-methylierten Barbitale noch in der Lage, Salze zu bilden.

Die Alkalisalze der Barbitursäuren reagieren infolge Hydrolyse in wäßriger Lösung alkalisch. Bei alkalischer Reaktion der Lösungen wird der Barbitursäurering allmählich aufgespalten. Es entsteht zunächst die entsprechende Malonursäure als Zwischenprodukt und dann durch Decarboxylierung der entsprechende Acylharnstoff, der mit Lauge kein Salz mehr bilden kann.

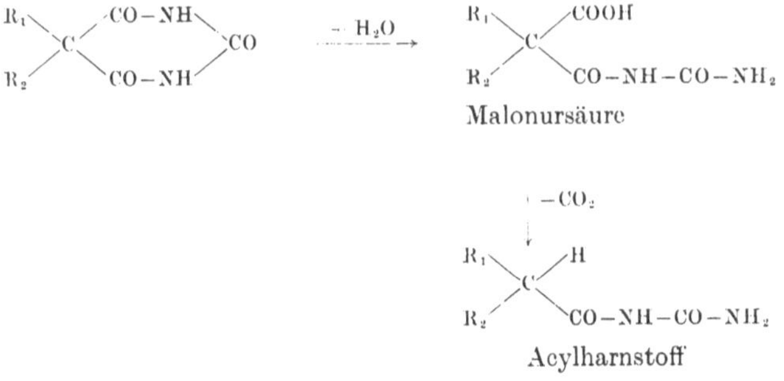

Wegen ihrer Zersetzlichkeit können die für Injektionszwecke gut geeigneten Alkalisalze der Barbitursäuren nicht in wäßriger Lösung, sondern nur in Trockenampullen in den Handel gebracht werden.

Der Nachweis der Barbitursäure spielt vor allen Dingen in der Toxikologie eine Rolle. Die Barbitursäuren geben mit Kobaltnitrat und einer Base (Ammoniak, Piperidin) in einem wasserfreien Alkohol Komplexe von violettroter Farbe (Reaktion nach ZWIKKER). Zum Nachweis und zur Identifizierung sehr kleiner Mengen von Barbitalen eignen sich besonders papierchromatographische Verfahren.

In den vergangenen Jahrzehnten ist eine große Anzahl von Barbitalen dargestellt und pharmakologisch geprüft worden, um zu besser verträglichen oder zu speziell einsetzbaren Verbindungen zu gelangen. Diese Veränderungen beziehen sich hauptsächlich auf die am $C_{(5)}$ gebundenen Substituenten (Einführung verlängerter bzw. verzweigter Seitenketten, Einführung ungesättigter Seitenketten bzw. cyclischer Reste). Aber auch N-Substitutionsprodukte und Verbindungen mit einer C = S-Gruppierung (Thiobarbitursäuren) sind dargestellt und in den Arzneischatz eingeführt worden.

Man unterscheidet heute in der Barbitursäure-Reihe zwischen Verbindungen mit langer, mit mittlerer, mit kurzer und mit ultrakurzer Wirkungsdauer. Die Verbindungen mit langer Wirkungsdauer werden als Hypnotica heute nur noch wenig eingesetzt, weil schon die Verbindungen mit mittlerer Wirkungsdauer als Durchschlafmittel brauchbar sind. Die Verbindungen mit kurzer und zum Teil auch die Verbindungen mit ultrakurzer Wirkungsdauer werden als Einschlafmittel angewendet. Die ultrakurz wirkenden Verbindungen werden als Basisnarkotica eingesetzt.

Nicht nur die Substituenten der Barbitursäure wurden vielseitig variiert, auch der Barbitursäurering selbst wurde verändert. Dabei ist man durch Ersatz einer CO—NH-Gruppierung durch eine CH=CH-Gruppierung zum Benedorm• (Persedon) gelangt. Durch Ersatz einer CO—NH-Gruppierung durch eine CH_2—CH_2-Gruppe

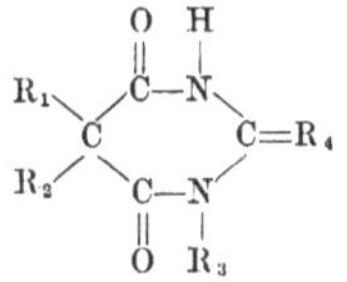

R_1	R_2	R_3	R_4	Name	Wirkungs-dauer
$-C_2H_5$	$-C_2H_5$	H	O	Barbital* (Äthylbarbital•, Veronal)	lang
$-C_2H_5$	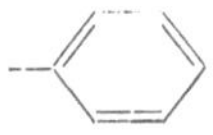	H	O	Phenobarbital* (Lepinal•, Luminal)	lang
$-C_2H_5$		$-CH_3$	O	Methylphenobarbital* (Mephytal•, Prominal)	lang
$-C_2H_5$	$-CH_2-CH{=}CH-CH_3$	H	O	Äthylcrotylbarbitursäure (Kalypnon•)	mittel
$-C_2H_5$		H	O	Äthylcycloheptenylbarbitursäure (Medomin)	mittel
$-C_2H_5$	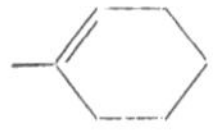	H	O	Cyclobarbital*• (Phanodorm)	kurz
$-CH_3$	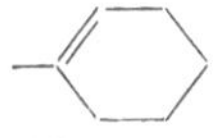	$-CH_3$	O	Hexobarbital*• (Evipan)	ultra-kurz
$-C_2H_5$	$-CH(CH_3)-CH_2-CH_3$	H	S	Äthylmethylpropylthiobarbitursäure (Brevinarcon•, Inaktin, Thiopental□)	ultra-kurz
$-C_2H_5$	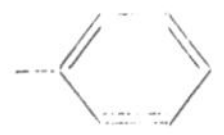	H	H, H	Primidon* (Lepsiral•, Sertan□)	Antiepilepticum

kommt man einmal zum Dihyprylon* (Sedulon), dessen 5-Methylderivat unter dem Namen Methyprylon* (Noludar) ebenfalls Verwendung findet, und zum anderen zum Glutethimid* (Elrodorm•, Doriden). Das Glutethi-

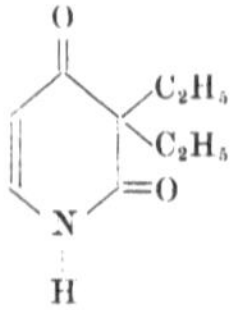

Benedorm•

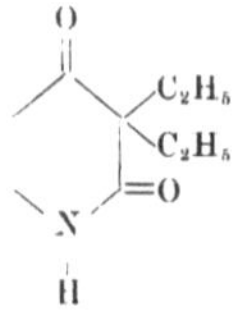

Dihyprylon*

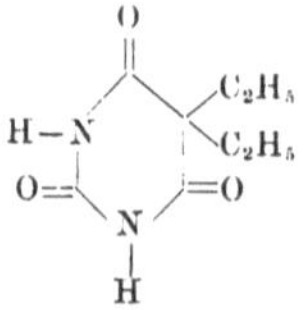

Barbital*

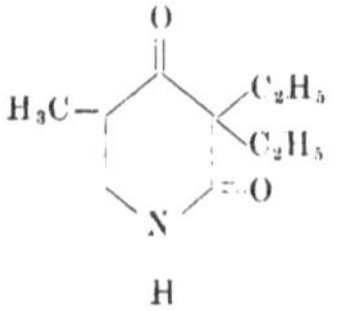

Methyprylon*

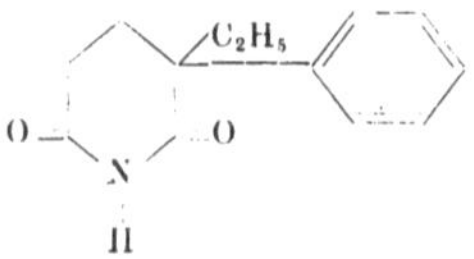

Glutethimid*

mid* kann auch als das cyclische Imid einer substituierten Glutarsäure angesprochen werden. Der Vorteil dieser Substanzen liegt in ihrer geringeren Toxizität im Vergleich mit den Barbitursäuren. Aus diesem Grunde sind sie auch nicht rezeptpflichtig. Der enge strukturelle Zusammenhang all dieser Verbindungen mit den Barbitursäuren wird in vorstehender Formelübersicht verdeutlicht.

Phenobarbital* und Methylphenobarbital* werden auch als Antiepileptica (Anticonvulsiva) angewendet. Eine antiepileptische Wirkung besitzen auch Verbindungen, die nicht mehr den Barbitursäurering, sondern den Hydantoinring bzw. den Oxazolidindionring enthalten. Hier sind zu erwähnen das Phenytoin*• (Hydantoinformel; R_1, R_2 = C_6H_5; R_3 = H) und das Trimethadion* (Troxidon•) (Oxazolidindionformel; R_1, R_2, R_3 = CH_3).

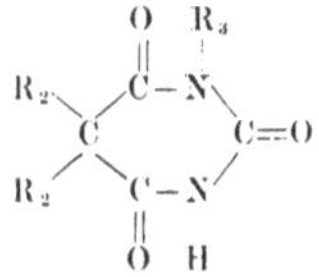

Barbitale

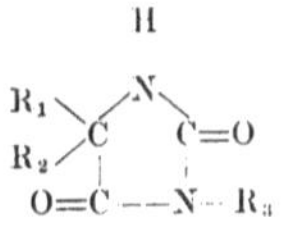

Hydantoine

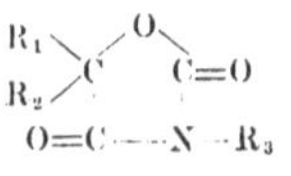

Oxazolidindione

Auch eine Verbindung vom Typ des Chinazolinons, das Methaqualon* (Dormutil•, Revonal) ist als Hypnoticum eingeführt worden. Bei dieser Verbindung ist eine strukturelle Verwandtschaft mit den Barbitalen kaum noch zu erkennen.

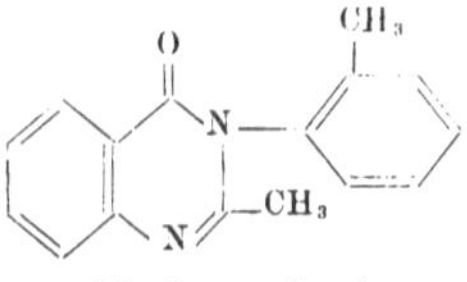

Methaqualon*

4. Psychosedativa

Vom Jahre 1952 an wurden Substanzen in den Arzneischatz eingeführt, die bestimmte psychische Zustände im Sinne einer Beruhigung zu beeinflussen vermögen und aus diesem Grunde als Psychosedativa bezeichnet werden. Die Psychosedativa bzw. einzelne Gruppen der

Psychosedativa hat man als Tranquillizer, Ataraktica, Antiphobica, Neuroplegica bzw. Neuroleptica bezeichnet. Auf dem Psychiaterkongreß 1957 in Zürich wurde beschlossen, die Verbindungen, die bei echten Psychosen wirken, als Neuroleptica zu bezeichnen. Verbindungen, die zur Beeinflussung echter Psychosen nicht ausreichen, werden Tranquillizer genannt.

Zu den Tranquillizern gehören Verbindungen der Meprobamat-Gruppe und Diphenylmethan-Abkömmlinge. Auf der Suche nach besseren Muskelrelaxantien wurde auch die Gruppe der mehrwertigen Alkohole, als deren Vertreter das Mephenesin* (s. S. 78) erfolgreich eingesetzt wird, intensiv weiterbearbeitet. Bei der pharmakologischen Untersuchung des Dicarbaminsäureesters des 2-Methyl-2-n-propyl-1,3-dihydroxypropans konnte von BERGER 1954 eine psychosedative Wirkung festgestellt werden. Die unter dem Namen Meprobamat*• (Andaxin□) bekannt gewordene Substanz erlangte innerhalb kurzer Zeit vor allen Dingen in den USA große Bedeutung. Ihre Eignung zur Beseitigung von Angstgefühlen und anderen Zuständen seelischen Unwohlseins wurde stark propagiert und führte zu einer häufigen und kritiklosen Anwendung. Mit dem Meprobamat ist man dem Ziel der

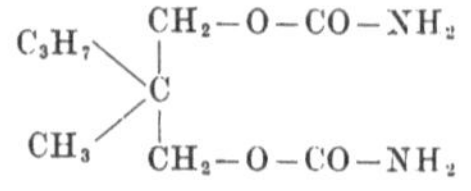

Meprobamat*•

Tranquillizer-Forschung nahegekommen, Verbindungen zu entwickeln, die eine Beruhigung herbeiführen, ohne das Sensorium auch nur im geringsten zu beeinflussen.

Eine zweite Gruppe von Tranquillizern bilden die Diphenylmethan-Abkömmlinge. Basische Diphenylmethan-Abkömmlinge werden schon längere Zeit als Spasmolytica benutzt. Bei Untersuchung einer Reihe von basischen Derivaten des Diphenylmethans wurde man auf Verbindungen aufmerksam, bei denen die spasmolytische

Wirkung in den Hintergrund getreten ist und eine sedative Wirkung vorherrscht. Das Benactyzin* (Procalm•), der Benzilsäureester des Diäthylaminoäthanols, wurde als erste Verbindung dieser Reihe 1955 von JACOBSON in den Arzneischatz eingeführt. In der Zwischenzeit wurden sehr viele psychosedativ wirkende Verbindungen der Diphenylmethanreihe dargestellt. Das Hydroxyzin* (Atarax) weist neben seiner sedativen praktisch keine spasmolytische Wirkung mehr auf, wirkt aber dafür auch als Antihistaminicum.

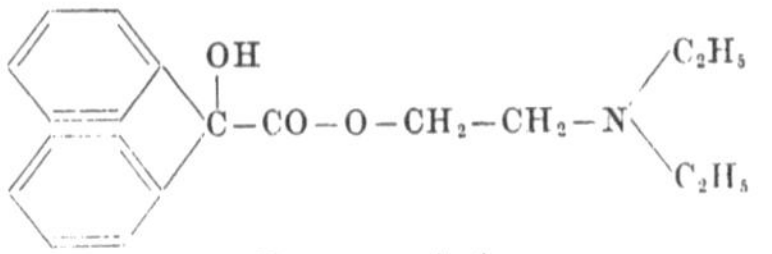

Benactyzin*

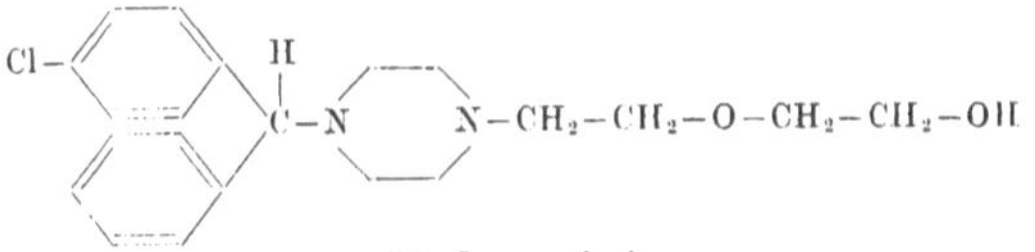

Hydroxyzin*

Zu den Neuroleptica gehören viele Phenothiazin-Derivate und das Alkaloid Reserpin. Das Phenothiazin ist schon längere Zeit bekannt und früher — allerdings wenig erfolgreich — als Wurmmittel eingesetzt worden. Das Phenothiazinringsystem findet sich auch in einer Reihe von Farbstoffen, wie z. B. dem Methylenblau. Das bei Synthesen in anderen Arzneimittelgruppen erfolgreich angewendete Prinzip der basischen Alkylierung hat auch auf dem Phenothiazin-Gebiet zu neuen, wertvollen Verbindungen geführt. Zunächst gelang es, Phenothiazinderivate mit guter Antihistaminwirkung darzustellen. Später wurden auch Verbindungen mit starker psychosedativer Wirkung bekannt, und heute konzentriert sich die Forschung auf dem Phenothiazingebiet auf die Herstellung neuer Neuroleptica. Bei der Veränderung der

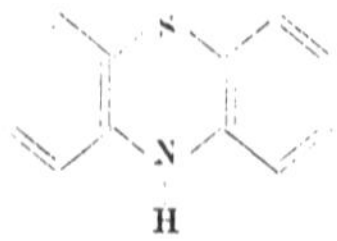

Phenothiazin

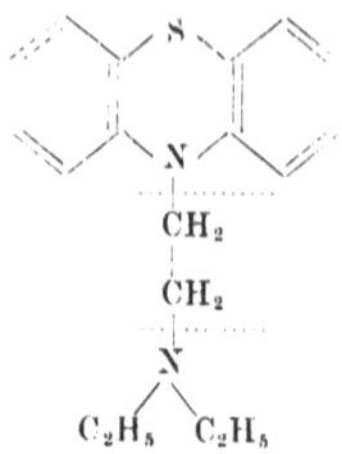

Diethazin* (Antihistaminicum)

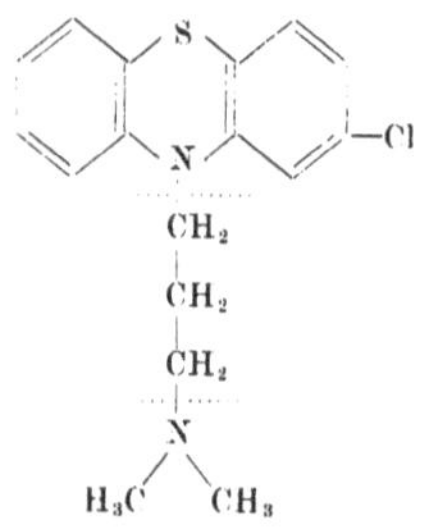

Chlorpromazin*
(Psychosedativum)

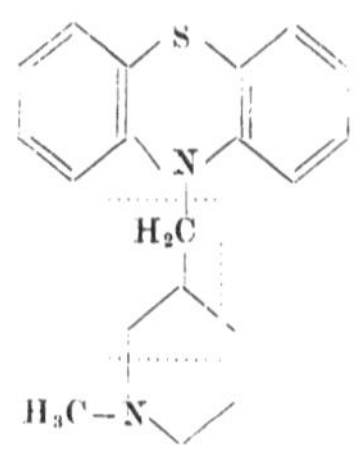

Pecazin*
(Psychosedativum)

Länge der Kohlenstoffkette, die die beiden N-Atome verbindet, wurde ein wesentlicher Einfluß auf das Wirkungsspektrum der Phenothiazinverbindungen festgestellt. Besteht diese Kette aus 2 Kohlenstoffatomen, so tritt die Antihistaminwirkung in den Vordergrund. Befinden sich zwischen den beiden Stickstoffatomen 3 Kohlenstoffatome, dann herrscht die psychosedative Wirkung vor. Diese Kohlenstoffatome können auch Glieder eines Ringes sein, der von dem Stickstoffatom mit gebildet wird. So ist das Diethazin* (Thiantan•) ein Antihistaminicum, Chlorpromazin* und Pecazin* (Mepazin) sind dagegen Neuroleptica. Als erstes psychosedativ wirkendes Phenothiazinderivat wurde das Chlorpromazin* (Propaphenin•, Megaphen) von COURVOISIER eingeführt und zunächst zur potenzierten Narkose verwendet.

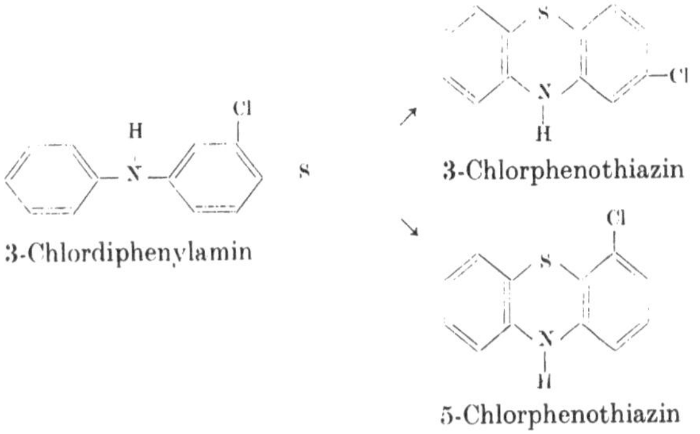

Zur Synthese des Chlorpromazins* stellt man zunächst das 3-Chlorphenothiazin durch Erhitzen von 3-Chlordiphenylamin mit Schwefel in Gegenwart von katalytischen Mengen Jod oder wasserfreiem Aluminiumchlorid her. Aus dem entstehenden Isomerengemisch wird das 3-Chlorphenothiazin abgetrennt.

Da das H-Atom der Iminogruppe des Phenothiazinringes acid ist, kann man durch Einwirkung von Natriumamid in Toluol zunächst das Natriumsalz des 3-Chlorphenothiazins darstellen, das, mit dem auf verschiedenen Wegen

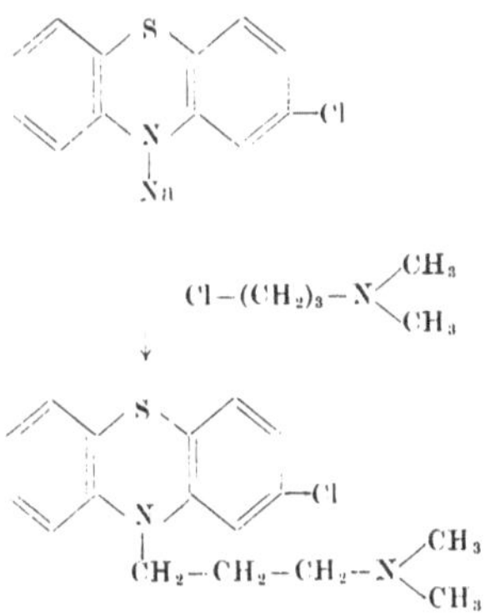

Chlorpromazin*

erhältlichen γ-Chlorpropyl-dimethylamin umgesetzt, das Chlorpromazin* ergibt.
Nach einem anderen Verfahren kann man Phosgen auf eine siedende Lösung von 3-Chlorphenothiazin in Toluol einwirken lassen. Dabei bildet sich das Carbaminsäurechlorid, I, das durch Umsetzen mit γ-Hydroxypropyl-dimethylamin in den basischen Carbaminsäureester, II, übergeführt werden kann, der beim Erhitzen auf 150 bis 200° Kohlendioxid abspaltet und in Chlorpromazin* übergeht.

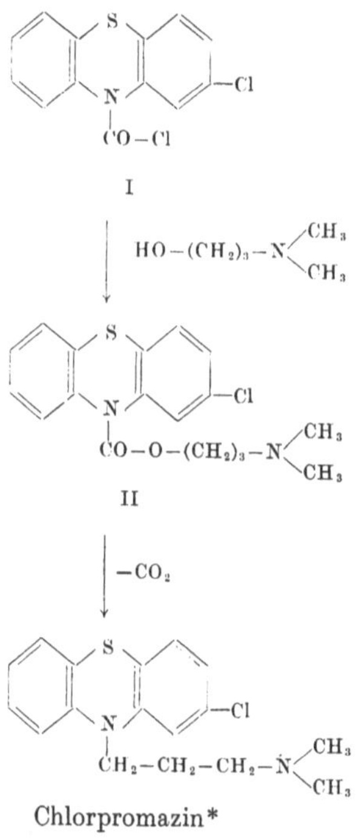

Chlorpromazin*

Die basischen Phenothiazinderivate kommen meist als Hydrochloride in den Handel. Unter Lichteinwirkung zersetzen sie sich leicht oxydativ, wobei sich farbige

Verbindungen bilden. Die Oxydation scheint nach den für Autoxydationsvorgänge charakteristischen Prinzipien abzulaufen. Schwermetallionen, insbesondere Kupferionen, und eine hohe Wasserstoffionenkonzentration katalysieren den Oxydationsprozeß. Durch Verwendung von Antioxydantien und durch die Verarbeitung der freien Basen anstatt der handelsüblichen Hydrochloride kann z. B. bei der Herstellung und der Lagerung von Suppositorien eine wesentlich größere Stabilität der basischen Phenothiazine erreicht werden. Im Organismus beginnt der Abbau der Phenothiazinderivate mit der Oxydation am Schwefel und der Bildung des entsprechenden Sulfoxids.

Unter den Naturstoffen ist ein weiteres Psychosedativum zu finden. Das aus verschiedenen Rauwolfia-Arten zu gewinnende Reserpin* wurde zunächst wegen seiner blutdrucksenkenden Wirkung angewendet. Heute spielt es hauptsächlich als Neurolepticum eine Rolle. Aus Rauwolfia-Arten isolierte man bisher ca. 40 verschiedene Alkaloide. Das Reserpin* ist eine tertiäre Indolbase. Das Alkaloid ist nicht sehr beständig. In saurer Lösung und unter Lichteinwirkung entstehen leicht fluoreszierende Zersetzungsprodukte. Die bekannteste Rauwolfia-Art ist

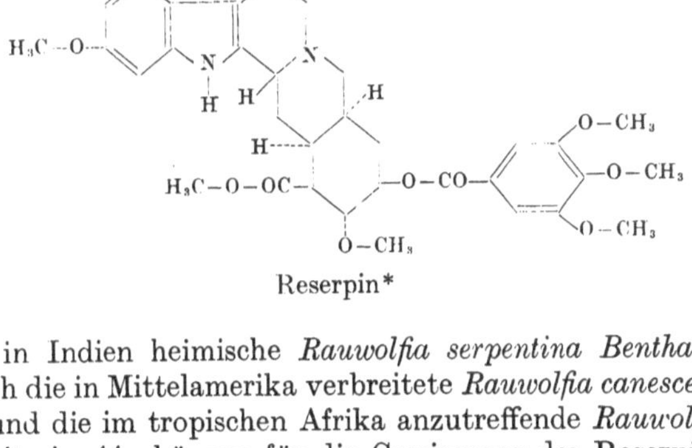

Reserpin*

die in Indien heimische *Rauwolfia serpentina Bentham.* Auch die in Mittelamerika verbreitete *Rauwolfia canescens L.* und die im tropischen Afrika anzutreffende *Rauwolfia vomitaria Afz.* können für die Gewinnung des Reserpins verwendet werden. Die Verwendung der zuletzt erwähnten Pflanzen zur Reserpingewinnung wurde notwendig, da im Jahre 1953 die indische Regierung ein Ausfuhrverbot für Serpentinawurzeln erließ, um die Bestände der Pflanze vor einer Dezimierung durch die 1950 beginnende wilde Sammelaktion zu schützen.

5. Analgetica und Antipyretica

Analgetica sind Substanzen, die über zentrale Angriffspunkte Schmerzen beseitigen oder abschwächen, ohne andere Funktionen nennenswert zu beeinflussen.

Antipyretica können eine abnorm gesteigerte Körpertemperatur (Fieber) herabsetzen. Die meisten Antipyretica werden aber wegen ihrer analgetischen Wirkung vor allen Dingen bei rheumatischen und neuralgischen Schmerzen angewendet.

5.1. Analgetica der Morphingruppe

Das klassische Analgeticum mit zentralem Angriffspunkt ist das Morphin, das 1806 von Sertürner im Opium entdeckt wurde. Opium ist der eingetrocknete Milchsaft unreifer Mohnkapseln. Im Opium wurden bisher ca. 25 verschiedene Alkaloide aufgefunden.

Als Alkaloide bezeichnet man eine Gruppe stickstoffhaltiger Pflanzeninhaltsstoffe mit pharmakologischer Wirkung. Je nach Art der Bindung des Stickstoffs und dem Einfluß anderer funktioneller Gruppen reagieren diese Stoffe mehr oder weniger basisch („alkali-ähnlich“). Es gibt auch neutral reagierende Alkaloide (z. B. Coffein). Der Stickstoff ist mit wenigen Ausnahmen (z. B. Ephedrin) heterocyclisch gebunden. In der Pflanze liegen die Alkaloide meist als Salze organischer Säuren vor. Pharmakologisch wirksame einfache aliphatische Amine und von Aminosäuren abgeleitete Amine (z. B. Tyramin) zählen nicht zu den Alkaloiden.

Die Zusammensetzung des Opiums kann erheblich schwanken. Neben dem Hauptalkaloid Morphin, das zu durchschnittlich 10% (3–23%) vorhanden ist, findet man im Opium noch Narcotin zu 6% (4–10%), Papaverin zu 1% (0,5–1%), Kodein zu 0,3% (0,2–0,8%), Thebain zu 0,2% (0,2–0,5%) und Narcein zu 0,2% (0,1–0,4%). Die Alkaloide sind im Opium an Säuren, wie z. B. die Meconsäure (3-Hydroxy-γ-pyron-2,6-dicarbonsäure) und die Milchsäure gebunden. Der unterschiedliche Gehalt des Opiums an den wichtigsten Alkaloiden kann häufig zur Ermittlung des Erzeugerlandes herangezogen werden und so für die Bekämpfung des illegalen Rauschgifthandels von Bedeutung sein.

Das Arzneibuch (DAB 6) fordert vom Opium einen Mindestgehalt von 12% Morphin. Dieses Opium ist das Ausgangsmaterial für die Bereitung eines auf einen Morphingehalt von 9,8 bis 10,2% eingestellten Opiumpulvers und anderer Opiumzubereitungen, wie z. B. der Opiumtinktur (Tinctura Opii simplex). Alle diese Opiumzubereitungen werden auf einen bestimmten Gehalt an dem Hauptalkaloid Morphin eingestellt. Ein bestimmter Gehalt an wichtigen Nebenalkaloiden wird nicht gefordert. Die Bestimmung des Morphins in den Opiumzubereitungen erfolgt meist nach konventionellen Verfahren. Bei einem derartigen konventionellen Verfahren erhält man, werden vorgeschriebene Arbeitsbedingungen genau eingehalten, reproduzierbare Ergebnisse. Die gefundenen Werte können indessen von dem tatsächlichen Morphingehalt etwas abweichen. Die Schwierigkeiten der Morphinbestimmung liegen auf der Hand, da das Morphin zunächst einmal von zahlreichen anderen, ähnlich reagierenden Alkaloiden abgetrennt werden muß. Der später zu besprechende amphotere Charakter des Morphins erleichtert seine Abtrennung von vielen anderen Alkaloiden. Natürlich wurden auch Verfahren ausgearbeitet, die – meist nach papierchromatographischer Auftrennung — die exakte quantitative Bestimmung der anderen wichtigen Opiumalkaloide erlauben.

Die Wirkung des Opiums ist nicht allein eine Morphinwirkung. Auch die Nebenalkaloide tragen zum Gesamtbild der Opiumwirkung bei.

Obwohl Morphin als erste Pflanzenbase isoliert und kristallin erhalten wurde, ließ die Aufklärung der Konstitution dieser Verbindung lange Zeit auf sich warten und konnte erst nach Überwindung größerer Schwierigkeiten durch die Arbeiten von ROBINSON und GULLARD (1925) und SCHÖPF (1927) erfolgreich abgeschlossen werden. Die Morphinformel nach ROBINSON/SCHÖPF läßt den partiell hydrierten Phenanthrenring in den Vordergrund treten. Dagegen vermag die Morphinformel nach AWE deutlich den partiell hydrierten Isochinolinring her-

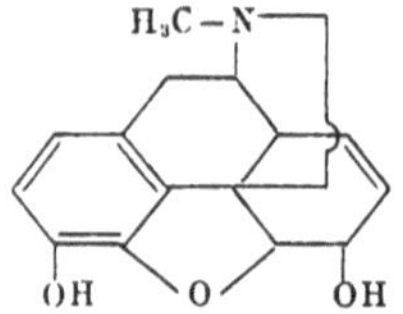

Morphinformel
nach ROBINSON/SCHÖPF

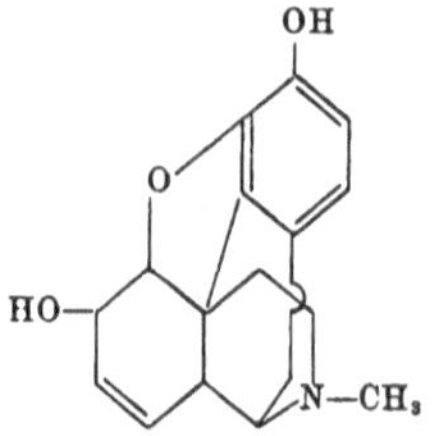

Morphinformel
nach AWE

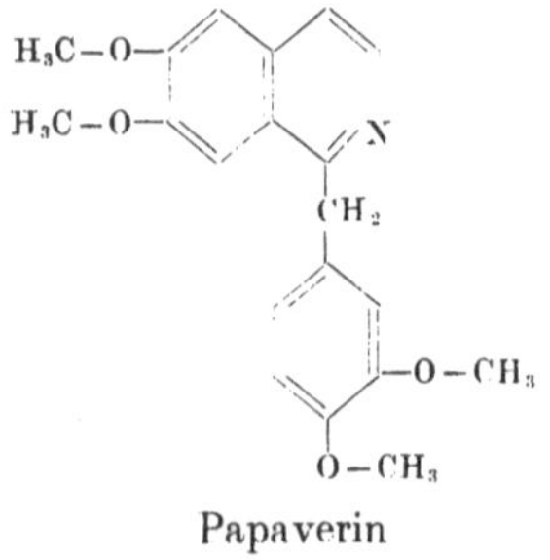

Papaverin

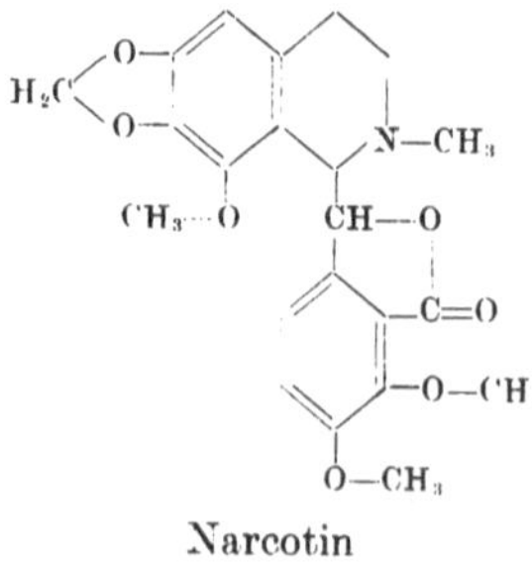

Narcotin

auszuheben, der die Verwandtschaft des Morphins mit Narcotin und Papaverin unterstreicht. Das Morphin enthält neben einer alkoholischen auch eine phenolische Hydroxylgruppe und ein tertiäres Stickstoffatom und kann aus diesem Grunde amphoter reagieren. Dieser amphotere Charakter des Morphins erleichtert seine Isolierung aus dem Opium und aus dem Mohnstroh, das ebenfalls als Rohstoff für die Morphingewinnung zur Verfügung steht. Zwar gelang GATES und TSCHUDI 1952 die Totalsynthese des Morphins, das erarbeitete Verfahren ist allerdings zu unökonomisch, um die Isolierung des Morphins aus Opium bzw. Mohnstroh ersetzen zu können.

Bei der therapeutischen Anwendung des Morphins machen sich die euphorische und die suchterregende Wirkung nachteilig bemerkbar.

Als Antagonist des Morphins und morphinähnlich wirkender Verbindungen wird das N-Allylnormorphin (Nalorphin*) verwendet, das eine am Stickstoff gebundene Allylgruppe für die im Morphin vorhandene Methylgruppe enthält. Das N-Allylnormorphin wirkt vermutlich in der Weise, daß es die Rezeptoren im Zentralnervensystem blockiert, mit denen das Morphin in Reaktion tritt.

Von dem Naturstoff Morphin ausgehend ist eine beträchtliche Anzahl pharmakologisch wertvoller Abwandlungsprodukte partialsynthetisch hergestellt worden. Da das Kodein im Opium nur in geringer Menge vorkommt,

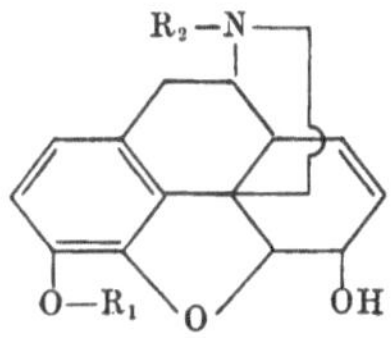

$R_1 = H$; $R_2 = CH_3-$ Morphin
$R_1 = CH_3-$; $R_2 = CH_3-$ Kodein
$R_1 = H$; $R_2 = CH_2{=}CH-CH_2-$ N-Allylnormorphin

wegen seiner guten hustenreizhemmenden Wirkung aber viel gebraucht wird, pflegt man es hauptsächlich aus Morphin darzustellen. Bei der Methylierung muß darauf geachtet werden, daß keine Quaternisierung des N-Atoms erfolgt und so curareähnlich wirkende Verbindungen entstehen. Die Methylierung der phenolischen Hydroxylgruppe im Morphinmolekül wird zweckmäßig mit Benzolsulfonsäuremethylester oder quartären Ammoniumbasen (z. B. Phenyltrimethylammoniumhydroxid) vorgenommen.

Von den partialsynthetischen Produkten der Morphinreihe sind besonders die Isomerisierungsprodukte des Morphins und des Kodeins wegen ihrer erheblich stärkeren Wirkung von Bedeutung. Zur Isomerisierung werden die Substanzen unter Wasserstoff mit viel Palladiumkatalysator behandelt. Unter bestimmten Bedingungen gelingt die Isomerisierung auch ohne Anwesenheit von Wasserstoff. Das Isomerisierungsprodukt des Morphins ist das Dihydromorphinon (Hydromorphon*•, Dilaudid), das Isomerisierungsprodukt des Kodeins das Dihydrokodeinon (Hydrocodon*•, Dicodid).

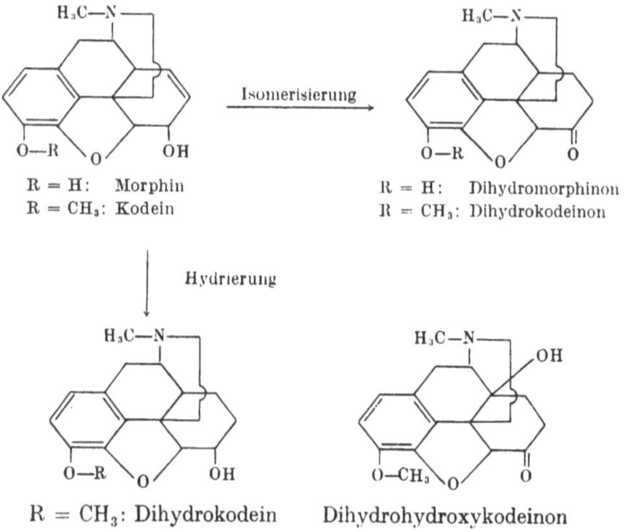

R = CH_3: Dihydrokodein   Dihydrohydroxykodeinon

Das Hydrierungsprodukt des Kodeins, das Dihydrokodein* (Dehacodin•, Paracodin) wird ebenfalls als

Hustensedativum benutzt. Das Dihydrohydroxykodeinon wird daneben auch als Analgeticum eingesetzt. Dihydrohydroxykodeinon (Oxycodon*•, Eukodal) kann u. a. aus dem im Opium vorkommenden, als Krampfgift wirkenden Thebain dargestellt werden.

Bei den Versuchen, zu synthetischen Produkten der Morphinreihe zu gelangen, hoffte man nicht nur, vom pflanzlichen Ausgangsmaterial unabhängig zu werden, sondern auch Verbindungen mit besseren pharmakologischen Eigenschaften zu erhalten. Solange das Phenanthrengerüst im Mittelpunkt der Betrachtungen stand und man bei den synthetischen Versuchen von Phenanthrenderivaten ausging, gelang die Synthese morphinähnlich wirkender Substanzen nicht. GREWE setzte mit Erfolg ein partiell hydriertes Isochinolinderivat als Ausgangsstoff für die Synthese des Stammkörpers des Morphins, des N-Methylmorphinans, ein. Der entscheidende Schritt bei der Synthese des N-Methylmorphinans ist

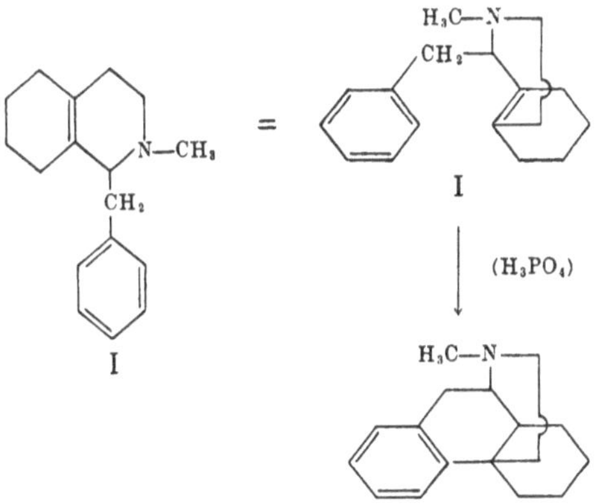

N-Methylmorphinan

der Ringschluß des N-Methyl-benzyl-octahydroisochinolin-Derivates, I, zum N-Methylmorphinan, der mit Hilfe von Phosphorsäure erreicht werden kann.

Das N-Methylmorphinan besitzt schon analgetische Wirkung. Auch hydroxylierte Verbindungen des N-Methylmorphinans wurden dargestellt und zeichneten sich durch eine starke analgetische Wirkung aus. Der bekannteste Vertreter dieser Verbindungsklasse ist das (—)-3-Hydroxy-N-methylmorphinan, das Levorphanol*, das zunächst unter dem Namen Dromoran in den Arzneischatz eingeführt wurde. Bei der Synthese fällt zunächst das Racemat an, aus dem die (—)-Form gewonnen wird. Die (—)-Form ist wesentlich stärker wirksam als die (+)-Form. Die stärkere pharmakologische Wirkung einer der stereoisomeren Formen ist nicht verwunderlich, wenn man bedenkt, daß auch die Rezeptoren im Organismus eine bestimmte sterische Konfiguration besitzen. Die verschiedenen Stereoisomeren der Arzneimittel können nun mit den Rezeptoren unterschiedlich gut in Verbindung treten. Eine unterschiedliche Wirkungsstärke der Stereoisomeren wird dann die Folge sein. Neben dem Levorphanol* ist auch das Racemat des 3-Hydroxy-N-methylmorphinans, das Racemorphan*, im Handel.

Alle bisher erwähnten Verbindungen kommen als Salze in den Handel. Vor allem werden Hydrochloride, Phosphate bzw. Tartrate hergestellt.

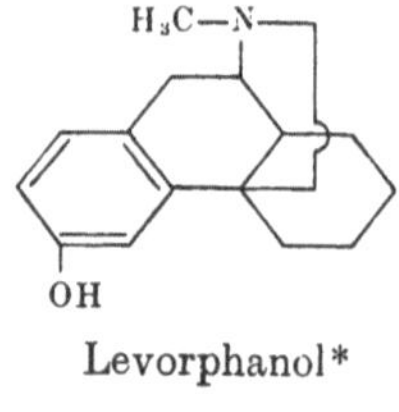

Levorphanol*

Therapeutisch wertvolle synthetische Analgetica fand man auch unter den alicyclischen Aminen. Aus Untersuchungen, die von EISLEB und SCHAUMANN 1933 begonnen wurden und die Darstellung neuer Spasmolytica zum Ziele hatten, ging 1939 ein wertvolles Analgeticum mit morphinähnlicher und gleichzeitig spasmolytischer

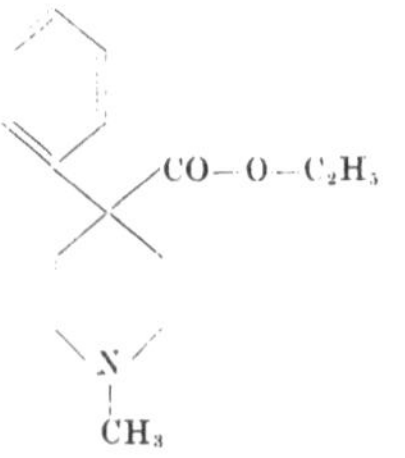

Pethidin*

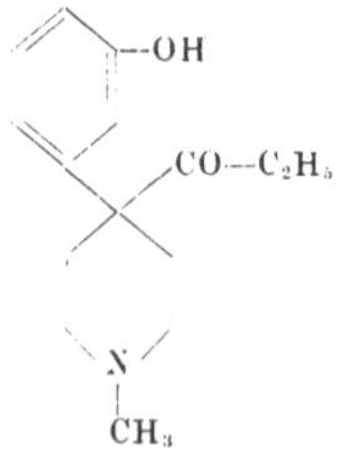

Ketobemidon*

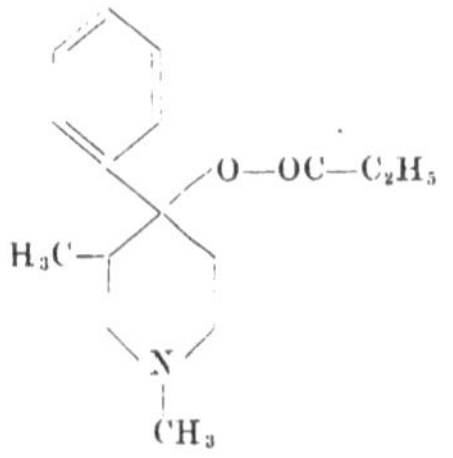

Alphaprodin*

Wirkung, nämlich das Pethidin* (Dolcontral•, Dolantin) hervor. Bei dem als Hydrochlorid verwendeten Pethidin* handelt es sich um den N-Methyl-4-phenyl-piperidin-4-carbonsäureäthylester.

In der Folgezeit wurden noch weitere Substanzen entwikkelt und als Arzneimittel eingeführt, von denen hier nur Ketobemidon* (Cliradon) und das ($\pm$)-1,3α-Dimethyl-4-phenyl-4α-propionyl-hydroxypiperidin (Alphaprodin*, Nisentil) erwähnt werden sollen.

Zur Synthese des Pethidins* setzt man das N-Lost-Derivat N-Methyl-bis-(β-chloräthyl)-amin mit Benzylcyanid in Gegenwart von Natriumamid in Toluol um. Dabei findet unter Bildung des entsprechenden Piperidinderivates Ringschluß statt. Das entstehende Nitril kann mit Lauge bei ca. 200° zur Carbonsäure verseift werden. Über das mit Thionylchlorid leicht darstellbare

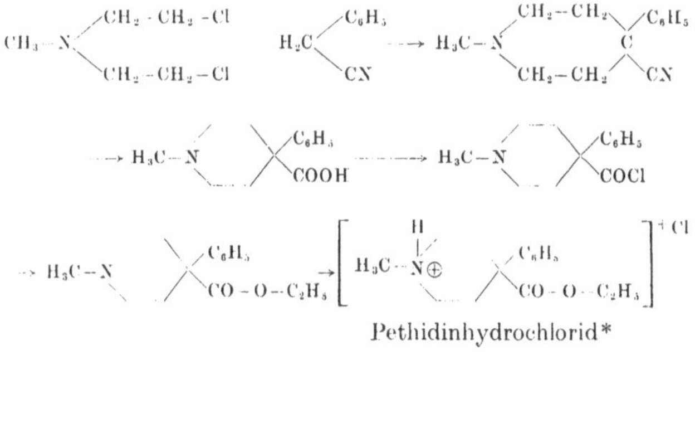

Pethidinhydrochlorid*

Säurechlorid kann die Pethidin*-Base dargestellt werden, die dann in das handelsübliche Hydrochlorid umgewandelt wird.

Die sehr breit angelegten Untersuchungen von BOCKMÜHL und EHRHARDT ergaben wertvolle Arzneimittel vom Methadon-Typ. Das Ziel dieser Arbeiten war die Darstellung und pharmakologische Untersuchung von Substanzen mit einem zentralen Kohlenstoffatom der Struktur A. Dabei sollte X eine basische Seitenkette und Y ein über eine Carbonylgruppe an das zentrale C-Atom gebundener Rest sein. Verbindungen dieses Strukturprinzips mit der allgemeinen Formel B zeigten eine gute analgetische Wirkung. Dabei konnte ein Maximum der

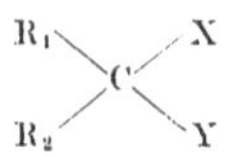

A

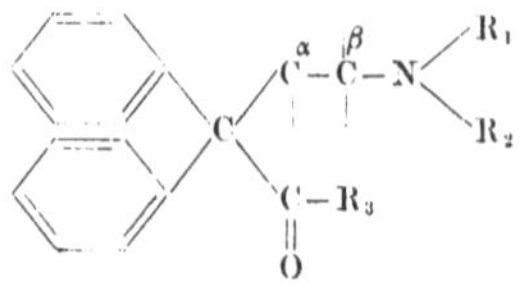

B

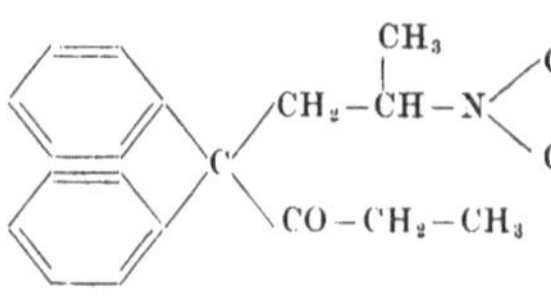

Methadon*

analgetischen Wirkung erreicht werden, wenn in Formel B R_1 und R_2 Methylgruppen waren, in β-Stellung eine Methylgruppe und als R_3 ein Äthylrest gebunden waren. Die entsprechende Verbindung, das 2-Dimethylamino-4,4-diphenyl-heptanon-(5), wird als Hydrochlorid unter dem Namen Methadon* (Polamidon) in den Handel gebracht.

Zur Synthese des Methadons* geht man vom Diphenylacetonitril aus, das zunächst in Benzol mit Hilfe von Natriumamid in das Natriumsalz übergeführt wird. Dieses Natriumsalz wird mit β-Chlor-n-propyl-dimethylamin umgesetzt. Dabei bilden sich die isomeren Verbindungen I und II in annähernd gleichen Mengen. Aus dem Isomerengemisch wird I durch fraktionierte Kristallisation gewonnen und mit Äthylmagnesiumbromid zunächst in die Verbindung III übergeführt, die nach Hydrolyse das Methadon* ergibt, das als Racemat in den Handel gebracht wird.

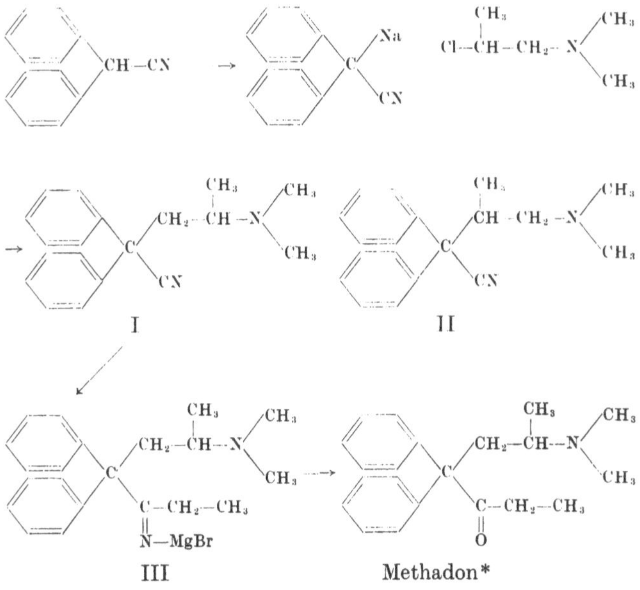

Die Tatsache, daß bei der Umsetzung mit der β-Chlorbase zwei Isomere entstehen, ist auf die bei β-Halogenalkylaminen auftretende Cyclammoniumumlagerung zurückzuführen. Diese Cyclammoniumumlagerung erfolgt nach folgendem Reaktionsmechanismus:

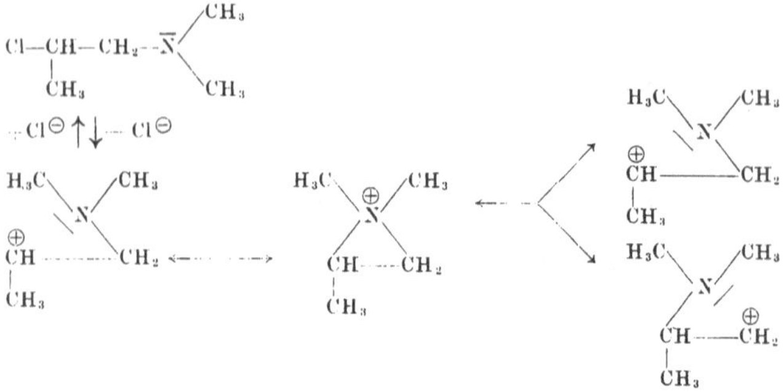

Nach Abspaltung des Chloratoms lagert sich das gebildete Carbeniumkation in ein cyclisches Ammoniumion um, das sich unter Bildung von zwei isomeren Carbeniumkationen aufspaltet, die beide mit dem Umsetzungspartner reagieren und dann zwei isomere Umsetzungsprodukte liefern. Da die cyclische Übergangsform energetisch bevorzugt ist, kommt es zur Erhöhung der Reaktionsgeschwindigkeit der Alkylierung gegenüber vergleichbaren Alkylierungen mit Halogenalkylen ohne nucleophile Atome (in diesem Falle N) in β-Stellung.

Morphin, Pethidin* und Methadon* weisen eine ähnliche pharmakologische Wirkung auf. Die strukturellen Zusammenhänge zwischen diesen Verbindungen läßt eine andere Schreibweise der Formeln, die SCHAUMANN erstmals anwendete, erkennen.

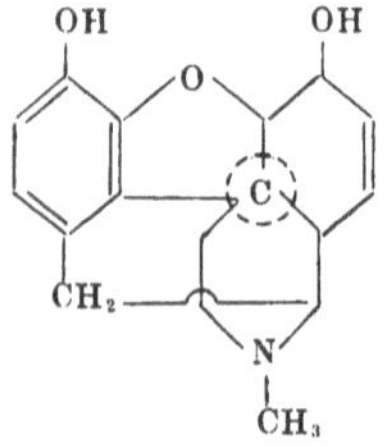

Morphinformel nach SCHAUMANN

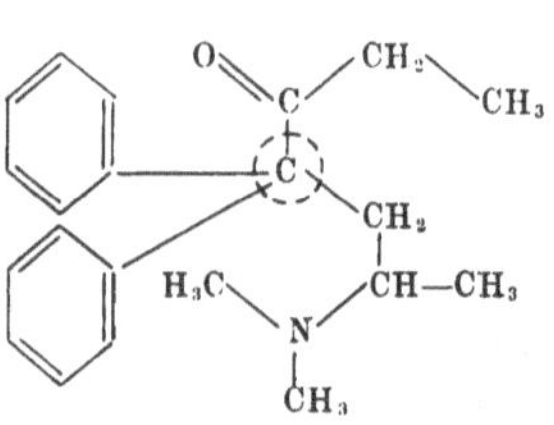

Methadon*

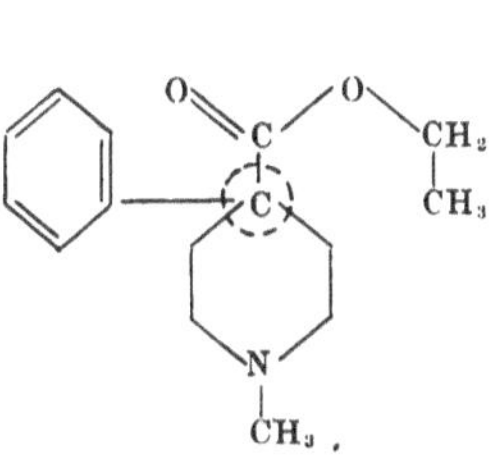

Pethidin*

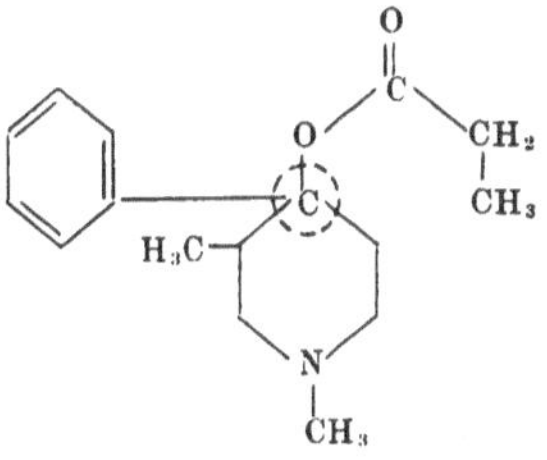

Alphaprodin*

Bei ähnlichem räumlichen Bau ist ein zentrales C-Atom (im Kreis) bei allen diesen Verbindungen anzutreffen. Man sprach häufig die Vermutung aus, daß ein quartäres C-Atom die notwendige Voraussetzung für eine morphinähnliche Wirkung sei. Die Tatsache, daß auch Alphaprodin* wirksam ist, bei dem kein quartäres C-Atom vorhanden ist, ließ zunächst nur noch die Forderung nach einem zentralen C-Atom für morphinähnlich wirkende Substanzen zu.

Aber auch die Forderung, daß für eine morphinähnliche Wirkung ein zentrales C-Atom in den entsprechenden Substanzen vorhanden sein müsse, ist sehr formal. Entscheidend ist vielmehr, daß der für die Anlagerung an die

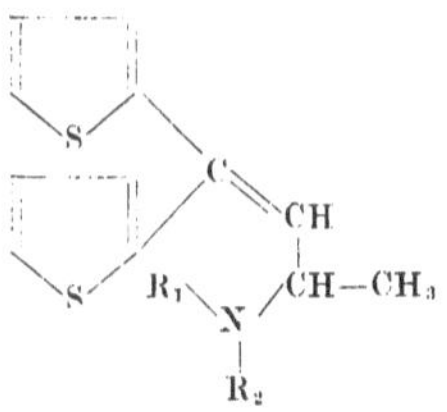

Dithienylbutenylamine

(z. B. R_1, R_2 = $-CH_3$)

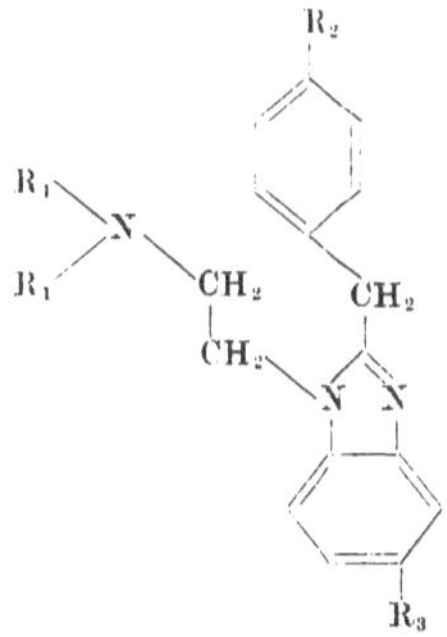

Benzimidazolderivate

(z. B. $R_1 = -C_2H_5$; R_2 $-O-C_2H_5$; $R_3 = -NO_2$: Etonitazen*)

Rezeptoren notwendige räumliche Bau der Arzneistoff-Moleküle gewährleistet ist. So wird es auch verständlich, daß Verbindungen der Dithienylbutenylaminreihe und der Benzimidazolreihe, bei denen nicht mehr alle für den Morphintyp charakteristischen Strukturelemente vorhanden sind und die auch kein zentrales C-Atom mehr besitzen, eine morphinähnliche Wirkung ausüben können, die durch Morphinantagonisten aufgehoben werden kann.

Einige Vertreter aus der Reihe der synthetischen, morphinähnlich wirkenden Verbindungen zeichnen sich durch eine besonders starke sedative Wirkung auf das Hustenzentrum aus und wurden als Hustenmittel eingeführt.

5.2. Analgetica der Salicylsäuregruppe

Die Salicylsäure und ihre Derivate werden wegen ihrer guten analgetischen und antirheumatischen Wirkung viel verwendet. Die Salicylsäure konnte man zunächst nur durch Verseifung des im Wintergrünöl vorhandenen Salicylsäuremethylesters und durch Oxydation des Saligenins erhalten. Saligenin entsteht bei der Spaltung des in der Weidenrinde vorkommenden Glykosids Salicin. Die antipyretische Wirkung der Weidenrinde war schon im Altertum bekannt. An eine breite Anwendung der Salicylsäure konnte erst gedacht werden, nachdem KOLBE (1859) eine brauchbare Synthese ausgarbeitet hatte, die von SCHMITT ökonomischer gestaltet wurde.

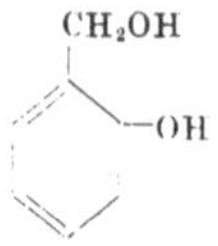

Saligenin

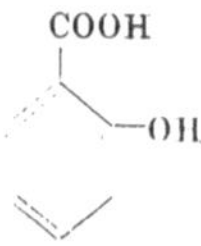

Salicylsäure

Nach der KOLBE-SCHMITTschen Synthese läßt man auf Natriumphenolat bei 120—140° und 5—6 atm Kohlendioxid einwirken. Dabei wird das mesomere Phenolatanion direkt carboxyliert.

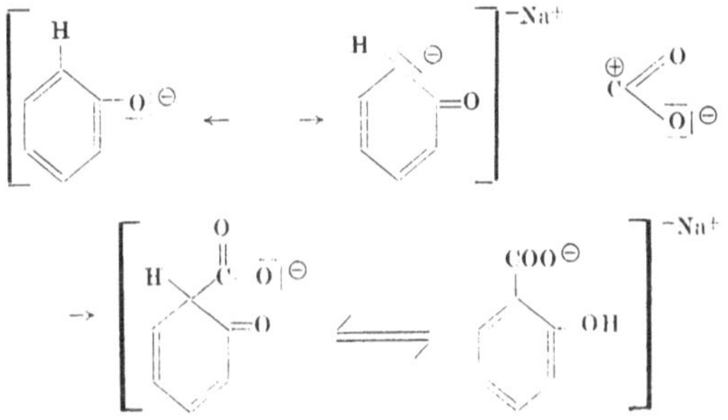

Da die Salicylsäure nach oraler Applikation die Magenschleimhaut zu stark reizt, wird als Antirheumaticum hauptsächlich das Natriumsalicylat angewendet.

Wegen ihrer antirheumatischen Wirkung werden auch aromatische Dihydroxycarbonsäuren in Form ihrer Natriumsalze verwendet, so z. B. die 2,5-Dihydroxybenzoesäure (Gentisinsäure), die auch im Organismus aus Salicylsäure durch fermentative Hydroxylierung gebildet wird, und die 2,6-Dihydroxybenzoesäure (γ-Resorcylsäure). Alle diese Verbindungen zeichnen sich dadurch aus, daß sich zwischen der Hydroxylgruppe und der o-ständigen Carboxylgruppe starke Wasserstoffbrücken ausbilden. Die Hydroxylgruppen können im IR-Spektrum nicht mehr nachgewiesen werden. Man nimmt an, daß die antirheumatische Wirkung mit der Fähigkeit zur Bildung intramolekularer Chelatstrukturen im Zusammenhang steht. m- bzw. p-Hydroxybenzoesäure, die keine derartigen Chelatstrukturen ausbilden können, sind antirheumatisch nicht wirksam.

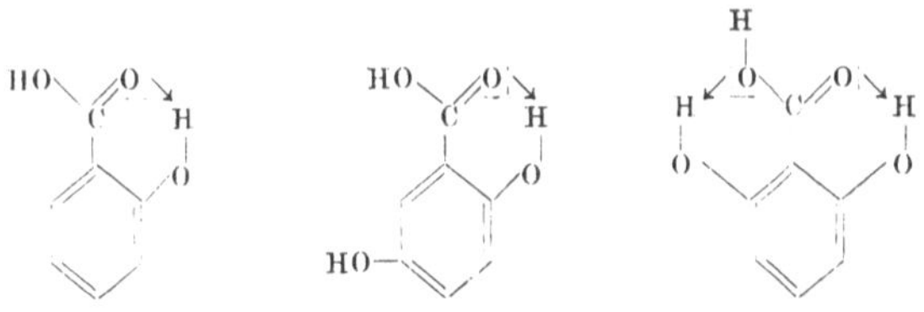

Salicylsäure Gentisinsäure γ-Resorcylsäure

Als Analgetica verwendet man vorwiegend Derivate der Salicylsäure, bei denen entweder die Carboxylgruppe oder die Hydroxylgruppe verändert ist. Die von EICHENGRÜN (1898) eingeführte Acetylsalicylsäure (Aspirin) ist auch heute noch ein häufig und in großer Menge benutztes Arzneimittel. Die Weltjahresproduktion beträgt 2000 bis 3000 t. Acetylsalicylsäure wird als solche oder in Form ihrer Erdalkalisalze (Calciumsalz) angewendet.

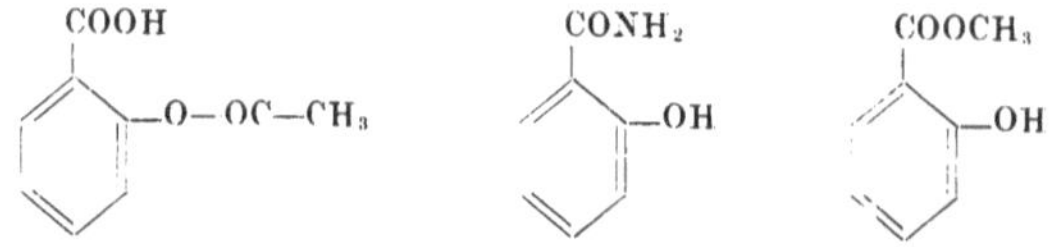

Acetylsalicylsäure Salicylamid* Salicylsäuremethylester

Die analgetische Wirkung des Salicylamids* wurde 1946 wiederentdeckt. Seitdem wird es wegen seiner guten Verträglichkeit häufig als Analgeticum eingesetzt. Schließlich soll in diesem Zusammenhang noch auf den Salicylsäuremethylester hingewiesen werden, der sich zur percutanen Rheumatherapie einsetzen läßt.

Die Salicylsäurederivate mit nicht substituierter Hydroxylgruppe bilden mit Eisen(III)-ionen violett gefärbte Komplexe und lassen sich auf diese Weise leicht erkennen. γ-Resorcylsäure gibt einen blauen Eisen(III)-komplex und Gentisinsäure zunächst ebenfalls einen blauen Komplex, der aber schnell zerstört wird, da die Eisen(III)-ionen das Hydrochinoderivat zum Chinonderivat oxydieren.

Die quantitative Bestimmung der Salicylsäure und ihrer Derivate kann — basierend auf der Reaktion mit Eisen(III)-ionen — photometrisch erfolgen. Auf maßanalytischem Wege ist die Bestimmung der Salicylsäurederivate bromometrisch möglich. Dabei wird Salicylsäure durch eine überschüssige Menge Brom unter Decarboxylierung in Tribromphenol und Salicylamid in 3.5-Dibromsalicylamid übergeführt.

In der seit Einführung der bekanntesten Salicylsäurederivate vergangenen Zeit sind immer wieder neue Derivate der Salicylsäure dargestellt, pharmakologisch untersucht und als Arzneimittel empfohlen worden. Da mit den neu dargestellten Verbindungen keine wesentlich besseren Wirkungen erzielt werden konnten, haben sie sich als Arzneimittel nicht durchgesetzt.

5.3. Analgetica der Anilingruppe

Als erste Verbindung der Anilinreihe erlangte das Acetanilid, das auch als Antifebrin bezeichnet wurde, Bedeutung für die Therapie. Die Ärzte CAHN und HEPP wurden 1886 auf die antipyretische Wirkung dieser Verbindung aufmerksam, die ihnen als besonders reines Naphthalin zur Behandlung von Wurmerkrankungen übergeben worden war. Die antipyretische Wirkung des Anilins war schon einige Jahre vorher bekannt geworden, seine Anwendung war aber wegen der stark toxischen Wirkung ausgeschlossen. Durch Acetylierung des Anilins erhielt man eine Substanz von erheblich geringerer Toxizität. Das Acetanilid ist wegen seiner noch erheblichen Toxizität heute in der Humanmedizin praktisch nicht mehr in Gebrauch.

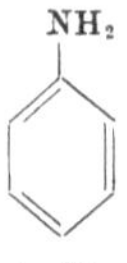

Anilin

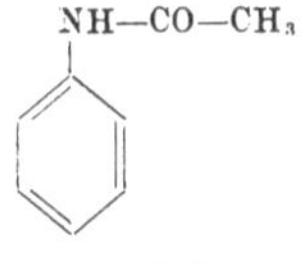

Acetanilid

Bereits 1887 wurde das Phenacetin* von C. DUISBERG und O. HINSBERG synthetisiert und bald als Antipyreticum in den Handel gebracht. DUISBERG und HINSBERG suchten eine Verwendungsmöglichkeit für p-Nitrophenol. Das Phenacetin* hat sich bis heute als Arzneimittel gehalten und ist zur Zeit praktisch die einzige Verbindung der Anilinreihe von therapeutischer Bedeutung.

Bei der Phenacetindarstellung geht man meist vom Phenol aus, das durch Nitrierung zunächst in ein Gemisch von o- und p-Nitrophenol übergeführt wird. Nach Abtrennung des mit Wasserdampf leicht flüchtigen o-Nitrophenols wird das p-Nitrophenol mit wäßrig-alkoholischer Natronlauge und Äthylchlorid durch mehrstündiges Erhitzen unter Druck in p-Nitrophenetol übergeführt, das leicht mit nascierendem Wasserstoff (z. B. aus Eisen und Salzsäure) zum p-Phenetidin reduziert werden kann. Durch Acetylierung entsteht das gewünschte Phenacetin*.

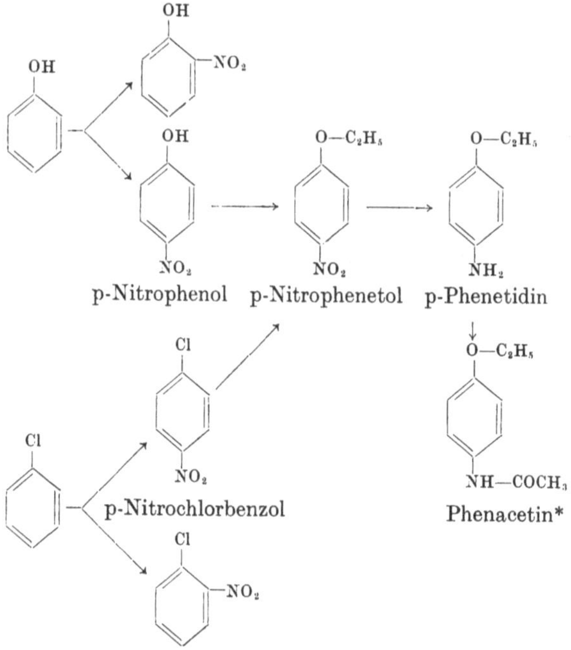

Häufig geht man auch vom Chlorbenzol aus, das bei der Nitrierung ein Gemisch von o- und p-Nitrochlorbenzol liefert. Nach Abtrennung des o-Nitrochlorbenzols kann das p-Nitrochlorbenzol mit alkoholischer Kalilauge in p-Nitrophenetol und dann in bereits beschriebener Weise in Phenacetin* übergeführt werden.

Schon zeitig fand man, daß das Anilin im Organismus durch fermentative Hydroxylierung in das etwas weniger toxische p-Aminophenol übergeführt wird. Das Phenacetin* kann als ein weniger zersetzliches und besser verträgliches Derivat des p-Aminophenols angesehen werden. Das Phenacetin* wird im Organismus gespalten. Als Spaltprodukt wurde einmal der Methämoglobinbildner p-Phenetidin und zum anderen p-Hydroxyacetanilid nachgewiesen. Das p-Hydroxyacetanilid soll die eigentliche Wirkform des Phenacetins sein. Aus diesem Grunde wird auch seine Anwendung bisweilen empfohlen.

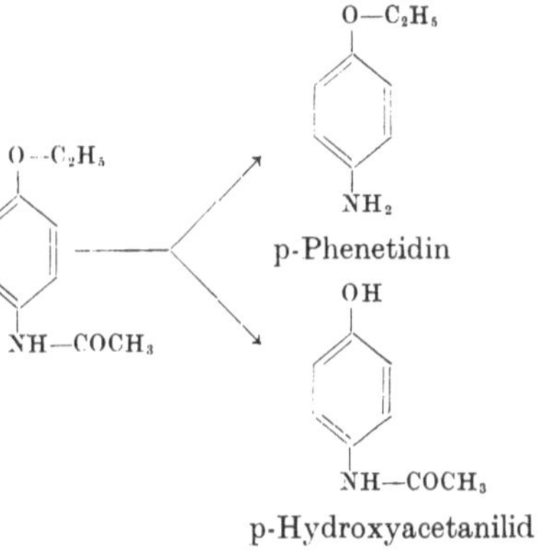

Sowohl in der Acetanilid- als auch in der Phenacetinreihe sind zahlreiche Derivate dargestellt und auf ihre Eignung als Antipyretica und Analgetica überprüft worden. Das Formanilid wird zu schnell gespalten und ist aus diesem Grunde zu toxisch. Die acylierten Aniline mit längerem Acylrest sind dagegen zu wenig wasserlöslich und werden zu schlecht resorbiert. In der Phenacetinreihe hat sich das Äthoxyderivat bei guter Wirksamkeit durch die beste Verträglichkeit ausgezeichnet.

Bei längerem Gebrauch von Phenacetin* kann eine Sucht ausgelöst werden.

5.4. Analgetica der Pyrazolongruppe

Im Labor von E. FISCHER wurde das antipyretisch wirksame, aber sehr toxische Phenylhydrazin entdeckt. Im Rahmen der Arbeiten über die Kondensation des Phenylhydrazins mit verschiedenen Aldehyden und Ketonen beschäftigte sich KNORR (1883) mit den Kondensationsprodukten von Phenylhydrazin und Acetessigester. Bei höherer Temperatur entstand unter Austritt von 1 Mol Wasser und 1 Mol Alkohol ein Produkt, das KNORR wegen der vermeintlichen Verwandtschaft mit Chinin als ein Oxymethylchinizin bezeichnete und dem er die Formel I zuschrieb. Bald konnte aber die richtige Struktur dieser Verbindung erkannt und die erhaltene Substanz als 1-Phenyl-3-methylpyrazolon-(5) (II) beschrieben werden. Diese Verbindung zeigte eine schwache analgetische und antipyretische Wirkung, die durch Methylierung wesentlich verstärkt werden konnte. Das 1-Phenyl-2,3-dimethylpyrazolon-(5) wurde unter dem Namen Antipyrin bereits 1885 in den Arzneischatz eingeführt.

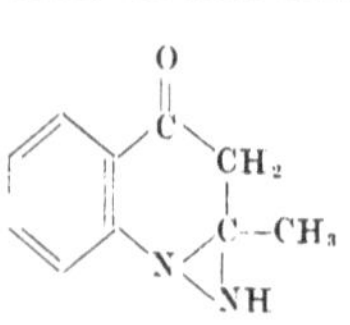

I

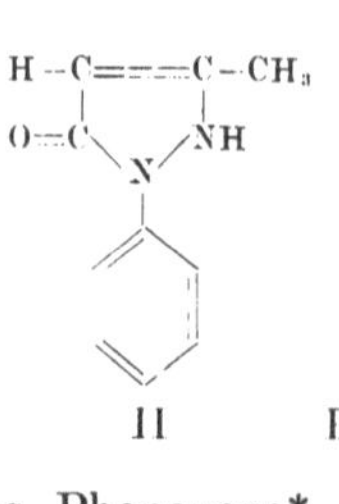

II

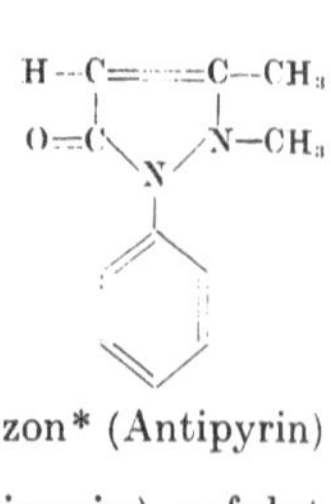

Phenazon* (Antipyrin)

Die Darstellung des Phenazons* (Antipyrin) erfolgt heute noch im wesentlichen nach dem von KNORR beschriebenen Verfahren. Durch Kondensation von Acetessigester mit einem geringen Überschuß von Phenylhydrazin im neutralen Milieu entsteht das 1-Phenyl-3-methyl-pyrazolon-(5). Um die Bildung schwer entfernbarer Nebenprodukte zu vermeiden, muß man auf eine genaue Einhaltung der Versuchsbedingungen achten. Die Methylierung des 1-Phenyl-3-methyl-pyrazolon-(5) kann mit Methyljodid oder Dimethylsulfat durchgeführt werden. Im technischen Maßstab wird heute meist mit Methylchlorid in methanolischer Lösung unter Druck methyliert.

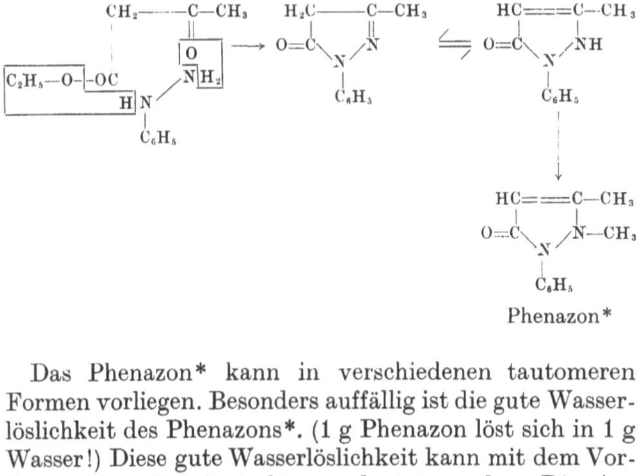

Phenazon*

Das Phenazon* kann in verschiedenen tautomeren Formen vorliegen. Besonders auffällig ist die gute Wasserlöslichkeit des Phenazons*. (1 g Phenazon löst sich in 1 g Wasser!) Diese gute Wasserlöslichkeit kann mit dem Vorliegen einer Betainstruktur gedeutet werden. Die Annahme einer Betainstruktur erklärt auch, daß Phenazon* mit Eisen(III)-ionen wie ein Enol unter Bildung eines rot gefärbten Komplexes reagiert.

Ketonstruktur Betainstruktur

Um zu stärker analgetisch wirkenden Verbindungen zu gelangen, schlug FILEHNE die Einführung eines Dimethylaminorestes in das Phenazonmolekül vor. Das 4-Dimethylamino-1-phenyl-2,3-dimethyl-pyrazolon-(5) wurde von STOLZ in den Hoechster Farbwerken hergestellt und 1897 als Pyramidon in den Handel gebracht. Das Amidopyrin* (Aminophenazon•, Pyramidon) kann ausgehend vom Phenazon* dargestellt werden. Das Phenazon* wird mit salpetriger Säure zu 4-Nitrosophenazon nitrosiert. Das Nitrosophenazon ist eine grün gefärbte Verbindung. Da diese Reaktion quantitativ erfolgt, kann sie zur photometrischen Bestimmung des Phenazons* herangezogen werden. Das gebildete 4-Nitrosophenazon wird z. B. mit Natriumhydrogensulfit zu 4-Aminophenazon reduziert. Die Schwierigkeiten der Amidopyrin-Synthese liegen bei der Methylierung der Aminogruppe. Diese Methylierung wird heute mit einem Gemisch von Formaldehyd und Ameisensäure vorgenommen. Dabei bildet sich zunächst mit Formaldehyd die N-Dimethylol-Verbindung, I, die dann durch Ameisensäure zum Amidopyrin* reduziert wird.

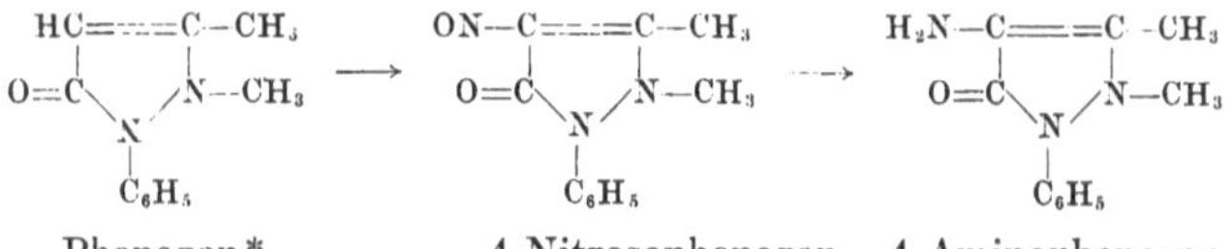

Phenazon* 4-Nitrosophenazon 4-Aminophenazon

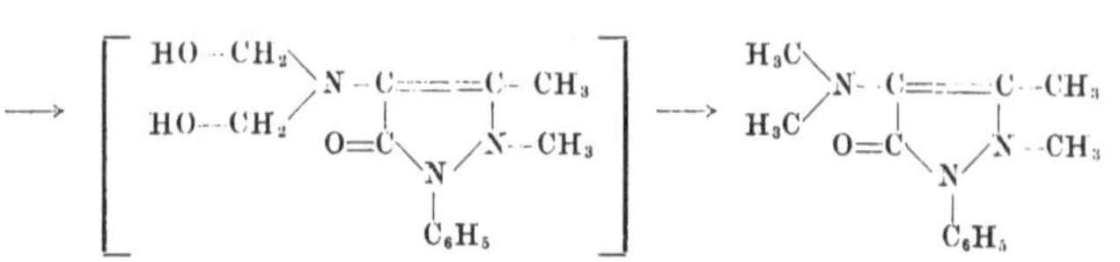

I Amidopyrin*

Amidopyrin* ist erheblich schwerer wasserlöslich als Phenazon*. Um gut wasserlösliche, stark wirksame Verbindungen für Injektionszwecke zu erhalten, hat man N-Methansulfonsäuren des 4-Aminophenazons hergestellt, die als Natriumsalze in den Handel gebracht werden. Von diesen Verbindungen besitzt das Noramidopyrinmethansulfonatnatrium* (Metamizol, Metapyrin•, Novalgin) die größte Bedeutung. Metamizol kann durch Kondensation des 4-Aminophenazons mit dem Additionsprodukt des Formaldehyds mit Natriumhydrogensulfit und Methylierung der erhaltenen Verbindung mit Methylchlorid dargestellt werden. Metamizol wird durch Säuren leicht zersetzt.

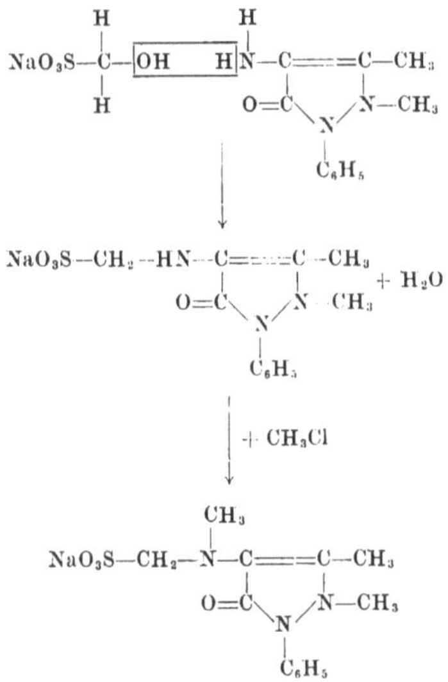

Metamizol

Um unverändertes Amidopyrin* in hoher Konzentration in wäßrige Lösung bringen zu können, suchte man nach brauchbaren Lösungsvermittlern. Als derartiger Lösungsvermittler hat sich das Natriumenolat (II) des 3,5-Dioxo-1,2-diphenyl-4-n-butyl-pyrazolidins (I) bewährt, das die Herstellung 20proz. wäßriger Amidopyrinlösungen ermöglicht. Die Kombination des Amidopyrins und des 3,5-Dioxo-1,2-diphenyl-4-n-butyl-pyrazolidins (Phenylbutazon*•, Butazolidin) zeichnet sich durch eine besonders günstige Wirkung aus und liegt in den Präpara-

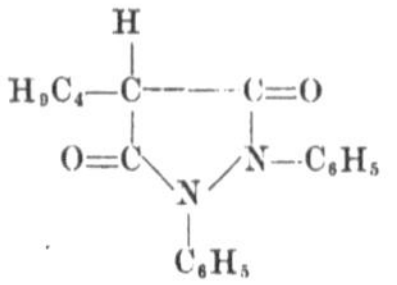

I

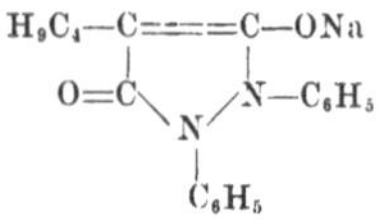

II

ten Wofapyrin• bzw. Irgapyrin vor. Das Phenylbutazon* wird auch als Reinsubstanz in den Handel gebracht und als Antirheumaticum und Antiphlogisticum verwendet. Das Phenylbutazon* kann durch Umsetzung von n-Butylmalonsäurediester mit Hydrazobenzol dargestellt werden.

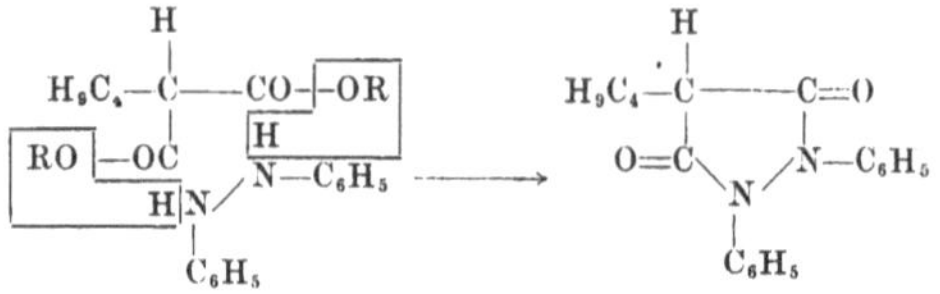

Phenylbutazo*n•

Als guter Lösungsvermittler für Amidopyrin* kann z. B. auch das Natriumsalz der 3-Benzyltetronsäure verwendet werden.

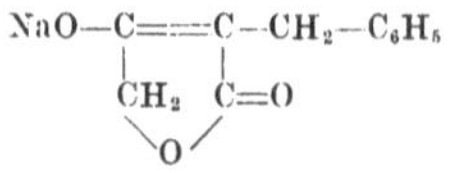

3-Benzyltetronsäure (Natriumsalz)

Da die Anwendung von Pyrazolonderivaten zu einer Agranulocytose führen kann, ist bei einem längeren Gebrauch dieser Arzneimittel eine Kontrolle des Blutbildes zweckmäßig.

5.5. Analgetica der Chinolingruppe

Vor Einführung der Salicylsäurederivate wurde vor allen Dingen das Chinin als fiebersenkendes Mittel benutzt. Die antipyretische Wirkung des Chinins ist aber weniger ausgeprägt als die der synthetischen Antipyretica. Das Chinin ist von größerer Bedeutung für die Behandlung der Malaria und soll an entsprechender Stelle behandelt werden. Aus den Bemühungen, Substanzen vom Chinintyp zu synthetisieren, sind Verbindungen vom Typ der 2-Arylchinolin-4-carbonsäuren, wie z. B. die 2-Phenylchinolin-4-carbonsäure (Cinchophen*, Atophan*) hervorgegangen und werden wegen ihrer Harnsäure ausschwemmenden Wirkung noch zur Behandlung der Gicht benutzt. Wegen auftretender Leberschäden ist die Verwendung von Cinchophen* für längere Zeit nicht unbedenklich.

Das Cinchophen* kann auf verschiedene Weise dargestellt werden. Bei der Synthese nach PFITZINGER (entsprechend der Chinolinsynthese nach FRIEDLÄNDER) geht man vom Isatin aus, das mit Alkali und Acetophenon direkt in das Alkalisalz des Cinchophens* umgewandelt wird. Das Alkali hat die Aufgabe, den Lactamring des Isatins aufzuspalten und das Isatin in die Isatinsäure zu überführen.

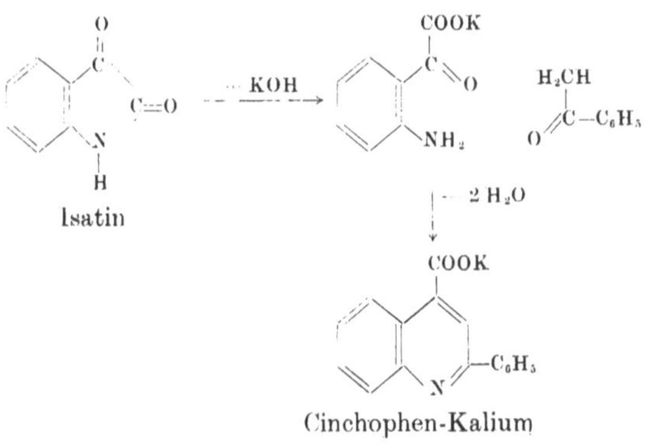

Analgetica werden meist in Form von Kombinationspräparaten angewendet, die häufig auch Zusätze von Barbitalen und Coffein bzw. Kodein enthalten. Diese Kombinationspräparate weisen meist eine bessere Wirksamkeit als die Reinsubstanzen auf.

6. Zentrale Analeptica

Zentrale Analeptica beseitigen Zustände verminderter Erregbarkeit des Zentralnervensystems und erhöhen die normale Erregbarkeit des Zentralnervensystems bzw. bestimmter Bezirke desselben. Hauptangriffspunkte der zentralen Analeptica, die auch als Excitantia bezeichnet werden, sind das Atemzentrum oder die Vasomotorenzentren. Von den einzelnen Substanzen können Atemzentrum und Vasomotorenzentren verschieden stark erregt werden.

In diesem Abschnitt soll das Coffein, das neben der zentralen noch zahlreiche andere Wirkungen, z. B. auf das Herz, auf die Gefäße und auf die Diurese ausübt, nicht behandelt werden. Um die chemischen Zusammenhänge besser zeigen zu können, wird das Coffein zusammen mit anderen Purinkörpern im Kapitel über Herzmittel besprochen (s. S. 123).

Als zentrales Analepticum wird der Campher verwendet. Die durch intramuskuläre Injektion öliger Campherlösungen zu erzielende analeptische Wirkung ist allerdings nur mäßig stark. Für therapeutische Zwecke wird sowohl der aus dem Holz von *Cinnamomum camphora (L.) Nees et Ebenmaier* durch Wasserdampfdestillation zu gewinnende rechtsdrehende natürliche Campher als auch der optisch inaktive synthetische Campher benutzt. Zur Synthese des Camphers geht man vom Terpentinöl aus, das reich an α-Pinen ist. In die bei der Destillation zwischen 156 und 162° übergehende α-pinenreiche Terpentinölfraktion wird trockenes Chlorwasserstoffgas ein-

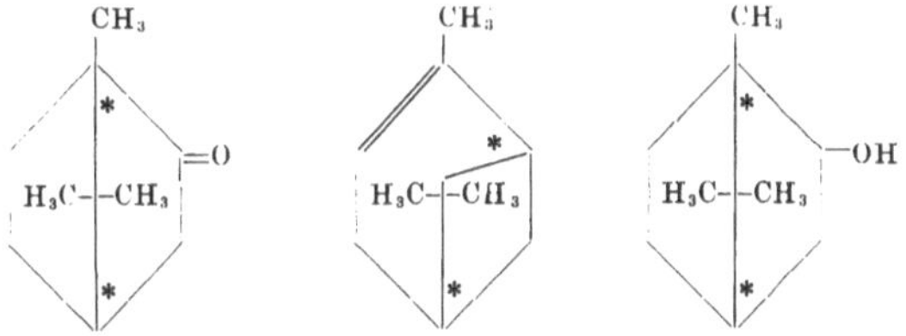

Campher α-Pinen Borneol

geleitet. Dabei entsteht in guter Ausbeute Bornylchlorid. Wird Bornylchlorid mit wasserfreiem Phenol oder Kresol nach vorausgegangener Sättigung mit Ammoniak auf ungefähr 200° erhitzt, so bildet sich in der Art einer Retropinakolin-Umlagerung das Camphen, das auf verschiedene Weise in Campher übergeführt werden kann. Camphen kann mit einer Chromsäuremischung direkt zu Campher oxydiert werden. Häufig schlägt man aber einen anderen Weg ein. Unter dem katalytischen Einfluß von Schwefelsäure wird an das Camphen Ameisensäure (oder Essigsäure) unter Bildung von Isoborneolformiat (oder

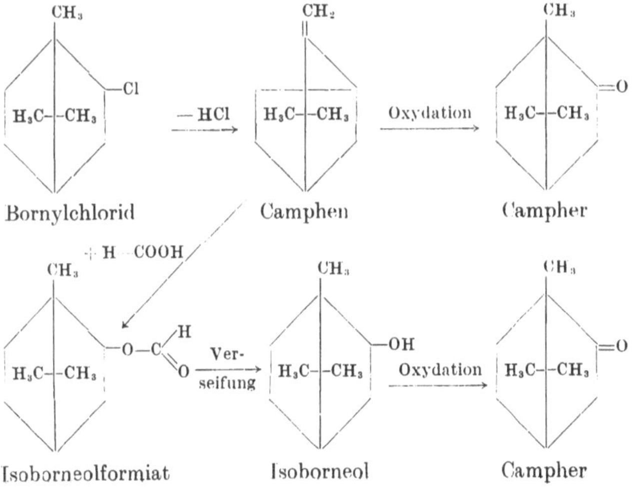

Isoborneolacetat) angelagert. Der Ester kann mit einer berechneten Menge Lauge zu Isoborneol verseift werden, das sich vom Borneol durch die unterschiedliche Konfiguration an dem C-Atom, das die Hydroxylgruppe trägt, unterscheidet. Isoborneol kann mit Hilfe von Chlor in benzolischer Lösung glatt zu Campher oxydiert werden.

Natürlicher Campher wird vor allen Dingen auf die Anwesenheit von Campheröl und synthetischer Campher auf die Anwesenheit von Chlorverbindungen geprüft.

Campher kommt auch häufig in Arzneien zur Verarbeitung, die als Einreibungen zur Behandlung rheumatischer und neuralgischer Schmerzen angewendet werden.

Wesentlich häufiger als Campher werden heute synthetische Verbindungen wie Pentetrazol* und Nicethamid* verwendet. Das Pentamethylentetrazol (Pentetrazol*, Deumacard•, Cardiazol) wurde zunächst von K. F. SCHMIDT durch Einwirkung überschüssiger Stickstoffwasserstoffsäure auf Cyclohexanon, gelöst in einem Gemisch von Äther und Benzol, in Gegenwart eines wasserentziehenden Mittels wie Diphosphorpentoxid, Zinkchlorid oder Chlorwasserstoff hergestellt. Als Zwischenprodukt entsteht bei dieser Synthese aus 1 Mol. Stickstoffwasserstoffsäure und 1 Mol. Cyclohexanon das ε-Caprolactam, das heute in großer Menge für die Herstellung von Polyamidfasern benötigt wird und für das eine günstige Synthese in der BECKMANN-Umlagerung von Cyclohexanonoxim gefunden wurde. Zur Darstellung des Pentetrazols* kann man auch vom Cyclohexanonoxim ausgehen und diese Verbindung mit Natriumazid in

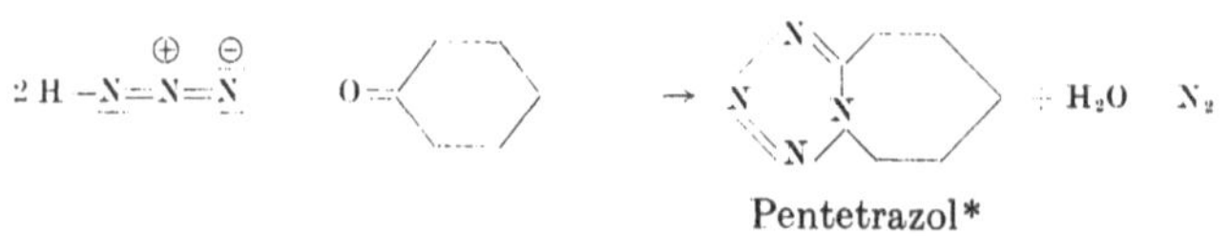

Pentetrazol*

Gegenwart von Chlorsulfonsäure in Pentetrazol* überführen. Auch bei dieser Synthese tritt das ε-Caprolactam als Zwischenprodukt auf.

Cyclohexanonoxim ε-Caprolactam Pentetrazol*

Neben dem Pentetrazol* werden auch verschiedene N-dialkylierte Säureamide verwendet, von denen das 1924 entwickelte Nicethamid* (Corvitol• Coramin,) das bedeutendste ist. Das Nicethamid* kann aus Pyridin-3-carbonsäure (Nicotinsäure) über das Säurechlorid leicht dargestellt werden. Aber auch Phthalsäure-bis-diäthylamid (Neospiran•) und 3,5-Dimethylisoxazol-4-carbonsäurediäthylamid (Cycliton) werden als zentralangreifende Analeptica verwendet.

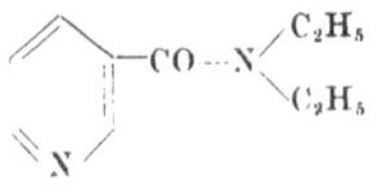

Nicethamid*

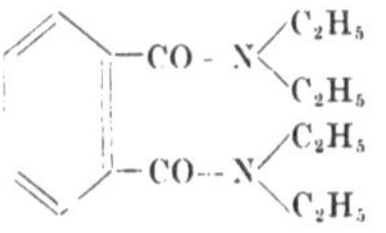

Neospiran•

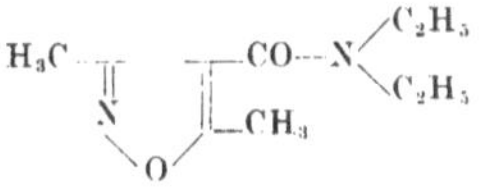

Cycliton

Eine dem Glutethimid* und damit den Barbitalen strukturell sehr ähnliche Verbindung, nämlich das β-Methyl-β-äthyl-glutarimid (Bemegrid*, Ahypnon•, Eukraton) wird ebenfalls als Analepticum verwendet. Zunächst nahm man an, daß Bemegrid* nur als Barbitalantagonist auf dem Wege einer Verdrängung wirkt, konnte aber bald eine allgemeine analeptische Wirkung dieser Verbindung feststellen.

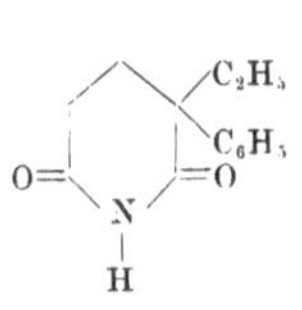

Glutethimid*

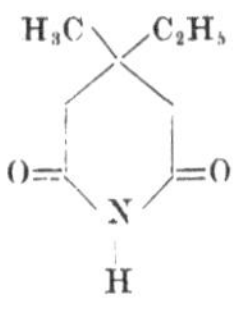

Bemegrid*

Auch die Naturstoffe Pikrotoxin und Strychnin müssen in diesem Zusammenhang erwähnt werden. Der Bitterstoff Pikrotoxin wird aus den Früchten von *Anamirta paniculata Colebrooke*, den sogenannten Kokkelskörnern, gewonnen und ist ein Gemisch von zwei stickstofffreien Dilactonen, deren Struktur 1957 aufgeklärt werden konnte.

Das Strychnin ist ein sehr kompliziert aufgebautes Alkaloid, das zusammen mit Brucin in den Samen von *Strychnos nux vomica L.* und anderen Strychnosarten vorkommt. Der Gesamtalkaloidgehalt der Samen von *Strychnos nux vomica L.* beträgt 2—3%, wobei das Brucin men-

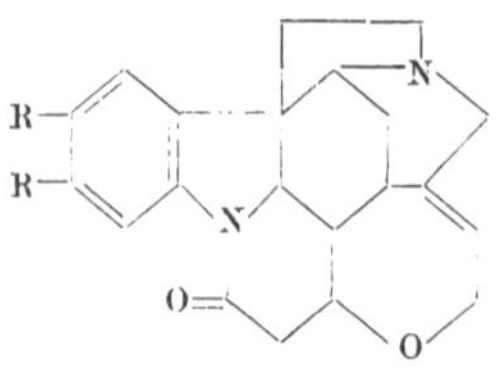

R = H: Strychnin
R = $-O-CH_3$: Brucin

genmäßig vorherrscht. Die aus den Samen von *Strychnos nux vomica L.* hergestellten galenischen Zubereitungen (Trockenextrakt, Tinktur) finden in geringen Dosen als Bittermittel Anwendung. Das Strychnin wird als Nitrat gehandelt. Dem Nachweis des Strychnins kommt vor allen Dingen in der Toxikologie eine große Bedeutung zu, da Strychnin ein starkes Krampfgift ist. Zum Nachweis der Alkaloide Strychnin und Brucin können diese Verbindungen nach Isolierung aus dem Untersuchungsgut u. a. auf papierchromatographischem Wege getrennt und identifiziert werden. Auch Farbreaktionen zum Nachweis und zur Unterscheidung der Alkaloide Strychnin und Brucin sind bekannt. In konzentrierter Schwefelsäure gelöstes Strychnin gibt nach Zusatz von wenig Kaliumdichromatlösung oder von Kaliumdichromatkristallen eine intensive, aber unbeständige blauviolette Färbung.

Als Atemanalepticum wird bisweilen noch das in *Lobelia inflata L.* vorkommende und auch synthetisch zugängliche Piperidinalkaloid Lobelin* angewendet.

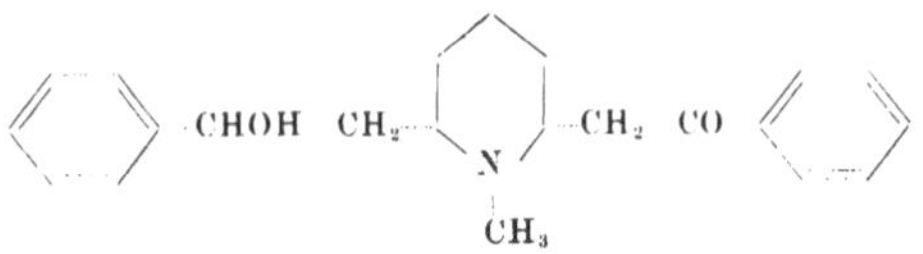

Lobelin*

7. Spasmolytica

Spasmolytica beeinflussen die glatte Muskulatur im Sinne einer Erschlaffung, Tonusherabsetzung oder Lähmung. Man unterscheidet zwischen „neurotropen" Spasmolytica, die durch Eingriff in die nervöse Impulsübertragung oder Beeinflussung der entsprechenden Rezeptoren wirken, und „muskulotropen" Spasmolytica, die direkt die glatte Muskulatur beeinflussen. Die Grenzen zwischen diesen beiden Spasmolytica-Typen können nicht scharf gezogen werden. Von den therapeutisch verwendeten Spasmolytica wird gefordert, daß sie spezifische Angriffspunkte haben. Nach Hauptangriffspunkten kann man zwischen Darmspasmolytica, Gefäßspasmolytica und Bronchospasmolytica unterscheiden.

Zur Beseitigung von Spasmen des Magen-Darm-Kanals und der Gallenwege wird das Papaverin angewendet. Das 1848 von MERCK entdeckte Papaverin ist ein Alkaloid des Isochinolintyps und kommt durchschnittlich zu 1% im Opium vor. Im Opium sind auch die ähnlich gebauten Isochinolinalkaloide Narcotin, Narcein und Laudanosin vorhanden. Das Papaverin ist eine schwache Base. Das im Handel befindliche Hydrochlorid ist in wäßriger Lösung teilweise hydrolysiert. Die Hauptmenge des benötigten Papaverins wird synthetisch hergestellt. Der entscheidende Schritt der Synthese ist die Cyclisierung des auf verschiedenen Wegen darstellbaren, entsprechend substituierten Phenylacetyl-phenyläthylamins. Die kondensierende Cyclisierung wird bei 160 bis 180° in Dekalin in Gegenwart von Säure erreicht.

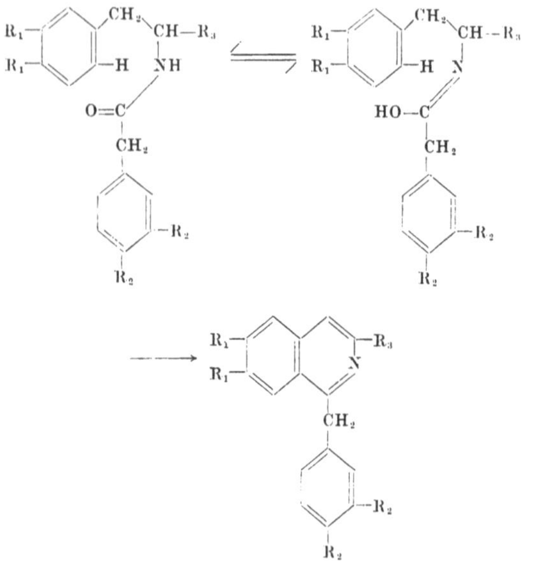

In gleicher Weise wie das Papaverin konnten auch andere, dem Papaverin strukturell verwandte Verbindungen dargestellt und nach pharmakologischer Prüfung in den Arzneischatz eingeführt werden. Papaverinähnliche, synthetische Spasmolytica sind z. B. das 1-Benzyl-3-äthyl-6,7-dimethoxy-isochinolin (Eupaverin, neue Form) und das 1-(3′, 4′-Diäthoxybenzyl)-6,7-diäthoxy-isochinolin (Ethaverin*, Perparin, Äthylpapaverin).

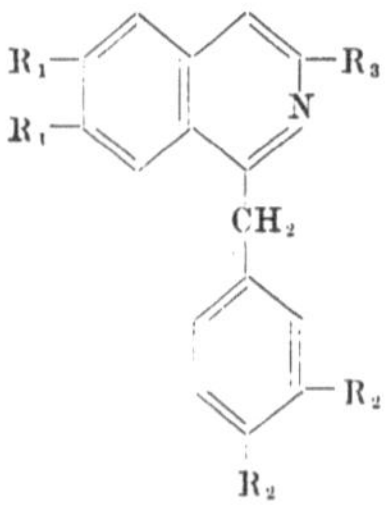

$R_1 = -O-CH_3$; $R_2 = -O-CH_3$; $R_3 = -H$
Papaverin

$R_1 = -O-CH_3$; $R_2 = -H$; $R_3 = -C_2H_5$
Eupaverin (neue Form)

$R_1 = -O-C_2H_5$; $R_2 = -O-C_2H_5$; $R_3 = -H$
Ethaverin*

Als Arzneimittel werden heute zahlreiche Spasmolytica verwendet, die in gleicher bzw. ähnlicher Weise wie das Papaverin wirken, mit diesem aber keine chemische Verwandtschaft mehr besitzen. Zu ihnen gehören Derivate des Diphenylmethans (u. a. basische Ester der Diphenylessigsäure und entsprechende Strukturanaloga), tertiäre und quartäre Amine und Ester der Phenylessigsäure und der Phenoxyessigsäure. Die aufgeführten Verbindungen 3-(1′-Piperidyl)-1-phenyl-1-cyclohexyl-propanol-(1) (Trihexyphenidyl*, Parkopan•), Bis-(β-phenyläthyl)-methylamin (z. B. im Spasman•) und α-Phenyl-α-piperidino-essigsäure-β′-piperidino-äthylester (Dipiproverin*, Spasmonal•) stellen nur eine bescheidene Auswahl der gebräuchlichen Spasmolytica dar. Während Trihexyphenidyl* als Hydrochlorid in den Handel kommt, wird Spasmonal• als Dihydrochlorid angewendet.

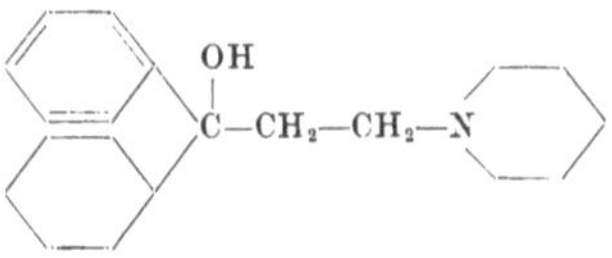

Trihexyphenidyl*

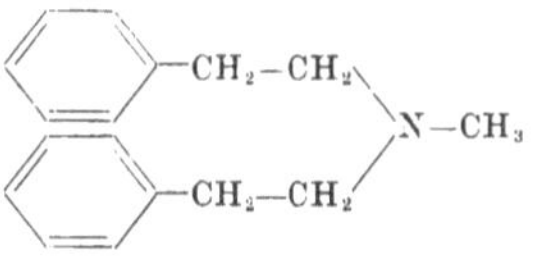

Bis-(β-phenyläthyl)-methylamin

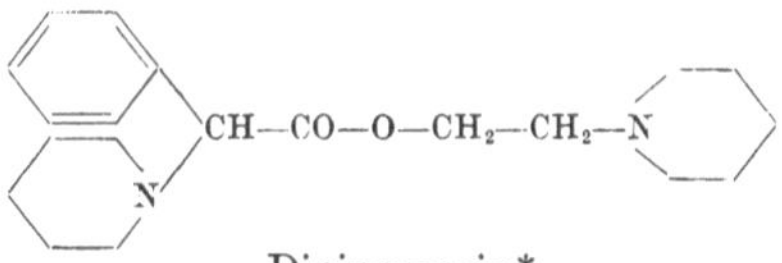

Dipiproverin*

Ester der salpetrigen Säure und der Salpetersäure werden wegen ihrer erschlaffenden Wirkung auf die Gefäßmuskulatur vor allen Dingen bei Angina pectoris angewendet. Während Nitrationen nicht spasmolytisch wirken, sind die wirksamen Nitritionen gleichzeitig Methämoglobinbildner. Bei den spasmolytisch wirksamen Estern der salpetrigen Säure und der Salpetersäure wirkt das ungespaltene Molekül. Als Arzneimittel werden neben

Äthylnitrit (z. B. im Spiritus Aetheris nitrosi) und Amylnitrit hauptsächlich Salpetersäureester mehrwertiger Alkohole verwendet. Um eine schnelle Wirkung zu erreichen, werden die Ester der salpetrigen Säure, Äthylnitrit oder Amylnitrit, inhaliert. Auch die perlinguale Resorption des Nitroglycerins führt zu einer schnellen Wirkung dieser Verbindung. Die anderen gebräuchlichen Salpetersäureester, wie z. B. Triäthanolamintrinitrat (z. B. in den Nitro-Tabletten•), Erythroltetranitrat, Tetramethylolmethantetranitrat (Pentaerythrittetranitrat*, Nitropenton□) und Mannitolhexanitrat* (Moloid•), bei denen die Wirkung langsamer eintritt, werden zur Dauermedikation angewendet. Erwähnt werden muß noch, daß es sich auch bei dem „Nitroglycerin" um einen Salpetersäureester und nicht um eine echte Nitroverbindung mit einer C—N-Bindung handelt. Reines Nitroglycerin explodiert außerordentlich leicht. Bei Verarbeitung mit Kieselgur

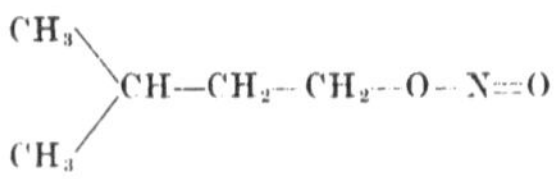

Amylnitrit

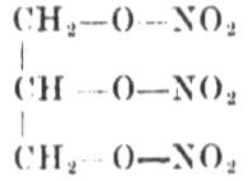

Nitroglycerin

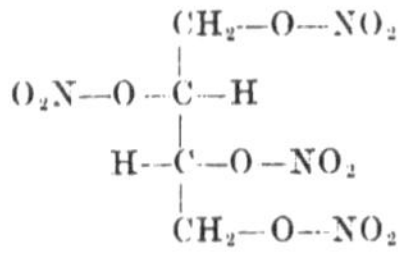

Erythroltetranitrat

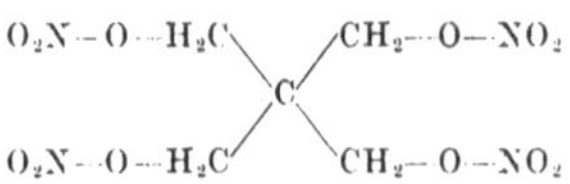

Pentaerythrittetranitrat*

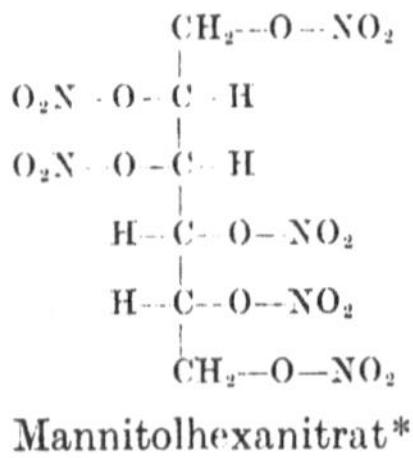

Mannitolhexanitrat*

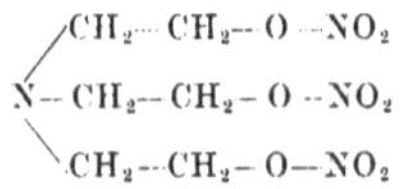

Triäthanolamintrinitrat

erhält man das Dynamit. Nitroglycerin wird in der Apotheke nur in Form einer 1proz. alkoholischen Lösung vorrätig gehalten.

Als blutdrucksenkende Pharmaka werden außer den erwähnten Nitriten und Nitraten, außer Rauwolfiaalkaloiden, Veratrumalkaloiden, verschiedenen Secalealkaloiden, Hydrochlorothiazid* und Diäthylaminoäthanol (Dehydasal•) auch verschiedene Nicotinsäurederivate und Hydrazinophthalazine verwendet.

Die Nicotinsäure ist eine Pyridin-3-carbonsäure, die bei der Oxydation des Alkaloids Nicotin erhalten wird. Billiger kann die Nicotinsäure, ausgehend vom Pyridin, synthetisch dargestellt werden. Pyridin wird zu diesem Zwecke zunächst mit rauchender Schwefelsäure in Gegenwart von Quecksilber(II)- und Eisen(II)-sulfat sulfuriert. Das Kaliumsalz der entstandenen Pyridin-3-sulfonsäure wird durch Erhitzen mit Kaliumcyanid auf 300—400° in 3-Cyanpyridin übergeführt, das bei der Verseifung mit Bariumhydroxid zunächst das Bariumsalz der Nicotinsäure ergibt, aus dem die Nicotinsäure dann mit Mineralsäuren in Freiheit gesetzt werden kann. Einfacher kann die Nicotinsäure durch Oxydation von β-Picolin dargestellt werden.

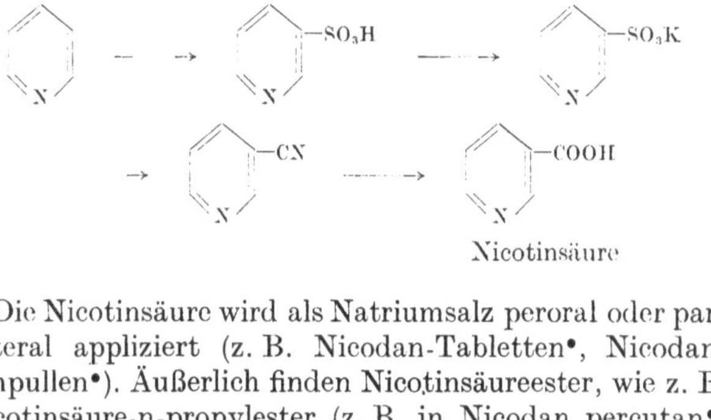

Nicotinsäure

Die Nicotinsäure wird als Natriumsalz peroral oder parenteral appliziert (z. B. Nicodan-Tabletten•, Nicodan-Ampullen•). Äußerlich finden Nicotinsäureester, wie z. B. Nicotinsäure-n-propylester (z. B. in Nicodan percutan•) bzw. Nicotinsäurebenzylester (z. B. im Pykaryl•) zur Erzeugung einer Hyperämie Anwendung. Peroral wird auch das 3-Hydroxymethyl-pyridin (Radecol•, Ronicol) als Gefäßspasmolyticum verwendet.

Wegen ihrer blutdrucksenkenden Wirkung werden auch die zentral (sympathicolytisch) und peripher angreifenden Hydrazinophthalazine eingesetzt. Verwendet werden das 1-Hydrazinophthalazin (Hydralazin*) als Hydrochlorid und das 1,4-Dihydrazinophthalazin (Dihydralazin*, Depressan•) als Sulfat bzw. Methansulfonat.

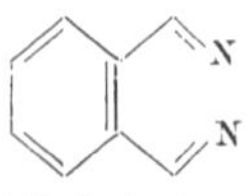

Phthalazin

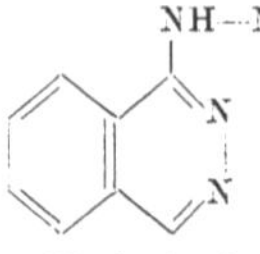

Hydralazin*

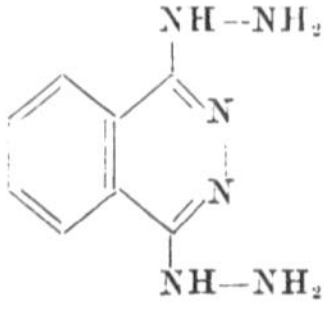

Dihydralazin*

Das Dihydralazin* kann aus Phthalsäureanhydrid dargestellt werden. Phthalsäureanhydrid wird in Eisessig mit 90proz. Hydrazinhydrat in das Phthalazindion-(1,4) übergeführt, aus dem mit Phosphorpentachlorid bei 150 bis 160° 1,4-Dichlorphthalazin gewonnen werden kann. Durch Umsetzung dieser Verbindung mit Hydrazin in abs. Methanol wird das Dihydralazin* erhalten.

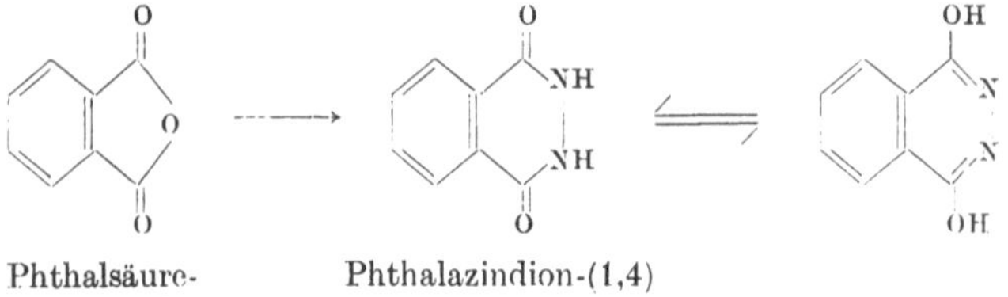

Phthalsäureanhydrid Phthalazindion-(1,4)

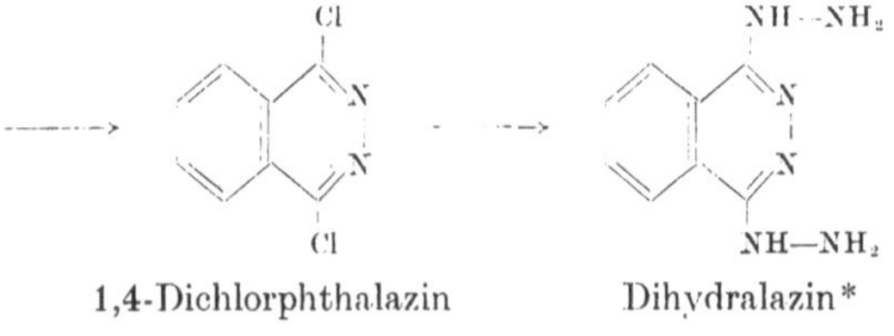

1,4-Dichlorphthalazin Dihydralazin*

8. Lokalanaesthetica

Lokalanaesthetica setzen die Erregbarkeit und Leitungsfähigkeit der schmerzvermittelnden Nerven auf einem örtlich begrenzten Gebiet vorübergehend herab.

Man unterscheidet zwischen Oberflächen- bzw. Schleimhautanaesthesie, Infiltrationsanaesthesie und Leitungsanaesthesie.

Die Geschichte der Lokalanaesthetica beginnt mit der ersten Anwendung des Cocains in der Augenheilkunde durch KOLLER im Jahre 1884.

Cocain ist das Hauptalkaloid des in Südamerika heimischen Strauches *Erythroxylon coca Lam.* und wurde 1860 von NIEMANN erstmalig isoliert. 1898 erfolgte die Konstitutionsaufklärung durch WILLSTÄTTER und andere. Cocain ist der Methylester des Benzoylecgonins (vgl. S. 103).

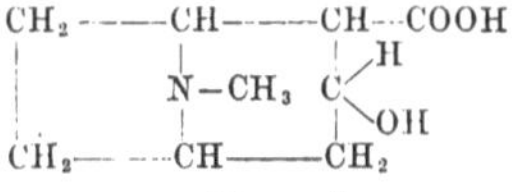

Ecgonin

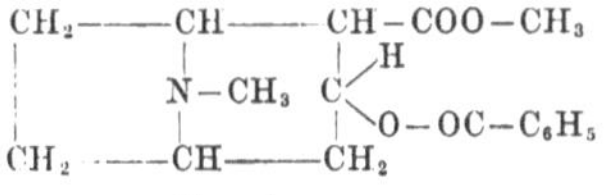

Cocain

Zur Gewinnung des Cocains werden die Rohbasen, in denen auch die Nebenalkaloide enthalten sind, die an Stelle des Benzoesäurerestes andere Säurereste aufweisen, zunächst mit verdünnter Schwefelsäure zum Ecgonin verseift. Durch anschließende Veresterung mit Methanol und Benzoylierung des entstandenen Ecgoninmethylesters erhält man das Cocain. Zur Anwendung gelangt das salzsaure Salz.

Cocain war bis vor kurzer Zeit das wichtigste Mittel zur Schleimhautanaesthesie. Neben der Suchtgefahr und der relativ hohen Toxizität ist die geringe Stabilität des Esteralkaloids von Nachteil. Im alkalischen Bereich kann leicht Esterspaltung erfolgen.

Auf der Suche nach besseren Mitteln wurden zunächst Abwandlungsprodukte des Tropingerüstes synthetisiert und zum Teil in die Therapie eingeführt (Eucaine A und B). Über die Ester der Hydroxy-aminobenzoesäure (Orthoform, Orthoform-Neu) führte die Entwicklung zu den Estern der p-Aminobenzoesäure. 1900 wurde der p-Aminobenzoesäure-äthylester (Ethoform*, Benzocain•) unter dem Namen Anaesthesin eingeführt.

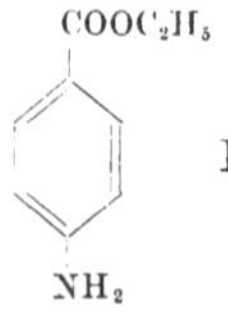

Benzocain•

Die geringe Wasserlöslichkeit dieser Basen und die stark saure Reaktion ihrer Salze schlossen ihre Anwendung in Form von Injektionslösungen aus.

Auf der Suche nach gut wasserlöslichen Mitteln hat sich das in der Arzneimittelsynthese so erfolgreiche Prinzip der basischen Alkylierung bewährt. Der Diäthylaminoäthanolester der p-Aminobenzoesäure, das Procain* (Jenacain•), ist bis heute das wichtigste Lokalanaestheticum zur Infiltrations- und Leitungsanaesthesie. Es wurde 1905 von EINHORN unter dem Namen Novocain in die Therapie eingeführt.

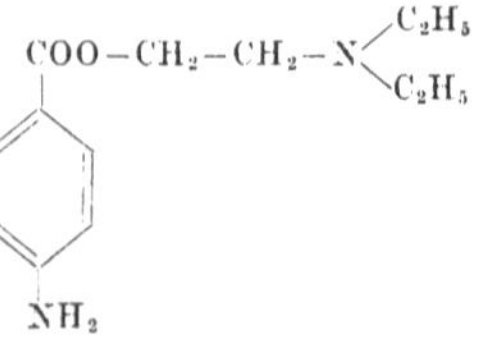

Procain*

Zur Synthese des Procains* wird p-Nitrotoluol mit Kaliumpermanganat zu p-Nitrobenzoesäure oxydiert, diese mit Phosphorpentachlorid in das Chlorid übergeführt und das Säurechlorid mit Äthylenchlorhydrin unter Abspaltung von Salzsäure bei 120—125° umgesetzt. Das gebildete p-Nitrobenzoyl-chloräthanol wird anschließend durch Erhitzen mit Diäthylamin unter Druck bei 120° in den Diäthylaminoäthanolester übergeführt. Schließlich wird mittels Zink oder Eisen und Salzsäure zu p-Aminobenzoyldiäthylaminoäthanol reduziert. Die letzten beiden Reaktionsstufen lassen sich auch in umgekehrter Reihenfolge durchführen, indem zunächst reduziert und dann der Diäthylaminrest eingeführt wird.

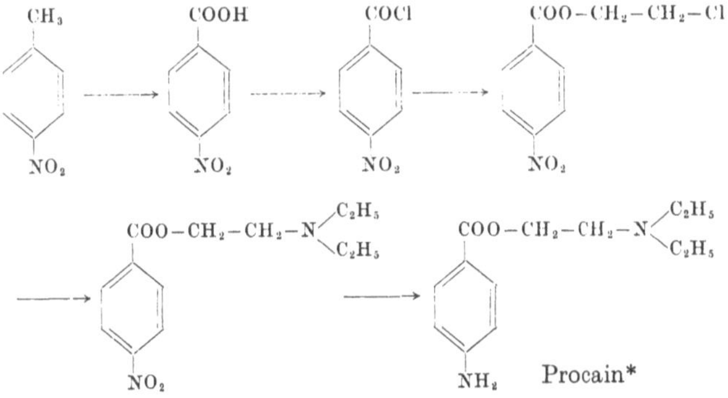

Das salzsaure Procain* ist in wäßriger Lösung nicht sehr stabil. Im alkalischen Bereich und bei höherer Temperatur kommt es zur Esterspaltung und damit zum Wirkungsverlust. Als Spaltprodukte treten p-Aminobenzoesäure und Diäthylaminoäthanol auf. Zur Stabilisierung werden die wäßrigen Lösungen mittels Salzsäure auf den pH-Wert 3 eingestellt, bei dem das Procain* am stabilsten ist. Das zur Gefäßverengung zugesetzte oxydationsempfindliche Adrenalin wird mit einer kleinen Menge Natriumhydrogensulfit stabilisiert.

Zur Prüfung auf Zersetzungsprodukte kann der papierchromatographische Nachweis der p-Aminobenzoesäure herangezogen werden.

Das Procain* birgt keinerlei Suchtgefahr und ist wenig giftig. Im Körper wird es rasch unter Bildung der obengenannten Spaltprodukte abgebaut. Das Diäthylaminoäthanol ist unter dem Namen Dehydasal• als Angioticum bekannt. Die p-Aminobenzoesäure ist ein Bakterienwuchsstoff. Die gleichzeitige Anwendung von Sulfonamiden und Procain* in hohen Dosen erscheint daher wenig sinnvoll. In diesem Falle ist die Anwendung von Präparaten vorzuziehen, die sich nicht von der p-Aminobenzoesäure ableiten (z. B. Piperocain* oder Falicain•). Seit 1956 wird Procain in hohen Dosen unter dem Namen „Vitamin H_3" in der Geriatrie empfohlen (ASLAN).

Über die Abwandlungsmöglichkeiten des Procainmoleküls orientiert das folgende Schema:

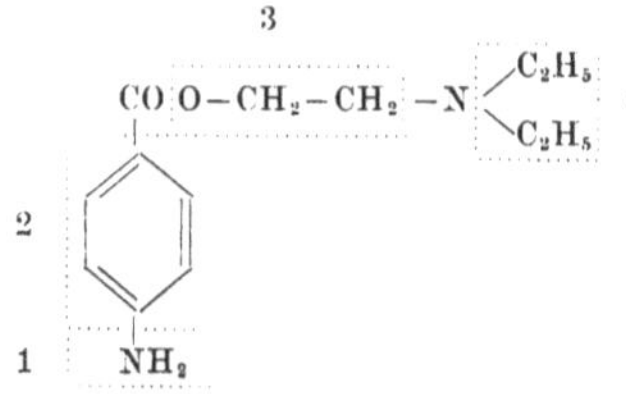

In dieser Zusammenstellung sind aus jeder Gruppe nur einige typische Vertreter aufgeführt.

1. Monoalkylierung der aromatischen Aminogruppe mit Alkylresten von 3 bis 8 Kohlenstoffatomen führt zu wirksamen Produkten, von denen p-Butylaminobenzoyldimethylaminoäthanolhydrochlorid, das Tetracain* (Medicain•), heute das wichtigste Schleimhautanaestheticum ist. Es wurde 1931 unter dem Namen Pantocain in die Therapie eingeführt.

2. Durch Einführung eines Chloratoms in o-Stellung zur Estergruppe erhält man das Chlorprocain*•, durch Einführung einer Hydroxylgruppe das Hydroxyprocain*. Beide Verbindungen zeichnen sich durch raschen Wirkungseintritt aus und werden besonders in der Zahnheilkunde zur Leitungs- und Infiltrationsanaesthesie verwendet. Bei der Esterspaltung im Blut kann aus diesen

Präparaten der Bakterienwuchsstoff p-Aminobenzoesäure nicht entstehen.

3. Mit Verlängerung und Verzweigung der Seitenkette steigt die Wirksamkeit der Präparate im Vergleich zu Procain, gleichzeitig aber auch die Toxizität. Als Beispiele seien Tutocain und Dimethocain* (Larocain) genannt. Bei Ersatz der Estergruppe im Procainmolekül durch eine Säureamidgruppe erhält man das Procainamid, das keine lokalanaesthetischen Eigenschaften mehr zeigt, vielmehr wegen seiner chinidinartigen Wirkung Verwendung findet.

4. Als Substituenten an der aliphatischen Aminogruppe finden wir in der Regel Methyl- oder Äthylgruppen. Das Stickstoffatom kann auch in einen Ring eingebaut sein.

Einer anderen Stoffklasse gehört der Chinolinabkömmling Cinchocain* (Percain) an. Die säureamidartig verknüpfte Seitenkette kann durch Esterasen im Körper nicht gespalten werden. Cinchocain* ist ein sehr stark wirkendes Schleimhautanaestheticum mit lang anhaltender Wirkung.

Das 1952 von PROFFT eingeführte Falicain• ist ein Keton und wird durch MANNICH-Kondensation von p-Propoxy-acetophenon mit Formaldehyd und Piperidin er-

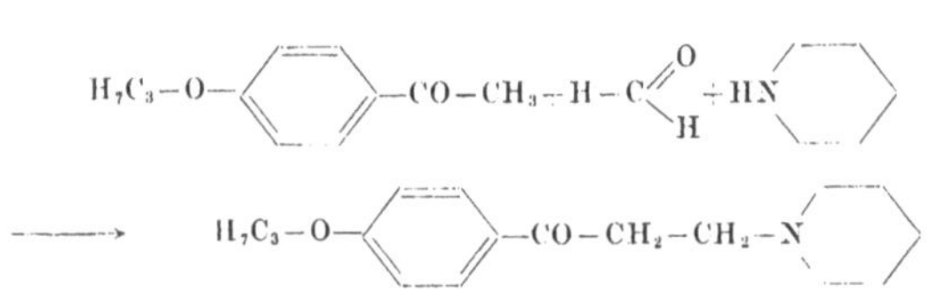

halten. Es entspricht in Wirkung und Toxizität dem Tetracain*.

In neuerer Zeit haben einige Säureanilide Bedeutung erlangt. Das Lidocain* (Xylocitin•, Xylocain) steht chemisch dem Phenacetin nahe und zeichnet sich durch eine außerordentliche Stabilität aus. Die ungewöhnliche Stabilität der Säureamidbindung ist hier auf die sterische Hinderung chemischer Agentien durch die beiden o-ständigen Methylgruppen zurückzuführen. Werden eine ringständige Methylgruppe durch Chlor und die beiden Äthylgruppen am Stickstoffatom durch einen Butylrest und ein H-Atom ersetzt, so erhält man das Hostacain, welches ebenfalls außerordentlich stabil ist und in der Therapie verwendet wird.

Über den Wirkungsmechanismus der Lokalanaesthetica liegen noch keine gesicherten Ergebnisse vor. Nach neueren Untersuchungen scheint die vorübergehende Hemmung der nervösen Reizleitung durch Lokalanaesthetica auf einer Beeinflussung der Cholinesterase zu beruhen.

In diesem Zusammenhang sei auf den strukturellen Zusammenhang zwischen dem „Reizleitungsstoff" Acetylcholin und dem Procain hingewiesen.

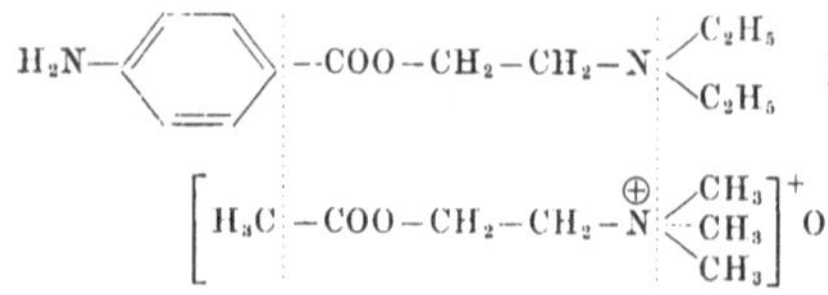

Procain-Base

Acetylcholin-Base

Zusammenstellung einiger Lokalanaesthetica

Name	Formel
Procain*	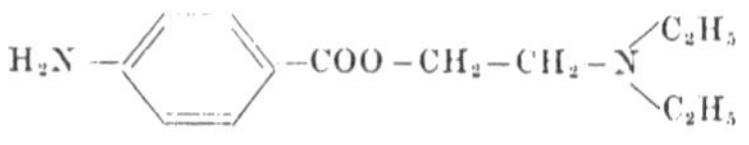
Cocain	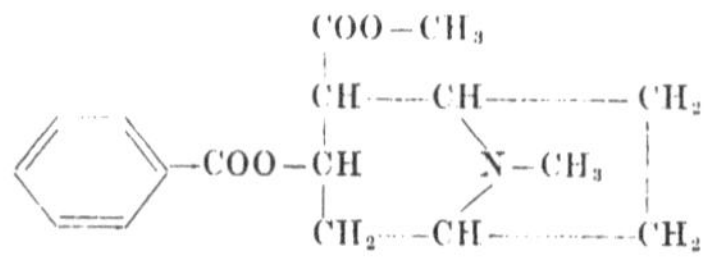
Dimethocain*	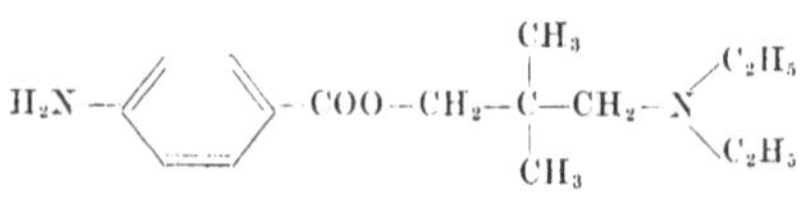

Zusammenstellung einiger Lokalanaesthetica (Fortsetzung)

Name	Formel
Cinchocain*	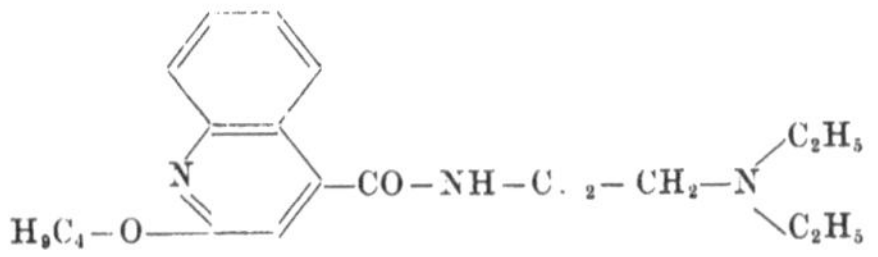
Falicain*	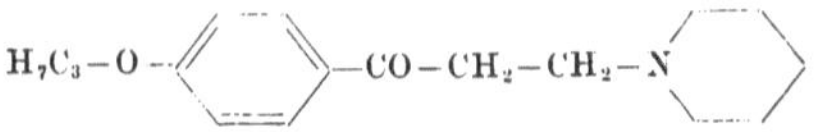
Piperocain*	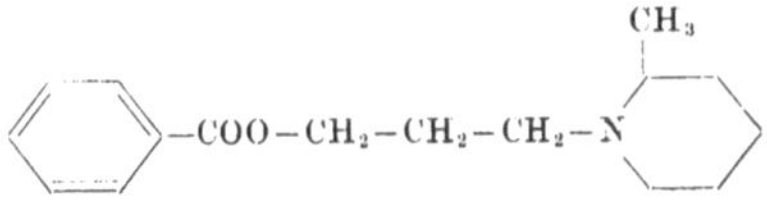
Lidocain*	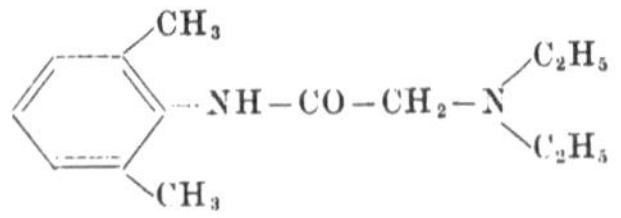
Hostacain	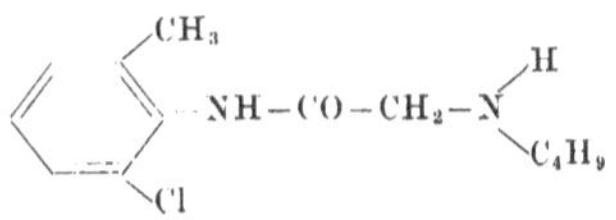

9. Muskelrelaxantia und Ganglioplegica

Muskelrelaxantia hemmen die Impulsübertragung vom Nervenende auf die Muskelfasern und führen zu einer Lähmung der quergestreiften Muskulatur. Sie werden unter anderem zur völligen Ruhigstellung der Muskulatur bei großen Operationen im Brust- und Bauchraum gebraucht.

Die natürlichen Vorbilder der Muskelrelaxantia sind die Curarealkaloide, die in Curare enthalten sind, dem Pfeilgift der Indianer Südamerikas. Man unterscheidet

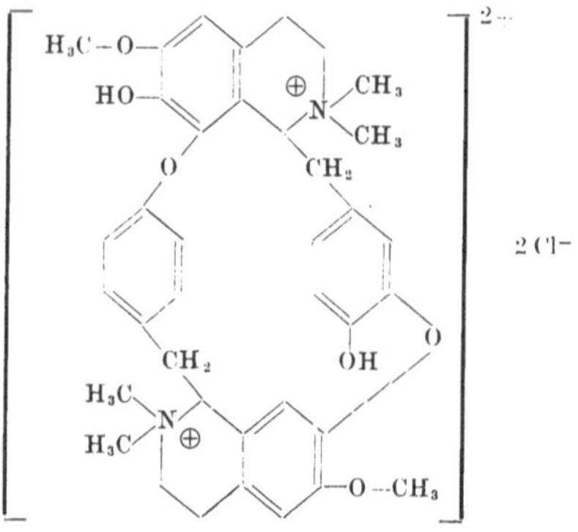

D-Tubocurarinchlorid*

nach den Aufbewahrungsgefäßen zwischen den sich auch in ihrer Wirkung unterscheidenden Tubocurare, Topfcurare und Calebassencurare. Es sind dies eingedickte Pflanzenextrakte aus Strychnos- und Chondrodendronarten. Das bisher wichtigste Alkaloid ist das *D*-Tubocurarin.

D-Tubocurarinchlorid* enthält zwei partiell hydrierte Isochinolinringe mit zwei quartären Stickstoffatomen. Das therapeutisch verwendete Dichlorid bildet farblose Kristalle.

Als Abwandlungsprodukte wurden zunächst Verbindungen synthetisiert, die ebenfalls zwei quartäre Stickstoffatome enthielten.

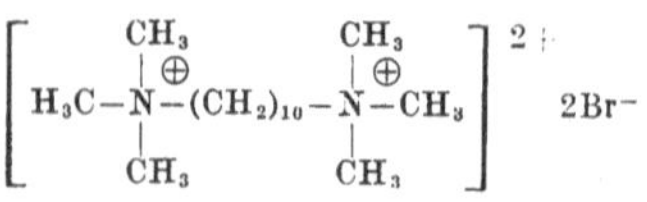

Decamethonium*

Das Decamethonium* (Dekacuran•, C 10) ist das Dibromid des 1,10-bis-Trimethylammonium-decan.
Im Decamethonium* haben die beiden quartären Stickstoffatome etwa den gleichen Abstand voneinander wie im *D*-Tubocurarin. Die Salze sind in Wasser mit neutraler Reaktion löslich und können in der Hitze sterilisiert werden.

Das Suxamethonium* (Succicuran•, Myo-Relaxin•) ist der Bernsteinsäure-bis-cholinester und wurde bereits 1911 auf seine parasympathicomimetische Wirkung geprüft. Seine curareartige Wirkung wurde erst 1951 entdeckt.

$$\left[\begin{array}{l} CH_2-COO-CH_2-CH_2-\overset{\oplus}{N}(CH_3)_3 \\ | \\ CH_2-COO-CH_2-CH_2-\overset{\oplus}{N}(CH_3)_3 \end{array}\right]^{2+} 2X^-$$

Suxamethonium* (X = Cl bzw. Br)

Auch in dieser Verbindung haben die beiden quartären Stickstoffatome annähernd den gleichen Abstand voneinander wie im *D*-Tubocurarin und im Decamethonium*. Die Wirkung tritt sehr schnell ein und klingt schnell wieder ab. Suxamethonium* zeigt zahlreiche Nebenwirkungen.

Das Gallamin* (Tricuran•, Flaxedil) besitzt einen anderen Bau. Es ist als 1,2,3-Tris-(β-triäthyl-ammonium-äthoxy)-benzol ein Derivat des Pyrogallols und kommt als Trijodid in den Handel.

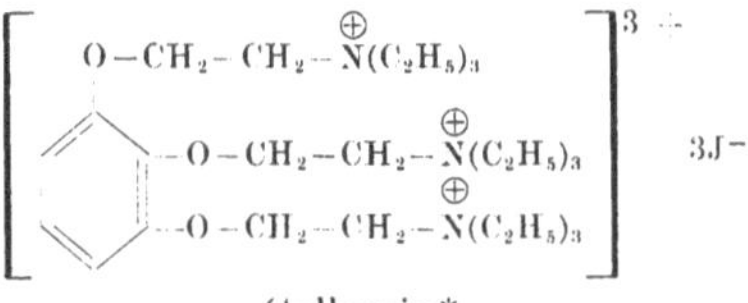

Gallamin*

In den letzten Jahren fand man auch stickstofffreie Muskelrelaxantia. So wurden 1947 im Glycerin-o-kresyläther (Mephenesin*, Myocuran•, Myanesin) und im Glycerin-guajacoläther (Neuroton•) wirksame Muskelrelaxantia entdeckt, die gleichzeitig eine zentraldämpfende Wirkung besitzen (vgl. Meprobamat*). Diese Präparate sind wenig wasserlöslich. Zur Herstellung der Injektionslösungen müssen Lösungsvermittler verwendet werden. Mephenesin* und Neuroton• sind Strychninantagonisten und werden neben der Anwendung bei bestimmten Krankheiten des Nervensystems zur Narkoseunterstützung gebraucht. Glycerin-guajacoläther wird schon länger als Zusatz zu Hustensäften verwendet (Sirotol). Die therapeutische Breite ist relativ groß.

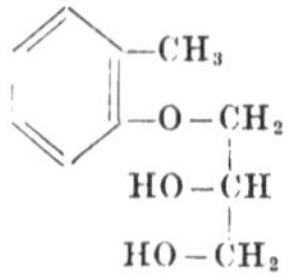

Mephenesin*

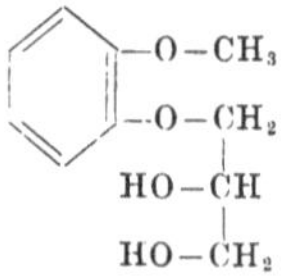

Neuroton•

Ganglioplegica (Ganglienblocker) sind Verbindungen, die adrenergische Impulse in den autonomen Ganglien blockieren und damit eine Gefäßerweiterung bewirken. Sie haben in der Therapie der Hypertonie Bedeutung erlangt.

Der einfachste Vertreter dieser Reihe ist das Tetraäthylammoniumbromid (Tetrylammonium*, TEAB), dessen Wirkung schon seit 1878 bekannt ist.

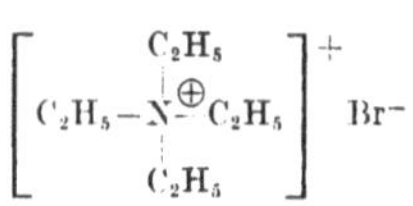

TEAB

Heute wird es kaum noch therapeutisch verwendet.

Bei Abwandlungsversuchen in der Reihe der Bis-quartären Muskelrelaxantien wurden das Pentamethonium* und das Hexamethonium*• mit ausgeprägter blutdrucksenkender Wirkung gefunden. Beide Verbindungen sind Antagonisten des Decamethoniums*. Hexamethonium* (Gangliostat) ist das 1,6-bis-Trimethylammonium-hexan, Pentamethonium* das entsprechende Pentanderivat. Beide Verbindungen kommen als Dibromide in den Handel.

$$\left[(CH_3)_3\overset{\oplus}{N}-(CH_2)_6-\overset{\oplus}{N}(CH_3)_3\right]^{2+}\ 2\,Br^-$$

Hexamethonium*

Eine ähnliche Struktur besitzt das Azamethoniumbromid* (Ganlion•, Pendiomid). In ihm ist das mittlere Kohlenstoffatom des Pentamethoniums* durch eine Methylaminogruppe und außerdem an je einem Stickstoff-

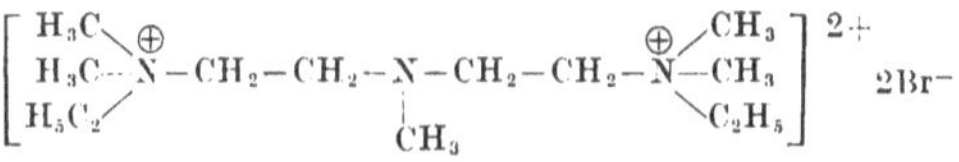

Azamethoniumbromid*

atom eine Methylgruppe durch eine Äthylgruppe ersetzt. Im Präparat Diamonal• sind im Vergleich zum Pentamethonium* zwei Methylgruppen an jedem Stickstoffatom durch Äthylgruppen und die mittlere $-CH_2$-Gruppe durch ein Sauerstoffatom ersetzt. Diese Präparate zeichnen sich durch eine starke Wirkung und eine große therapeutische Breite aus.

In den letzten Jahren wurden einige Ganglioplegica mit quartärem Stickstoffatom beschrieben, denen nicht mehr das Bauprinzip des Penta- oder Hexamethoniums zugrunde liegt. So enthält das 1955 eingeführte Chlorisondamin* (Ecolid), ein 4,5,6,7-Tetrachlor-2-methyl-2-(β-trimethylammonium-äthyl)-isoindolinium-dichlorid, nur zwei Methylengruppen zwischen den beiden quartären Stickstoffatomen.

Chlorisondamin* wirkt stärker als Hexamethonium* und ist oral wirksam.

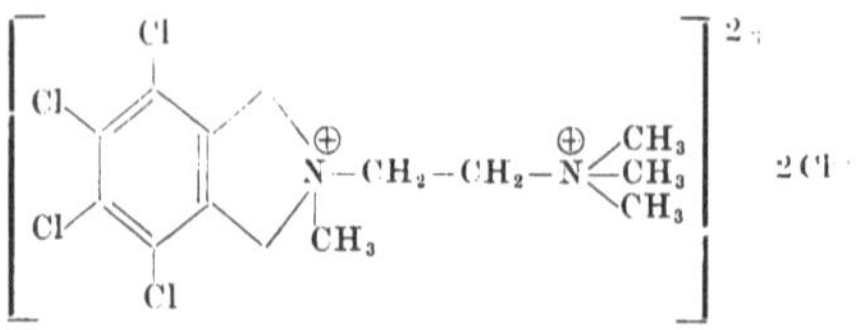

Chlorisondamin*

In neuerer Zeit wurden schließlich Präparate bekannt, die keine quartären, sondern nur sekundäre oder tertiäre Stickstoffatome enthalten. Sie zeichnen sich durch gute Resorption im Verdauungstrakt aus und können daher oral verabreicht werden. Zu ihnen zählt das 1955 eingeführte Mecamylamin* (Inversin, Plegangin□).

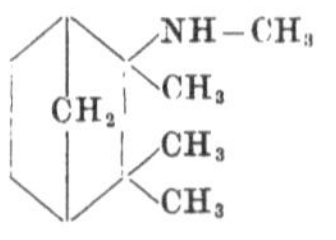

Mecamylamin*

Mecamylamin* ist das 3-Methylamino-isocamphan. Die Nebenwirkungen sollen bei Anwendung dieser Verbindung geringer sein als bei vielen anderen Ganglioplegica. Das Pempidin* (1,2,2,6,6-Pentamethylpiperidin) wurde 1958 eingeführt. Es wird als Tartrat ebenfalls oral angewendet.

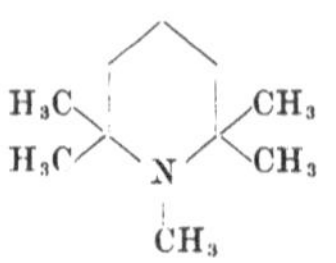

Pempidin*

Für die ganglienblockierende Wirkung scheint die Häufung der Methylgruppen am Stickstoffatom, wie beim „Oniumtyp" (Hexamethonium* und andere), oder in der Nähe eines Stickstoffatoms, wie beim Pempidin*, eine Rolle zu spielen.

10. Arzneimittel mit Wirkung auf das autonome Nervensystem

Die Funktionen der glatten Muskulatur, des Drüsensystems und des Herzens unterstehen dem autonomen Nervensystem. Für die Erregung dieser Organe sind die beiden großen Nervenstämme Sympathicus und Parasympathicus verantwortlich. Beide greifen mit gegensätzlicher Wirkung am Organ an, d. h., eine Sympathicusreizung wirkt sich z. B. auch wie eine Hemmung der Parasympathicusfunktion aus. Diesem Wirkungsmechanismus entsprechend kann man die auf diese Organe wirkenden Arzneimittel in vier Gruppen einteilen:

1. Sympathicomimetica,
2. Sympathicolytica,
3. Parasympathicomimetica,
4. Parasympathicolytica.

Man spricht heute in Anlehnung an die körpereigenen Wirkstoffe besser von adrenergischer (Sympathicomimetica) und von cholinergischer (Parasympathicomimetica) Wirkung. Das folgende Schema gibt eine Übersicht über die wichtigsten Vertreter dieser Gruppen.

Sympathicus		Parasympathicus	
erregend	lähmend	erregend	lähmend
Ephedrin	Ergotamin*	Acetylcholin	Atropin
Adrenalin	Methylergometrin*	Carbachol*	Scopolamin
Amphetamin*	Yohimbin	Pilocarpin	Homatropin
Metamphetamin*		Physostigmin	Eumydrin
Propylhexedrin*		Neostigmin*	Syntropan
Exponcit•		Pyridostigmin*	Dibutolin
Sedafamem•		Miotisal•	Darstin
Pholedrin*			
Suprifen			
Corbadrin*			
Synephrin*			
Isoprenalin*			
Naphazolin*			

10.1. Sympathicomimetica

Ephedrin

Ephedraarten gehören zu den ältesten Arzneipflanzen der Menschheit. Die Droge wurde schon 3000 v. u. Z. in China gegen Fieber und Husten verwendet.

Das Ephedrin wurde 1887 von NAGAI aus *Ephedra vulgaris Rich.* isoliert. Als Arzneimittel gegen Asthma und periphere Kreislaufstörungen wird es aber erst seit 1926 empfohlen. Nach Abbauversuchen von SCHMIDT und LADENBURG besitzt Ephedrin die Formel I.

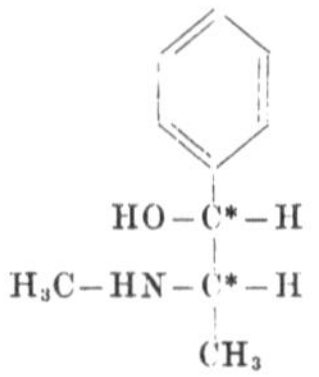

L-Ephedrin (I)

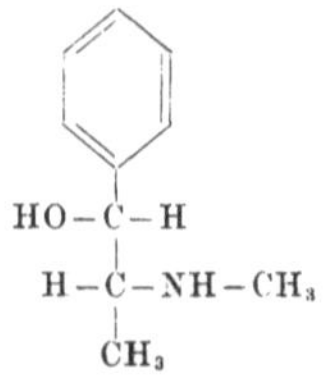

D-Pseudoephedrin (II)

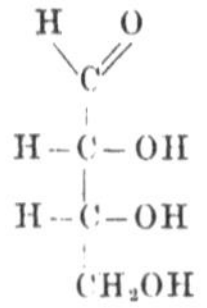

Erythrose

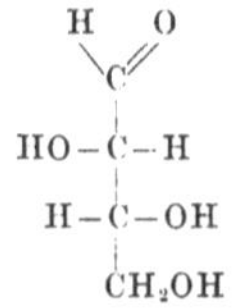

Threose

Ephedrin besitzt zwei asymmetrische Kohlenstoffatome, es sind daher 4 Isomere, 2 Ephedrine und 2 Pseudoephedrine (Formel II) möglich. Ephedrin und Pseudoephedrin sind stereoisomer, aber nicht enantiomorph. Als Bezugssystem für die sterische Zuordnung von Verbindungen mit zwei benachbarten aliphatischen, asymmetrischen Kohlenstoffatomen wurden die beiden Zucker Erythrose und Threose gewählt. Das natürliche Ephedrin ist linksdrehend und entspricht der erythro-Konfiguration. Das Pseudoephedrin entspricht der threo-Konfiguration. In der Therapie wird hauptsächlich das synthetisch gewonnene Racemat des Ephedrins (Ephetonin, Racedrin) verwendet.

In der Formel I sind die Bindungen der asymmetrischen Kohlenstoffatome in die Ebene des Papiers projiziert. In Wirklichkeit zeigen sie nach den vier Ecken eines Tetraeders, in dessen Mittelpunkt das Kohlenstoffatom steht. Umkreist man in der Projektionsformel das eine asymmetrische Kohlenstoffatom in einer Richtung, so ergibt sich eine bestimmte Reihenfolge der Liganden. Beim zweiten asymmetrischen Kohlenstoffatom findet man beim Umkreisen in gleicher Richtung ebenfalls eine bestimmte Reihenfolge. Der Unterschied zwischen Ephedrin (I) und Pseudoephedrin (II) besteht nun in der verschiedenen Reihenfolge der Liganden an den beiden asymmetrischen Kohlenstoffatomen. Über die räumliche Entfernung zwischen der Hydroxylgruppe und der Methylaminogruppe sagen diese Projektionsformeln nichts aus. Eine solche Aussage kann nur auf Grund einer Konformationsanalyse gegeben werden.

In der von NEWMAN vorgeschlagenen Schreibweise erkennt man leicht, daß trotz der freien Drehbarkeit der Bindung zwischen den asymmetrischen Kohlenstoffatomen die beiden Formeln nicht einfach durch Drehung, sondern nur durch Platzwechsel zweier Liganden eines asymmetrischen Kohlenstoffatoms zur Deckung gebracht werden können.

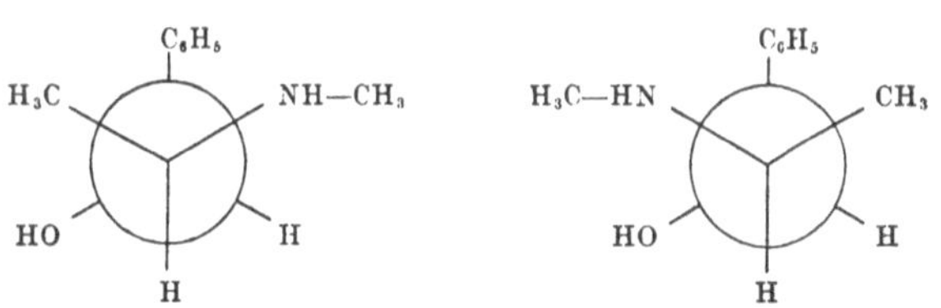

Ephedrin (I) Pseudoephedrin (II)

Schreibweise nach NEWMAN

In der Ephedrinbase stehen sich die Hydroxyl- und die Methylaminogruppe gegenüber. Beim Pseudoephedrin sind beide Gruppen benachbart.

Zur Synthese des Ephedrins wird heute noch das Mercksche Verfahren verwendet. Benzol wird mit Propionsäurebromid nach Friedel/Crafts in Gegenwart von wasserfreiem Aluminiumchlorid zu Phenyläthylketon umgesetzt. Durch Bromierung erhält man daraus 1-Phenyl-2-brom-propanon-(1), das auch direkt aus Benzol und α-Brompropionsäurebromid nach Friedel/Crafts zugänglich ist. Bei der nachfolgenden Umsetzung mit Methylamin erhält man Ephedron, das durch katalytische Reduktion mit Wasserstoff und Raney-Nickel in Ephedrin übergeführt wird. Bei der Verwendung von Platinschwarz als Katalysator erhält man ein pseudoephedrinfreies Produkt.

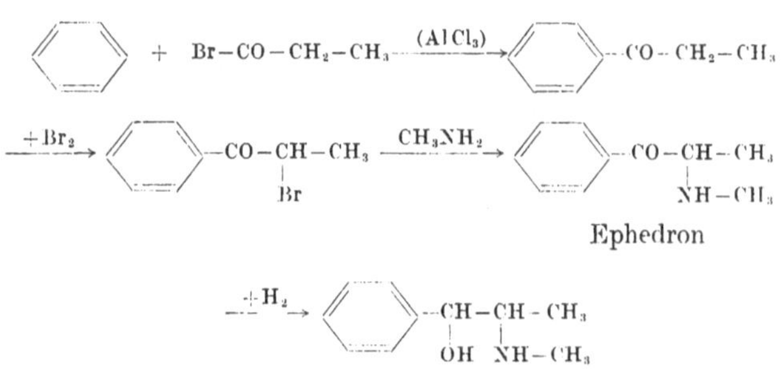

Ephedron

D, *L*-Ephedrin

Pseudoephedrin lagert sich bei längerem Erhitzen mit Salzsäure teilweise in Ephedrin um. Beim trockenen Erhitzen des Ephedrinhydrochlorids tritt eine interessante Reaktion, die sog. Hydraminspaltung ein, die in gewissem Sinne als Umkehr der Synthese betrachtet werden kann. Als Reaktionsprodukte entstehen dabei Methylamin und Phenyläthylketon.

Ephedrin wird allein oder in Kombinationsmitteln häufig gegen Bronchialasthma verwendet. Die blutdrucksteigernde Wirkung ist etwa 200mal schwächer als bei Adrenalin, hält aber sehr viel länger an. Ephedrin kann im Gegensatz zu Adrenalin oral verabreicht werden. Es besitzt außer der peripheren Wirkung auch eine zentral stimulierende Wirkung.

Adrenalin

Adrenalin ist das Hormon des Nebennierenmarks. Die Isolierung gelang 1901 TAKAMINE und ALDRICH. Schon 1904 konnte es von STOLZ synthetisiert werden. Damit war erstmalig die Synthese eines Hormons gelungen. Adrenalin ist ein Brenzcatechinabkömmling, und zwar das 3,4-Dihydroxy-α-hydroxy-β-methylamino-äthyl-benzol. Es besitzt ein asymmetrisches Kohlenstoffatom und existiert in zwei stereoisomeren Formen. Das natürliche Adrenalin ist linksdrehend und gehört der *L*-Reihe an.

Zur Synthese des Adrenalins wird Brenzcatechin mit Chloracetylchlorid und Phosphoroxychlorid umgesetzt, wobei zunächst eine Hydroxylgruppe des Brenzcatechins

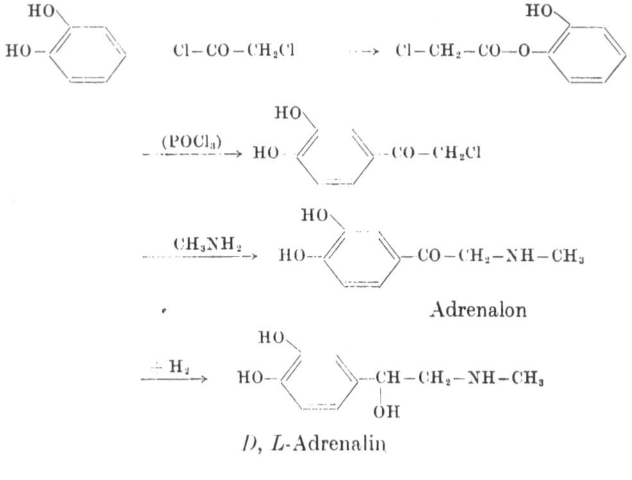

D, *L*-Adrenalin

verestert wird. Durch Einwirkung von Phosphoroxychlorid wird dieser Ester in 3,4-Dihydroxyphenyl-chlormethylketon nach Art einer FRIESschen Verschiebung umgelagert. Die folgende Umsetzung mit Methylamin führt zu Adrenalon, das durch vorsichtige Reduktion mit Natrium- oder Aluminiumamalgam in *D*, *L*-Adrenalin übergeführt wird.

Da sich *D*- und *L*-Form in ihrer Wirkung stark unterscheiden (*L*-Adrenalin wirkt etwa 15mal stärker blutdrucksteigernd als *D*-Adrenalin), wird das bei der Synthese anfallende Racemat über die weinsauren Salze getrennt. Adrenalin reagiert amphoter. Als Brenzcatechinderivat ist Adrenalin gegen Oxydationsmittel sehr empfindlich. Schon der Luftsauerstoff vermag es in Adrenochrom zu überführen, das sich an seiner roten Farbe als o-Chinonderivat zu erkennen gibt.

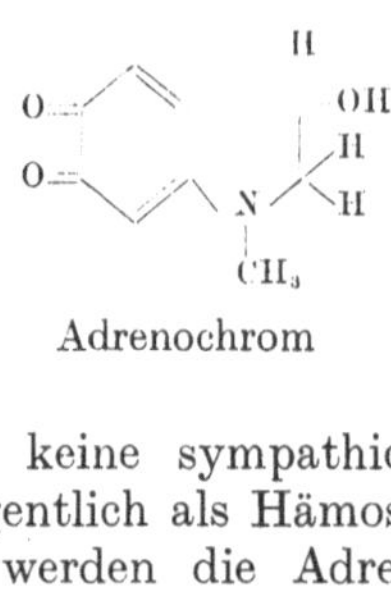

Adrenochrom

Adrenochrom zeigt keine sympathicomimetische Wirkung. Es wird gelegentlich als Hämostypticum benutzt. Zur Stabilisierung werden die Adrenalinlösungen mit Salzsäure auf einen pH-Wert von 3,5—4,0 eingestellt. Zur Verhinderung der Oxydation kann Natriumhydrogensulfit zugesetzt werden. Im Handel befindet sich bevorzugt das salzsaure Salz des *L*-Adrenalins. Aus ihm wird für die Rezeptur eine Lösung 1,2:1000 hergestellt. Adrenalin kann nur parenteral appliziert werden, oral ist es praktisch wirkungslos.

Adrenalin wird im Körper von einer chemisch sehr nahe verwandten Verbindung, dem Noradrenalin*, begleitet. Noradrenalin* wird unter dem Namen Arterenol ebenfalls therapeutisch verwendet. Bei gleicher Indikation und Dosierung ist es weniger giftig als Adrenalin. Adrenalin zeigt im Gegensatz zu Ephedrin keine zentrale Wirkung.

Synthetische Sympathicomimetica

Die synthetischen Vertreter der Sympathicomimetica stehen hinsichtlich ihrer Wirkung zwischen den beiden natürlichen Verbindungen Ephedrin und Adrenalin. Vom pharmakologischen Standpunkt aus spricht man sogar von einer Ephedringruppe und einer Adrenalingruppe. Die Phenylpropanabkömmlinge ohne Hydroxylgruppe am Ring zeigen eine mäßige, aber lang anhaltende blutdrucksteigernde Wirkung und einen ausgeprägten zentral anregenden Effekt. Die stärkste stimulierende Wirkung weisen die hydroxylfreien Vertreter Amphetamin* (Benzedrin) und Metamphetamin* (Pervitin•, Isophen) auf, die gleichzeitig die wichtigsten Präparate dieser Gruppe darstellen. Sie vermögen selbst Erschöpfungszustände und tiefen, durch Narkotica hervorgerufenen Schlaf zu durchbrechen und werden aus diesem Grunde auch als Weckamine bezeichnet. Das Metamphetamin* kann man sich durch Reduktion des Ephedrins entstanden denken. Hydrierung des Benzolringes im Metamphetamin* führt zum Propylhexedrin* (Obesin•, Eventin), das als Appetitzügler verwendet wird. Zur Gruppe der Appetitzügler gehören weiter Exponcit•, ein Pseudonorephedrin, und das Sedafamem•, in dem das Sauerstoffatom der Hydroxylgruppe und das Stickstoffatom der Methylaminogruppe des Ephedrinmoleküls in einem 1,4-Oxazinring eingebaut sind.

Den Übergang zum Adrenalin bilden Präparate mit einer Hydroxylgruppe oder mehreren Hydroxylgruppen im Molekül. Als Vertreter dieser Gruppe seien Pholedrin*• (Veritol), Suprifen, Corbadrin* (Contractin•, Corbasil) und Synephrin* (Pentedrin•, Sympatol) genannt. Sie werden wegen ihrer vasopressorischen Wirkung vorwiegend als Kreislaufmittel verwendet.

Aus der Adrenalingruppe seien nur das Isoprenalin* (Novodrin•, Aludrin) und das Naphazolin* (Imidin•, Privin) genannt. Isoprenalin* steht dem Adrenalin chemisch sehr nahe. Am Stickstoffatom befindet sich anstelle der Methylgruppe eine iso-Propylgruppe. Diese Verbindung wird als Antiasthmaticum verwendet. Naphazolin* ist ein Imidazolinderivat.

Die Synthese all dieser Verbindungen ist grundsätzlich auf den bei Ephedrin und Adrenalin angegebenen Wegen möglich. Zum Nachweis werden zweckmäßig papierchromatographische Verfahren herangezogen.

Einige wichtige Vertreter der Sympathicomimetica

Name	Formel	Anwendung als
Ephedrin	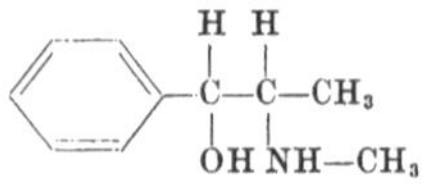	Antiallergicum Bronchospasmolyticum
Adrenalin	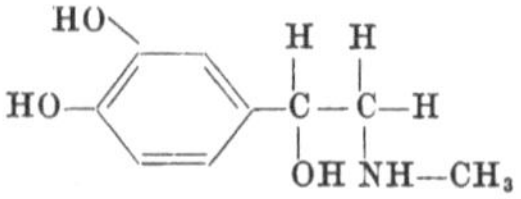	Vasoconstrictor Bronchospasmolyticum Hämostypticum
Amphetamin*	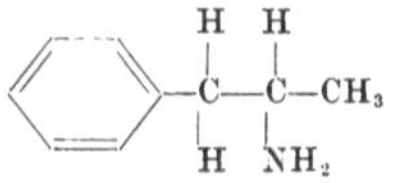	Stimulans Analepticum
Metamphetamin*	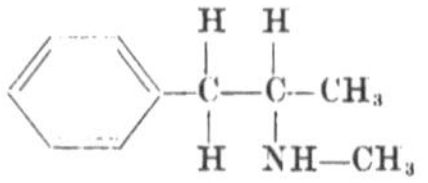	Stimulans
Exponcit•	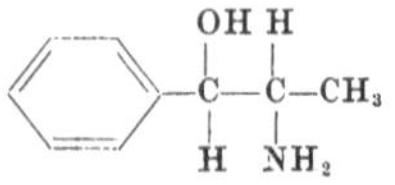	Appetitzügler
Sedafamem•	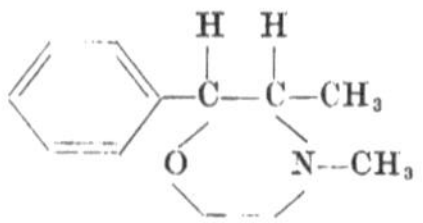	Appetitzügler

Einige wichtige Vertreter der Sympathicomimetice (Fortsetzung)

Name	Formel	Anwendung als
Pholedrin*	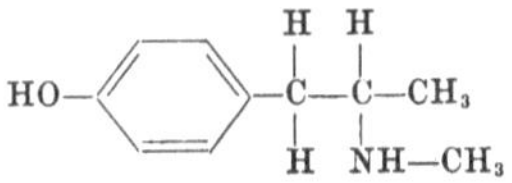	Vasoconstrictor
Suprifen	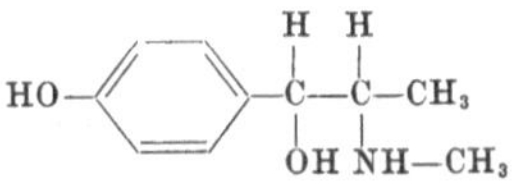	Vasoconstrictor Analepticum
Synephrin*	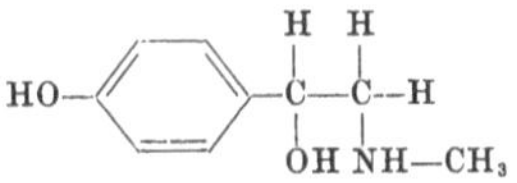	Vasoconstrictor
Corbadrin*	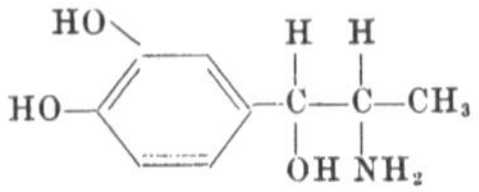	Vasoconstrictor
Isoprenalin*	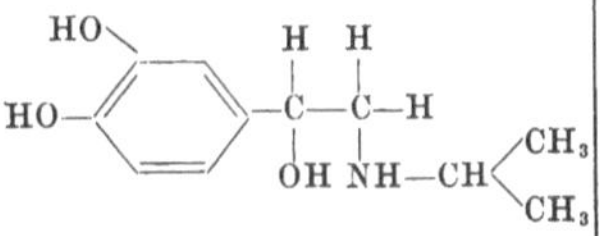	Antiasthmaticum
Naphazolin*	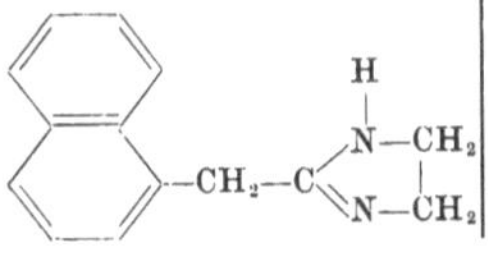	Hämostypticum, bei Rhinitis

10.2. Sympathicolytica

Mutterkornalkaloide

Als Mutterkorn bezeichnet man das Sklerotium des auf Gramineen, besonders Roggen, schmarotzenden Pilzes *Claviceps purpurea Tul.* Seine Zubereitungen wurden schon im Altertum als blutstillende und wehenfördernde Mittel verwendet. Die Wirkung beruht auf dem Gehalt an zahlreichen, sehr kompliziert gebauten Alkaloiden. Die Isolierung der Wirkstoffe bereitete wegen der engen Verwandtschaft der verschiedenen Alkaloide und ihrer Neigung zur Bildung von Mischkristallen außerordentliche Schwierigkeiten. Schon 1875 wurde das erste kristallisierte Alkaloidpräparat „ergotinine cristallisée“ von TANRET dargestellt. 1906 isolierten BARGER und CARR das Ergotoxin. Wir wissen heute, daß beide Präparate noch keine Reinsubstanzen, sondern Alkaloidgemische waren. Das erste kristallisierte Reinalkaloid, Ergotamin, wurde 1918 von STOLL isoliert und als Tartrat unter dem Namen „Gynergen Sandoz“ in die Therapie eingeführt. Bis heute wurden sechs isomere Paare von Alkaloiden im Mutterkorn gefunden. Man teilt sie in drei Gruppen ein:

1. Ergotamingruppe
   - Ergotamin (1918)
   - Ergotaminin
   - Ergosin (1936)
   - Ergosinin

2. Ergotoxingruppe
   - Ergocristin (1942)
   - Ergocristinin
   - Ergokryptin (1942)
   - Ergokryptinin
   - Ergocornin (1945)
   - Ergocorninin

3. Ergobasingruppe
   - Ergobasin (= Ergometrin*) (1935)
   - Ergobasinin

Die beiden ersten Gruppen enthalten die wasserunlöslichen Alkaloide; die Alkaloide der dritten Gruppe sind wasserlöslich.

Die Chemie der Mutterkornalkaloide ist heute dank der Arbeiten von JACOBS, CRAIG sowie von STOLL und dessen Mitarbeitern weitgehend geklärt.

Der gemeinsame Baustein aller linksdrehenden Alkaloide ist die Lysergsäure. Sie enthält zwei asymmetrische Kohlenstoffatome ($C_{(5)}$ und $C_{(8)}$). Die stereoisomere Isolysergsäure unterscheidet sich von der Lysergsäure durch die Stellung der Carboxylgruppe am $C_{(8)}$. Das der Lysergsäure zugrunde liegende Ringsystem ohne Carboxylgruppe und ohne Methylgruppe am Stickstoffatom heißt Ergolin.

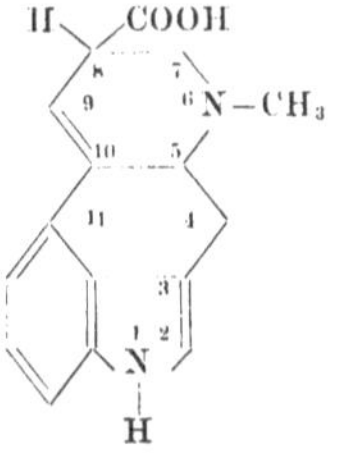

Lysergsäure

Die von der Isolysergsäure abgeleiteten Alkaloide kommen in geringer Menge ebenfalls natürlich vor und werden durch Anfügen der Endsilbe -in an den Namen der entsprechenden Verbindung der Lysergsäurereihe gekennzeichnet. Pharmakologisch sind sie kaum wirksam. Bei höherer Temperatur können sich die Alkaloide der Lysergsäurereihe in die der Isolysergsäurereihe umlagern. Dabei nimmt man eine Enolform als Zwischenprodukt an.

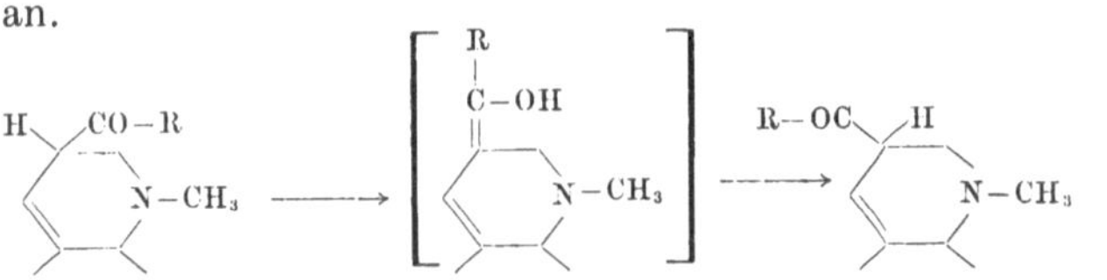

Lysergsäurereihe Enolform Isolysergsäurereihe

An die Lysergsäure sind verschiedene basische Reste säureamidartig gebunden. Das einfachste Alkaloid ist das Ergometrin. In ihm liegt als basische Komponente 2-Aminopropanol-(1) vor. Die Alkaloide der Ergotamin- und Ergotoxingruppe enthalten einen Peptidrest, der bei der Hydrolyse Ammoniak, eine Ketocarbonsäure, *D*-Prolin und eine weitere Aminosäure liefert. Ergotamin und Ergocristin enthalten als weitere Aminosäure *L*-Phenylalanin; Ergosin und Ergokryptin enthalten *L*-Leucin; und Ergocornin liefert bei der Hydrolyse zusätzlich *L*-Valin. Das Peptid liegt bei den Mutterkornalkaloiden in Ringstruktur vor. Als Beispiel sei der Peptidrest des

Ergotamins angegeben. Die Umrandungen deuten die einzelnen Bausteine an.

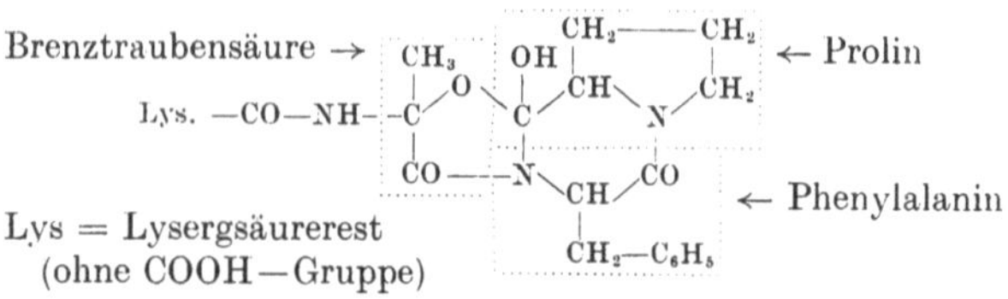

Peptidrest des Ergotamins

Bei Einwirkung von UV-Strahlen unter Ausschluß von Sauerstoff und bei Temperaturen über 30° können aus den Mutterkornalkaloiden die Lumialkaloide entstehen. An die sehr reaktionsfähige Doppelbindung zwischen $C_{(9)}$ und $C_{(10)}$ lagert sich dabei unter Ausbildung eines neuen asymmetrischen Kohlenstoffatoms (C_{10}) ein Molekül Wasser an. Die beiden stereoisomeren Formen werden durch römische Ziffern gekennzeichnet.

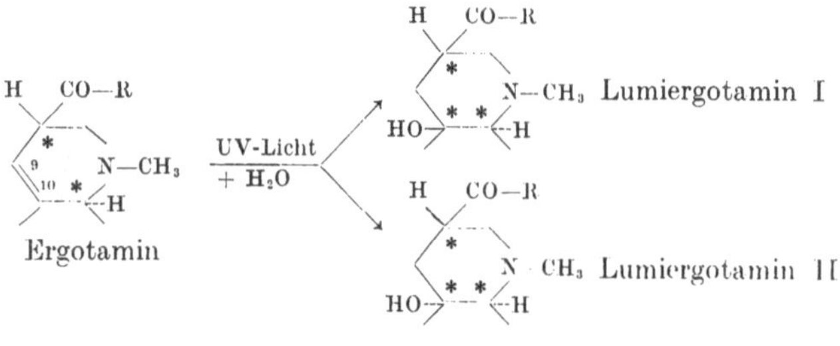

Die Lumialkaloide sind pharmakologisch unwirksam. Ihre Bildung kann durch Aufbewahrung der Lösungen in kleinen, dunklen Flaschen verhindert werden. Bei den hydrierten Mutterkornalkaloiden ist diese Umwandlung nicht mehr möglich.

Die Zusammensetzung des Alkaloidgemisches der verschiedenen Mutterkornrassen ist unterschiedlich und der

Gesamtalkaloidgehalt schwankt je nach Herkunft zwischen 0 und 0,2 %. Da außerdem die Haltbarkeit der galenischen Zubereitungen gering ist, sollten für die Therapie nur Reinalkaloide verwendet werden.

Die Gewinnung des wertvollen Ergobasins ist partialsynthetisch auf folgendem Wege möglich:

1. Das Alkaloidgemisch wird mit wasserfreiem Hydrazinhydrat bei 130—140° umgesetzt (Hydrazinspaltung). Unter Umlagerung zur stabilen Isolysergsäure bildet sich das Racemat des Isolysergsäurehydrazids.
2. Das Racemat wird mit Hilfe von Di-(p-tolyl)-*L*- bzw. -*D*-Weinsäure getrennt.
3. Die optisch einheitlichen Hydrazide der Isolysergsäure werden mit salpetriger Säure in die Azide umgewandelt.
4. Bei der Umsetzung mit Aminen reagieren die Azide wie Säurechloride unter Bildung von Säureamiden. Mit *L*-2-Aminopropanol-(1) entsteht das natürliche Ergobasinin.
5. Unter Einwirkung von alkoholischer Kalilauge lagert sich das Ergobasinin teilweise in Ergobasin um. Aus dem Gleichgewicht kann das Ergobasin über die schwer lösliche Additionsverbindung mit Chloroform abgeschieden werden.

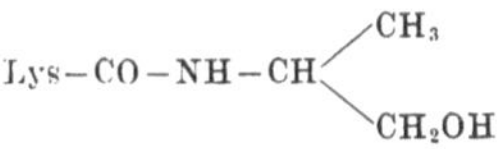

Ergobasin

Die Anwendung von 2-Aminobutanol-(1) anstelle des Aminopropanols führt zum Methylergobasin, das als Maleinat bzw. Tartrat unter dem Namen Methylergometrin* (Methylergobrevin•, Methergin, Ergopartin□) ebenfalls in der Therapie verwendet wird. Hydrierung der Doppelbindung zwischen $C_{(9)}$ und $C_{(10)}$ führt zu den Dihydroverbindungen.

$$\text{Lys-CO-NH-CH}\begin{matrix} \diagup \text{CH}_2\text{-CH}_3 \\ \diagdown \text{CH}_2\text{-OH} \end{matrix}$$

Methylergobasin

Zum qualitativen Nachweis der Mutterkornalkaloide eignet sich die nach VAN URK benannte Farbreaktion mit p-Dimethylaminobenzaldehyd. Dabei bildet sich ein blaues Farbsalz vom Typ des Rosindols. Die Reaktion findet im Lysergsäureteil des Moleküls statt. Die in neuerer Zeit aufgefundenen Clavinalkaloide, z. B. Agroclavin (6,8-Dimethyl-ergolin) und Elymoclavin (6-Methyl-8-hydroxymethyl-ergolin) geben diese Reaktion zum Teil ebenfalls und können so einen höheren Ergometringehalt vortäuschen. Die Reaktion gehorcht dem LAMBERT-BEERschen Gesetz und kann damit auch zur quantitativen Bestimmung herangezogen werden.

Zur Identifizierung der Mutterkornalkaloide sind papierchromatographische Verfahren geeignet, mit deren Hilfe auch die weniger wirksamen Isolysergsäurederivate abgetrennt und identifiziert werden können. Zur Trennung der schwer wasserlöslichen Alkaloide wird das Papier vorher mit Siliconöl oder Formamid imprägniert. Die Substanzen geben sich auf dem Papier durch ihre intensive, blaue Fluoreszenz im UV-Licht zu erkennen.

Die wichtigsten Wirkungen der Mutterkornalkaloide sind:

1. Kontraktion der glatten Muskulatur des Uterus und der Gefäße,
2. Hemmung der sympathischen Funktionen des vegetativen Nervensystems bei der Ergotamin- und Ergotoxingruppe,
3. Beeinflussung des Zentralnervensystems.

Die Uteruswirksamkeit ist bei Ergotamin und Ergobasin am stärksten; die Wirkung von Ergotamin hält länger an.

Die sympathicolytischen Eigenschaften sind bei den hydrierten Mutterkornalkaloiden am stärksten ausgeprägt. Diese Verbindungen sind gleichzeitig weniger toxisch und besitzen mit Ausnahme des Dihydroergobasins keine Uteruswirkung.

Das von HOFMANN partialsynthetisch gewonnene Lysergsäurediäthylamid (Lysergid*, Delysid) besitzt eine intensive Wirkung auf das Zentralnervensystem. Schon 20 bis 30 μg rufen Sinnestäuschungen und optische Halluzinationen hervor.

Zu den natürlichen Sympathicolytica gehört auch das Yohimbin. Yohimbin ist das Alkaloid des Yohimbebaumes *Corynanthe Yohimbe Schum.* und wurde 1896 von SPIEGLER daraus isoliert. Es erwies sich als identisch mit dem 1882 von HESSE aus Quebrachorinde isolierten Quebrachin. Um seine Konstitutionsaufklärung haben sich WIBAUT, BARGER, SCHOLZ und HAHN verdient gemacht.

Die Konstitution des Yohimbins ist außerordentlich kompliziert. Bestandteile des Moleküls sind ein Indol- und ein hydriertes Isochinolinringsystem. Die Ringe C, D und E sind hydriert.

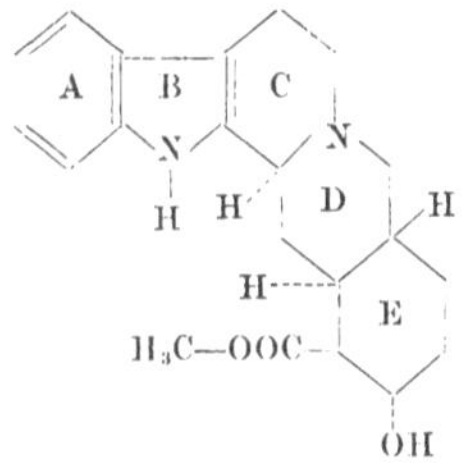

Yohimbin

Die Hauptwirkung des Yohimbins besteht in einer starken Blutdrucksenkung und einer Gefäßerweiterung, besonders der Nieren- und Milzgefäße. Die Verwendung als Aphrodisiacum beruht auf einer verstärkten Blutfüllung der Beckengefäße und einer erhöhten Erregbarkeit des Sakralmarkes.

Synthetische Sympathicolytica

Ein älteres Uterotonicum ist das 1929 eingeführte Gravitol. Es gehört zur Gruppe der Phenoxy-äthylamin-derivate und ist das 2-Methoxy-6-allyl-phenoxyäthyl-diäthylamin. Gravitol hemmt die erregende Wirkung des

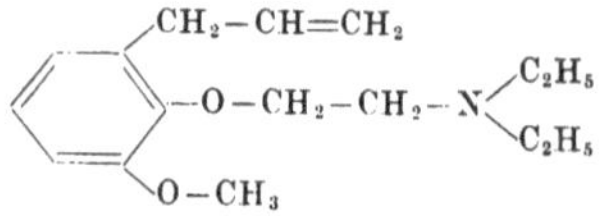

Gravitol

Adrenalins auf den Uterus, beeinflußt aber nicht dessen Kreislaufwirkung.

Zur Gruppe der sympathicolytisch wirksamen Imidazoline gehören die Präparate Tolazolin*• (Priscol) und Phentolamin* (Regitin).

Tolazolin*, ein 2-Benzyl-imidazolin, wurde 1939 als stark gefäßerweiterndes und blutdrucksenkendes Präparat eingeführt. Ähnliche Indikationen besitzt das weniger toxische Phentolamin*, ein 2-[N-p-toluyl-N-(m-hydroxyphenyl)-aminomethyl]-imidazolin.

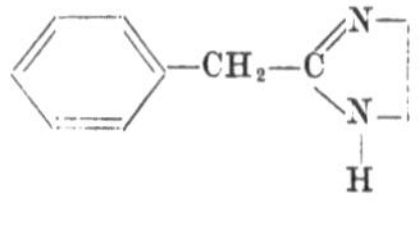

Tolazolin*•

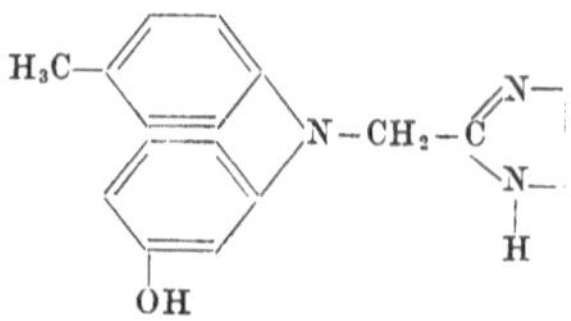

Phentolamin*

Beide Präparate werden gegen periphere Durchblutungsstörungen eingesetzt.

Einer völlig anderen Stoffklasse gehört das 1947 eingeführte Dibenamin, ein N,N-Dibenzyl-β-chlor-äthylamin, an. Dibenamin ist eines der wirksamsten Sympathicolytica. Es hebt die Adrenalinwirkung an den Gefäßen auf, nicht aber die durch Adrenalin erzeugte Hyperglykämie. Die Wirkung kann mehrere Tage anhalten.

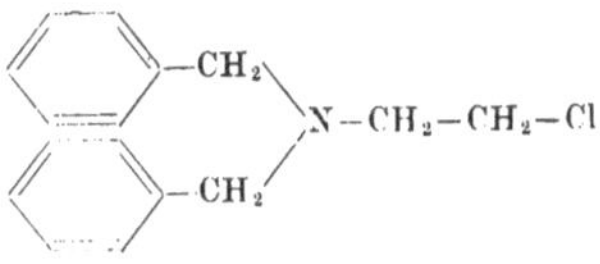

Dibenamin

10.3. *Parasympathicomimetica*

Parasympathicomimetica erregen die parasympathischen bzw. cholinergischen Nervenfasern. Der körpereigene Wirkstoff dieser Gruppe ist das sich vom Cholin ableitende Acetylcholin.

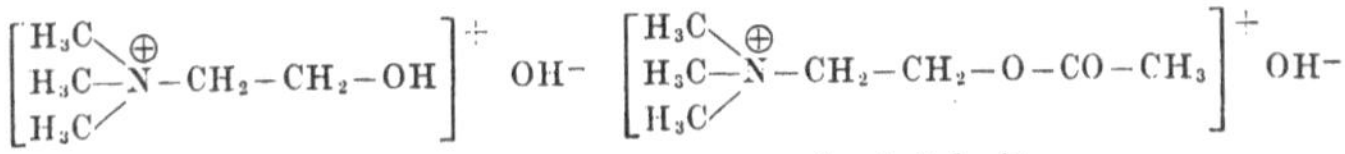

Cholin Acetylcholin

Cholin kann synthetisch aus Trimethylamin und Äthylenoxid gewonnen werden. Cholin kommt in allen tierischen und pflanzlichen Geweben teils in freier, teils in gebundener Form vor. Es ist unter anderem Bestandteil des Lecithins. Acetylcholin kommt ebenfalls in allen tierischen Geweben vor und konnte auch in einigen Pflanzen nachgewiesen werden (z. B. im Mutterkorn und Hirtentäschelkraut). Während das Cholin vor allem Stoffwechselfunktionen besitzt (sog. Leberschutzstoff), ermöglicht das Acetylcholin die Reizleitung von einer Nervenzelle zur anderen. Die weiteren Wirkungen sind sehr komplex und sowohl von der Konzentration als auch von der Ausgangslage des betreffenden Organs abhängig. Niedrige Dosen bewirken Muskelkontraktion und Gefäßverengung, hohe Dosen regen die Darmperistaltik an und senken den Blutdruck infolge Gefäßerweiterung.

Durch das gleichzeitig im Gewebe vorkommende Ferment Cholinesterase wird Acetylcholin rasch gespalten. Seine Wirkung ist daher nur kurz. Günstige therapeutische Wirkungen waren daher einerseits von Abwandlungsprodukten des Acetylcholins zu erwarten, die durch die Cholinesterase nicht mehr gespalten werden, andererseits von Präparaten, die die Cholinesterase hemmen und somit indirekt eine Acetylcholinwirkung hervorrufen.

Zur ersten Gruppe gehört das 1932 eingeführte Carbachol* (Jestryl•, Doryl). Carbachol* ist der Carbaminsäureester des Cholins und wird als Chlorid in den Handel gebracht.

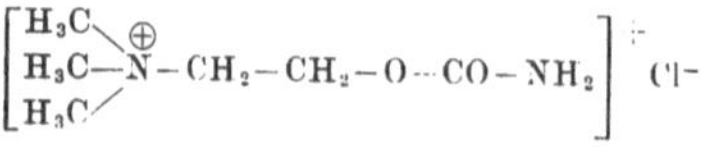

Carbachol*

Die Ester des Cholins mit höheren Fettsäuren (Propion-, Butter-, Valerian-, Stearinsäure) besitzen ebenfalls eine parasympathicomimetische Wirkung und konnten zum Teil auch im Organismus aufgefunden werden. Therapeutisch werden sie nicht verwendet. Auch Cholinester anorganischer Säuren (z. B. von Salpetersäure, Phosphorsäure, Halogenwasserstoffsäuren) sind wirksam. Als Beispiel sei das Bromcholin (Hypercyl•) genannt, das als Bromid in den Handel kommt.

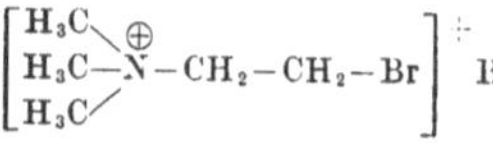

Bromcholin-bromid

Eine kompliziertere Struktur besitzt das Alkaloid Pilocarpin aus den Blättern des Strauches *Pilocarpus microphyllus Stapf*. Es besitzt einen Furanon- und einen Imidazolring im Molekül. Das Hydrochlorid des Pilocarpins bildet farblose, hygroskopische Kristalle und wird als Mioticum sowie als schweiß- und speicheltreibendes Mittel verwendet.

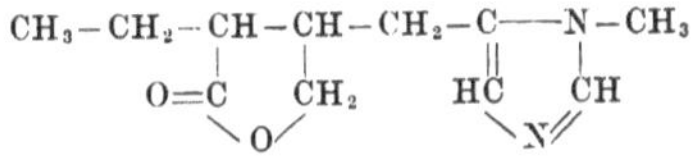

Pilocarpin

Zur Gruppe der Cholinesterasehemmer gehört das Indolderivat Physostigmin (Eserin), das Alkaloid der Kalabarbohne (*Physostigma venenosum Balfour*).

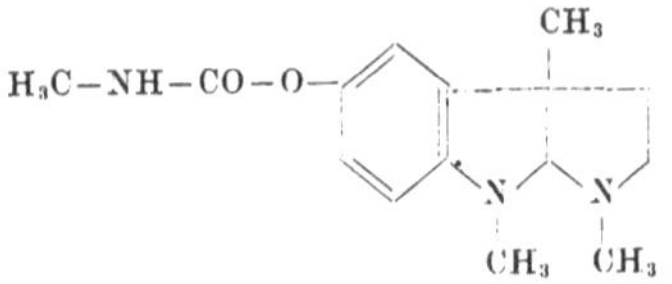

Physostigmin

Physostigmin ist der Methylcarbaminsäureester des Physostigmols und wird in Form des Sulfates oder Salicylates verwendet. Während das Physostigminsulfat ein farbloses Kristallpulver darstellt, das an feuchter Luft zerfließt, bildet Physostigminsalicylat stabile, farblose oder schwach gelbliche Kristalle. Die Lösungen der Physostigminsalze zersetzen sich leicht, was sich durch Rotfärbung zu erkennen gibt. Physostigmin wird heute nur noch in der Augenheilkunde bei der Glaukombehandlung verwendet.

Besser verträglich und daher vorzuziehen ist das synthetische Neostigmin* (Eustigmin•, Prostigmin). Neostigmin* ist wie Carbachol* und Physostigmin ein Carb-

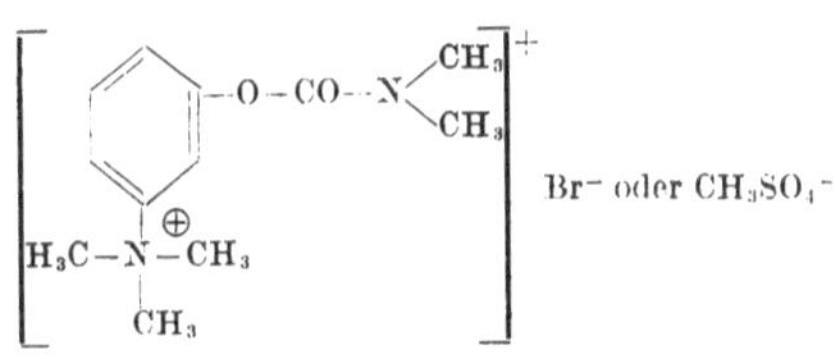

Neostigmin*

aminsäurederivat. Es kommt als Bromid oder als Methylsulfat in den Handel.

Interessanterweise finden wir die gleiche Wirkung, wenn das Stickstoffatom in den Ring eingebaut ist. Das Pyridostigmin* (Kalymin•, Mestinon) ist der Dimethylcarbaminsäureester des 1-Methyl-3-hydroxypyridinium-bromids.

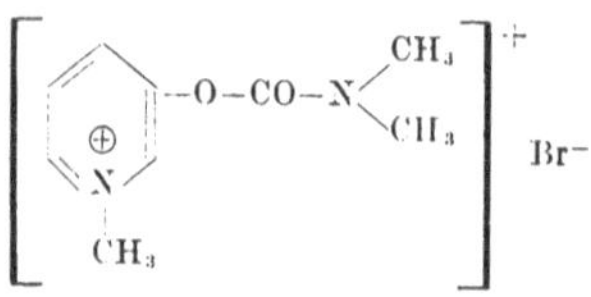

Pyridostigmin*

Beide Präparate werden in der Augenheilkunde als Miotica und nach Blasen- und Darmoperationen zur Anregung der Peristaltik verwendet.

Zur Gruppe der Cholinesterasehemmer gehört auch eine Reihe organischer Phosphorsäureverbindungen. Sie wurden während des letzten Weltkrieges zur Ungezieferbekämpfung und wegen ihrer ungeheuren Giftigkeit als Kampfstoffe entwickelt. So war das Diisopropylfluorophosphat ursprünglich als Kampfstoff vorgesehen.

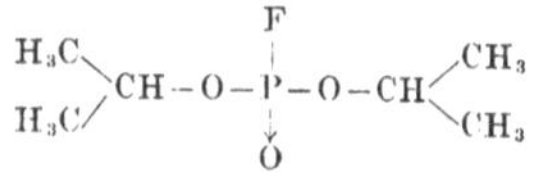

Diisopropylfluorophosphat

Diisopropylfluorophosphat (DFP, Fluostigmin*, Floropryl) ist eine ölige Flüssigkeit, die sich in Wasser nur wenig, in Ölen dagegen unbeschränkt löst. Da es ähnlich wie Eserin wirkt, verwendet man eine 0,1proz. Lösung in neutralem, wasserfreiem, pflanzlichem Öl (Erdnußöl) zur Glaukombehandlung. Die Wirkung ist sehr stark und hält länger an als die von Pilocarpin oder Physostigmin.

Das Miotisal• (E 600, Mintacol, Paraoxon) ist das 4-Nitrophenyl-diäthylphosphat. Es wurde von SCHRADER im Rahmen von Arbeiten über Pflanzenschutzmittel synthetisiert.

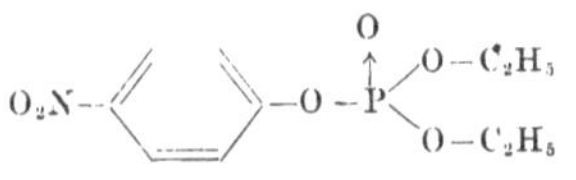

Miotisal•

Miotisal• ist eine ölige Flüssigkeit, die mit Kochsalz verrieben in den Handel kommt. Zur Bereitung isotonischer Augentropfen wird dieses Präparat in einer vorgeschriebenen Menge Wasser gelöst. Der Wirkstoff ist in dieser Lösung in einer Verdünnung von 1:6000 enthalten.

Ähnliche Wirkung besitzt das als Schädlingsbekämpfungsmittel unter dem Namen Parathion (E 605) verwendete Thioanaloge des Miotisals•.

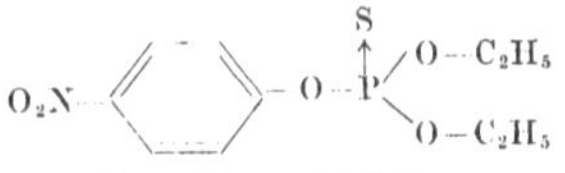

Parathion (E 605)

Das 4-Nitrophenyl-dimethylthiophosphat ist der Wirkstoff des Pflanzenschutzmittels Wofatox. Wegen der relativ leichten Zugänglichkeit werden diese Substanzen häufig zu Suicidversuchen benutzt.

Als Gegenmittel bei Vergiftungen mit Alkylphosphaten spielen neben Parasympathicolytica (Atropin) neuerdings Derivate des Hydroxylamins eine Rolle. Auf Grund theoretischer Vorstellungen über den Wirkungsmechanismus der Alkylphosphate wurden Verbindungen entwickelt, die durch Ablösung des Phosphorsäurerestes vom Ferment die blockierte Cholinesterase zu reaktivieren ver-

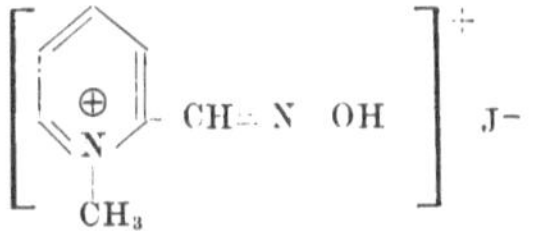

2-Pyridin-aldoxim-methyljodid

mögen (Wilson 1952). Besonders günstige Wirkung zeigt das 2-Pyridin-aldoxim-methyljodid (PAM, Pralidoximmethiodid*).

Ihrer pharmakologischen Wirkung nach gehören auch die Alkaloide Arecolin, Muscarin und Nicotin zur Gruppe der Parasympathicomimetica. Sie sind aber ohne therapeutische Bedeutung.

10.4. Parasympathicolytica

Atropin

In einer Reihe von Solanaceen, besonders *Atropa belladonna L.* (Tollkirsche), *Hyoscyamus niger L.* (Bilsenkraut), *Datura strammonium L.* (Stechapfel), *Mandragora officinarum L.* (Alrunke) und anderen finden wir mehrere eng miteinander verwandte Alkaloide, denen das Grundgerüst des Tropins gemeinsam ist. Im Tropin sind gleichzeitig ein Piperidin- und ein Pyrrolidinring enthalten. Das Stickstoffatom gehört beiden Ringen gemeinsam an.

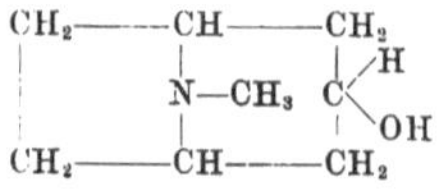

Tropin

Aus sterischen Gründen können beide Ringe nur cisständig miteinander verknüpft sein. Nach neueren Untersuchungen (Fodor) liegt im Tropin der Piperidinring in

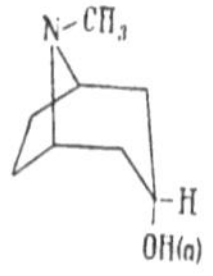

Tropin

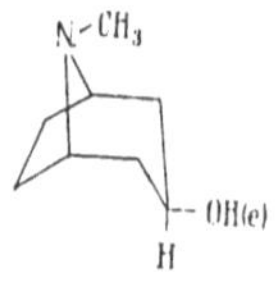

ψ-Tropin

der Sesselform vor; die Hydroxylgruppe ist in axialer Lage anzunehmen. Das isomere ψ-Tropin (von dem sich unter anderem das Cocain ableitet) trägt die Hydroxylgruppe in äquatorialer Stellung.

Die Hydroxylgruppe kann mit verschiedenen Säuren (Tropasäure, Benzoesäure, Veratrumsäure und anderen) verestert sein; die Ester der Tropasäure besitzen die größte Bedeutung.

Das Hauptalkaloid von *Atropa belladonna L.* ist das (—)-Hyoscyamin, der linksdrehende Tropasäureester des Tropins; es wurde 1833 von GEIGER und HESSE erstmalig isoliert.

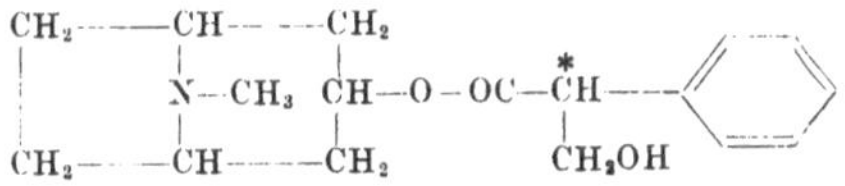

Atropin

Atropin ist das racemische Hyoscyamin. Das Racemat kommt bereits in der Pflanze vor, entsteht aber vor allem bei der Lagerung und Aufarbeitung der Droge. (—)-Hyoscyamin ist pharmakologisch stärker wirksam als (+)-Hyoscyamin.

Die erste Synthese des Atropins beschrieb WILLSTÄTTER. Größere Bedeutung kommt der von ROBINSON ausgearbeiteten Synthese zu. Bernsteinsäuredialdehyd wird dabei mit Acetondicarbonsäure und Methylamin kondensiert.

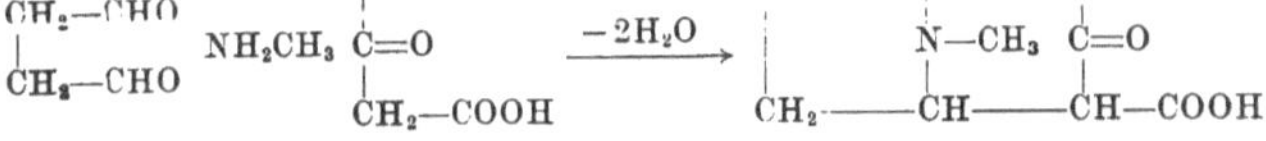

Bernsteinsäure-dialdehyd Aceton-dicarbonsäure I

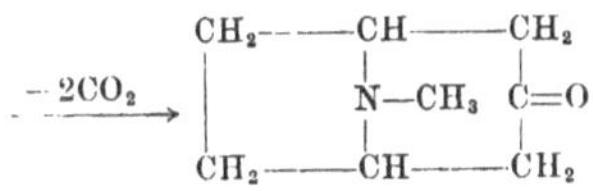

Tropinon

Die primär entstehende Dicarbonsäure (I) kann schon unter sehr milden Bedingungen zu Tropinon decarboxyliert werden. Durch Reduktion entsteht daraus Tropin. Veresterung mit (±)-Tropasäure führt zum Atropin. Der medizinische Bedarf wird heute noch aus natürlichen Quellen gedeckt.

Das Atropin kann als Esteralkaloid verschiedene Umsetzungen erleiden. Im alkalischen Bereich tritt leicht Esterspaltung ein. Dabei kann das tropasaure Tropin entstehen. Bei höherer Temperatur kommt es im Tropasäureteil des Moleküls zur Wasserabspaltung. Das entstehende Apoatropin kann sich zu Belladonnin dimerisieren.

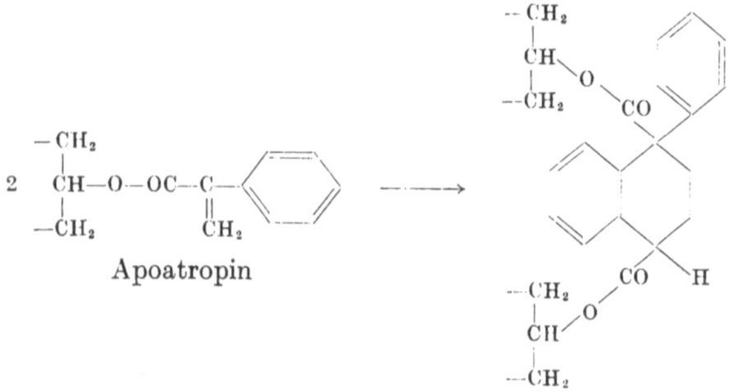

Apoatropin

Belladonnin

Zum Nachweis des Atropins ist neben den allgemeinen Alkaloidreaktionen die VITALIsche Probe geeignet. Beim Eindampfen einer Substanzprobe mit einigen Tropfen rauchender Salpetersäure auf dem Wasserbad hinterbleibt ein gelb gefärbter Rückstand, der beim Befeuchten mit wenig, frisch bereiteter alkoholischer Kalilauge (~ 10 proz.) vorübergehend violett gefärbt wird. Die VITALIsche Probe fällt u. a. auch bei Anwesenheit von Scopolamin und Eumydrin positiv aus.

Die Wirkungen des Atropins sind sehr vielseitig. Neben den parasympathicolytischen Eigenschaften wirkt es in kleinen Dosen erregend auf das Zentralnervensystem.

Die wichtigsten Atropinwirkungen sind auf die Parasympathicuslähmung zurückzuführen.

1. Lähmung des Nervus vagus am Herzen (wichtigster Nerv des Parasympathicus) führt zur Erhöhung der Pulsfrequenz.
2. Lösung von Bronchialkrämpfen bei Asthma und Spasmen der glatten Muskulatur. Daher allgemeines Spasmolyticum.
3. Lähmung der Nerven des inneren Augenmuskels führt zur Pupillenerweiterung und Akkomodationslähmung.
4. Hemmung der Speichel-, Magensaft- und Schweißsekretion.
5. In großen Dosen Hemmung der Darmtätigkeit; in kleinen Dosen Anregung. Der Wirkungsmechanismus ist noch nicht völlig geklärt.
6. Die zentrale Wirkung äußert sich in Euphorie, Halluzinationen und Sprachstörungen (daher der Name „Tollkirsche"). Erst hohe Dosen wirken lähmend.

Atropin kommt in Form des Sulfates in den Handel.

Scopolamin

Neben Atropin ist Scopolamin (Hyoscin) ein wichtiges Solanaceenalkaloid, das 1888 von E. SCHMIDT in Scopolia-Arten entdeckt wurde. Besonders reichlich kommt es in australischen Duboisia-Arten vor. Scopolamin ist der Tropasäureester des Scopins.

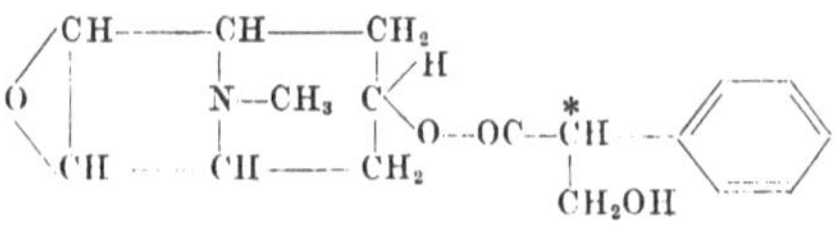

Scopolamin

Vom Atropin unterscheidet sich das Scopolamin durch die Ätherbrücke im Tropinrest. Bei saurer oder alkalischer Verseifung entsteht neben Tropasäure zunächst Scopin, das sich sehr leicht in Scopolin umlagert.

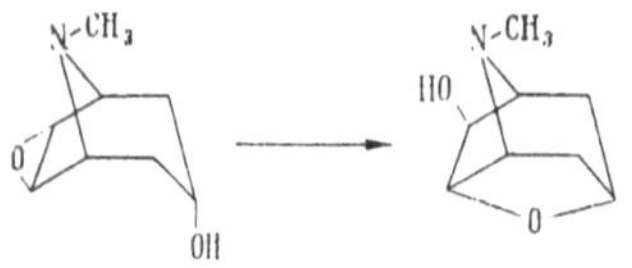

Scopin Scopolin

In der klassischen Schreibweise kann die Bildung des Scopolins nicht befriedigend dargestellt werden.

Die mydriatische Wirkung des Scopolamins ist stärker als die des Atropins, klingt aber rascher wieder ab. Besonders wichtig sind die zentralen Wirkungen des Scopolamins. Scopolamin wirkt nicht, wie das Atropin, erregend, sondern stärker lähmend. Es wird daher zur Herbeiführung eines Dämmerschlafes und zur Beruhigung Geisteskranker eingesetzt.

Scopolamin kommt in Form des Hydrobromids in den Handel und ist Bestandteil der SEE-Mischung (Scopolamin, Eukodal, Ephetonin), die auch als Scomeudrin• (Scophedal) bekannt ist.

Synthetische Parasympathicolytica

Die vielseitigen pharmakologischen Wirkungen des Atropins haben zur Synthese zahlreicher Abwandlungsprodukte angeregt. Dabei zeigte sich, daß Tropinester der der Tropasäure nahestehenden Säuren ebenfalls Atropinwirkung besitzen. So wird der Mandelsäureester des Tropins unter dem Namen Homatropin in der Augenheilkunde gern verwendet, weil er nicht die unerwünschten Nebenwirkungen des Atropins besitzt. Die Akkomodationslähmung ist gering.

Durch Quaternisierung des Stickstoffatoms im Atropin werden die zentralen Wirkungen abgeschwächt, die peripheren Wirkungen verstärkt. Die Wirkung am Auge bleibt erhalten. Das Atropinmethylnitrat* hat sich unter dem Namen Eumydrin besonders als Spasmolyticum und in der Augenheilkunde bewährt.

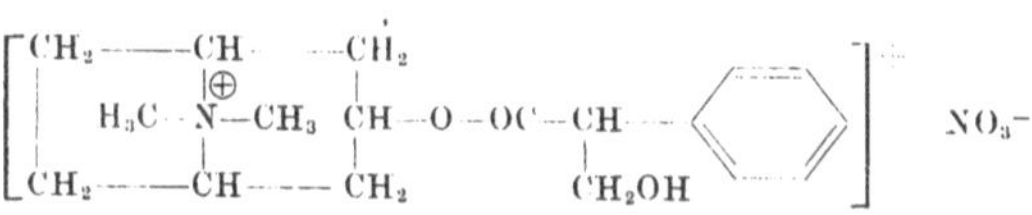

Eumydrin

Man gewinnt es durch gemeinsames Erhitzen von Atropin und Methylnitrat im Autoklaven auf 110°.

Weitere parasympathicolytisch wirkende Substanzen fand man in der Reihe der Aminoalkohole, zu der ja in gewissem Sinne auch das Tropin gehört. Eines der ersten Präparate dieser Reihe war das 1933 eingeführte Syntropan.

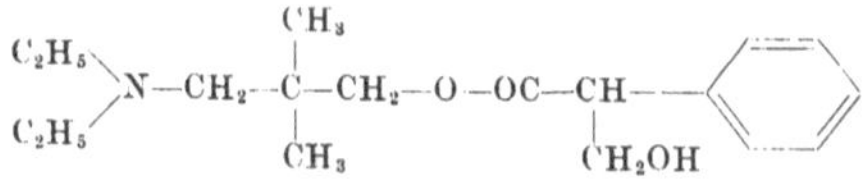

Syntropan

Syntropan ist der Tropasäureester des 2,2-Dimethyl-3-diäthylaminopropanol-(1). Es hat sich als Spasmolyticum bewährt.

Eine einfach gebaute Verbindung mit Atropinwirkung ist das Dibutolinsulfat, das als Spasmolyticum verwendet wird.

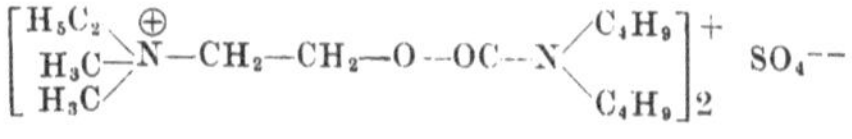

Dibutolin

In neuerer Zeit wurden Abkömmlinge des Piperidins mit Atropinwirkung aufgefunden. Als Beispiel sei das Darstin genannt.

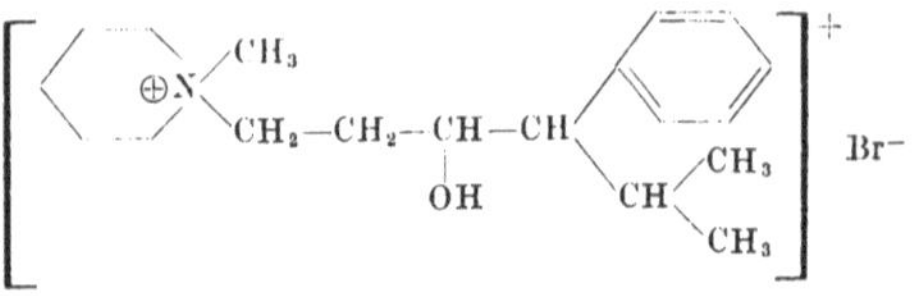

Darstin

11. Antihistaminica

Eine Reihe von Krankheitserscheinungen beruht auf der Überempfindlichkeit des Organismus gegen bestimmte Substanzen, die als Allergene bezeichnet werden. Solche Allergene sind in erster Linie Eiweißstoffe tierischer oder pflanzlicher Herkunft. Sie vermögen Krankheitserscheinungen, wie Ekzeme, Asthma bronchiale, Heuschnupfen, Urticaria usw., auszulösen. Auch einige Arzneistoffe können allergische Reaktionen hervorrufen.

Das überall im Organismus vorhandene Gewebshormon Histamin ist für das Zustandekommen allergischer Reaktionen von grundlegender Bedeutung. Antihistaminica schwächen die Wirkung des Histamins im Körper ab oder heben sie auf. Sie erlauben nur eine symptomatische Therapie allergischer Erscheinungen. Versuche, das bei einer allergischen Reaktion im Körper freigesetzte Histamin durch medikamentöse Zufuhr des Fermentes Histaminase zu zerstören, brachten nicht die erhofften Erfolge. Eine erfolgreiche Therapie der allergischen Erkrankungen war erst möglich, als es gelang, synthetische Pharmaka zu finden, die das Histamin von dessen Zellrezeptoren zu verdrängen vermögen. Seitdem wurde eine große Zahl von Antihistaminica synthetisiert, die sich von drei Grundstrukturen ableiten lassen:

1. Äthylendiamin-Typ $>N-CH_2-CH_2-N<$
2. Colamin-Typ $-O-CH_2-CH_2-N<$
3. Propylamin-Typ $-\underset{|}{CH}-CH_2-CH_2-N<$

Die dritte Gruppe wird auch als spasmolytischer Typ bezeichnet.

Zur ersten Gruppe gehört das 1942 eingeführte Antergan, das heute aber keine Bedeutung mehr besitzt. Bei zahlreichen Abwandlungsversuchen am Molekül des Antergans zeigte sich, daß eine Verlängerung der Kette zwischen den beiden Stickstoffatomen die Wirkung abschwächt. Die beiden Stickstoffatome können auch wie im Falle des Chlorocyclizins* einem Piperazinring angehören, wobei ihr Abstand etwa der gleiche ist wie in der offenen Kette. Die Kohlenstoffkette zwischen den beiden Stickstoffatomen kann auch, wie beim Promethazin*, verzweigt sein. Eines der beiden Stickstoffatome muß tertiär sein. Es trägt meist einfache Alkylgruppen. Das Optimum der Wirkung liegt bei den Dimethylderivaten. Ausnahmen bilden das Antazolin*, bei dem dieses Stickstoffatom in einen Imidazolinring eingebaut ist, und das Parathiazin*, bei dem das Stickstoffatom einem Pyrrolidinring angehört. Das andere Stickstoffatom trägt in der Regel Phenyl-, Benzyl- oder Pyridylreste oder ist in das Phenothiazinringsystem eingebaut. Die aromatischen Ringe können selbst wieder Substituenten tragen. So finden wir im Mepyramin* (Neoantergan) eine Methoxylgruppe in 4-Stellung des Benzylrestes. Im Chlorocyclizin*, im Chlorpromazin* und im Chlorphenamin* finden wir Chloratome als Substituenten am aromatischen Ring.

Die Derivate des Colamins tragen am Sauerstoffatom meist die Benzhydrylgruppe (Diphenylmethylgruppe). Diphenhydramin* ist ein Dimethylaminoäthyl-benzhydryläther. Im Antiparkin* liegt der Diäthylaminoäthylbenzhydryläther vor.

Die Propylamin-Grundstruktur kann man sich durch Ersatz eines Stickstoffatoms im Äthylendiamin oder des Sauerstoffatoms im Colamin durch ein Kohlenstoffatom entstanden denken. Im Pheniramin* trägt dieses Kohlenstoffatom einen Phenyl- und einen α-Pyridylrest als Substituenten. Das Stickstoffatom ist zweifach methyliert. Pheniramin* ist das 3-Phenyl-3-[pyridyl-(2')]-N,N-dimethylpropylamin. Chlorphenamin* ist ein Halogenderivat des Pheniramins*. Im Chlorphenamin* ist das Wasserstoffatom in 4-Stellung des Phenylrestes durch ein Chloratom ersetzt.

Schließlich gibt es auch Antihistaminica, die sich diesen drei Typen nicht zuordnen lassen. Als Beispiel sei das 2-Methyl-9-phenyl-1,2,3,4-tetrahydro-pyrinden genannt, das als Tartrat unter dem Namen Phenindamin* in den Handel kommt (s. Aufstellung S. 113).

Die Darstellung der Verbindungen kann innerhalb der einzelnen Gruppen nach einem annähernd einheitlichen Schema erfolgen. Für die zwei ersten der obengenannten Typen sei je ein Beispiel angeführt.

1. Das zum Äthylendiamin-Typ gehörende Tripelennaminhydrochlorid* kann auf folgendem Wege gewonnen werden: 2-Aminopyridin wird mit Benzaldehyd zu einer SCHIFFschen Base (I) umgesetzt, die nach Hydrierung Pyridyl-(2)-benzylamin (II) liefert. Bei der nachfolgenden Umsetzung mit β-Chloräthyl-dimethylamin wird das N,N-Dimethyl-N'-(2'-pyridyl)-N'-benzyläthylendiamin erhalten, das als Hydrochlorid in den Handel kommt.

Zur Synthese der Phenothiazinkörper wird zuerst das Phenothiazingrundgerüst aufgebaut. Die Synthese dieses Ringsystems wurde bereits an anderer Stelle beschrieben (s. S. 31). Das am Stickstoff befindliche Wasserstoffatom ist leicht beweglich und kann z. B. durch Natrium ersetzt werden. Das Natriumsalz wird dann mit den auf verschiedenen Wegen zugänglichen Halogenalkylaminen umgesetzt. Unter Abspaltung von Natriumhalogenid tritt die basische Seitenkette in den Ring ein.

2-Aminopyridin Benzaldehyd I

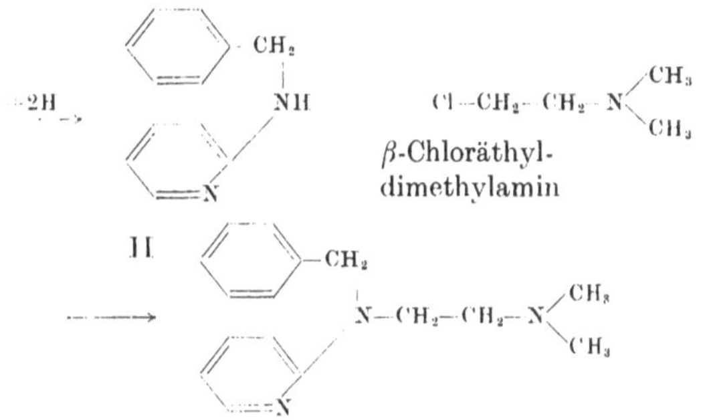

Tripelennamin*

2. Zur Synthese des Diphenhydramins* wird Benzhydrol mit β-Chloräthyl-dimethylamin umgesetzt. Unter Abspaltung von Salzsäure bildet sich der Dimethylaminoäthyl-benzhydryläther. Diphenhydramin* kommt als Hydrochlorid in den Handel.

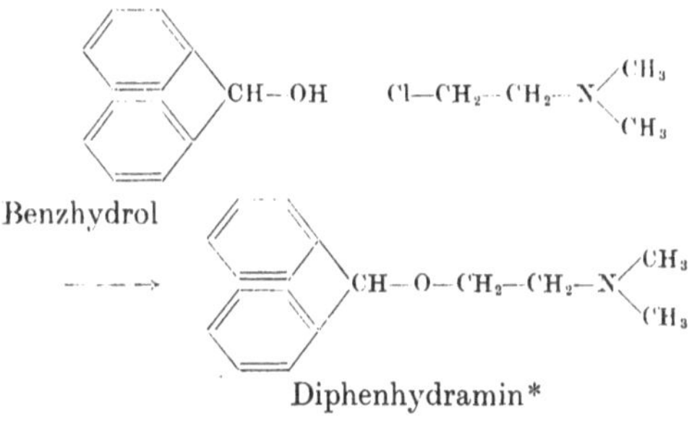

Diphenhydramin*

Die Analyse der Antihistaminica bereitet wegen der engen chemischen Verwandtschaft der Verbindungen Schwierigkeiten. Die Basen können aus natronalkalischer Lösung mit Äther ausgeschüttelt werden. Sie sind meist

Zusammenstellung einiger Antihistaminica

Name	Formel
	1. Äthylendiamin-Typ
Antergan	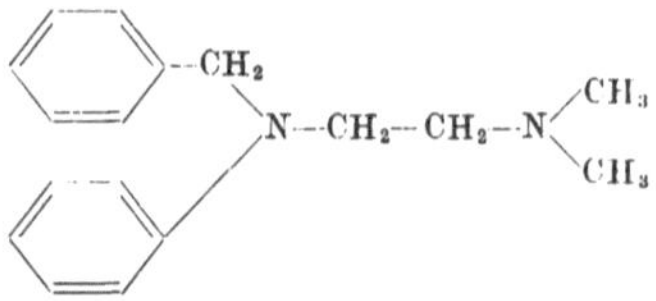
Mepyramin* (Neoantergan)	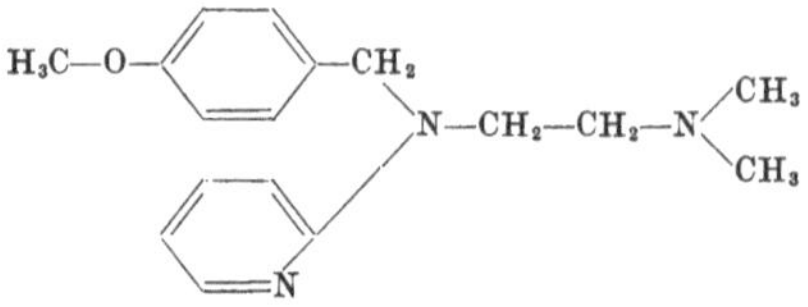
Tripelennamin* (Pyribenzamin)	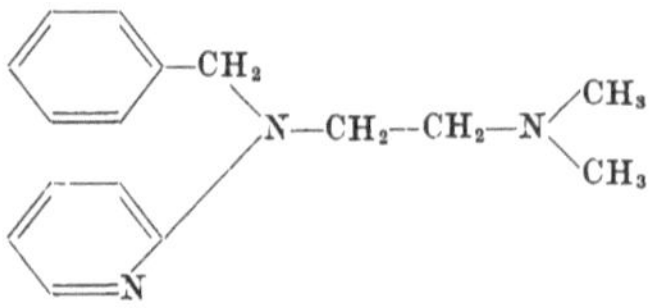
Chlorocyclizin*	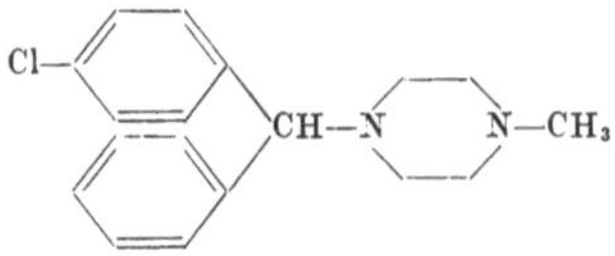
Antazolin* (Antistin)	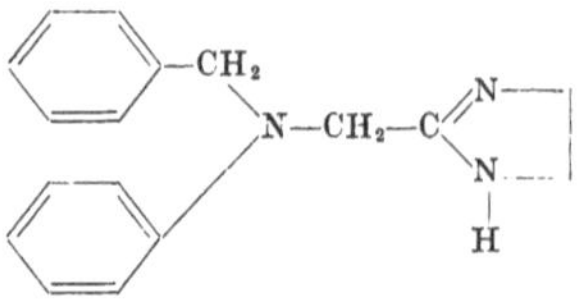
Diethazin* (Thiantan*, Casantin)	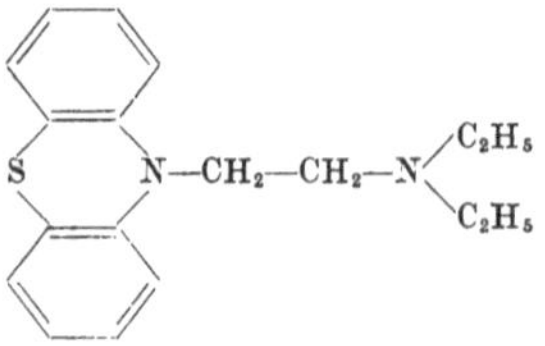

Zusammenstellung einiger Antihistaminica (Fortsetzung)

Name	Formel
Promethazin* (Prothazin•, Atosil)	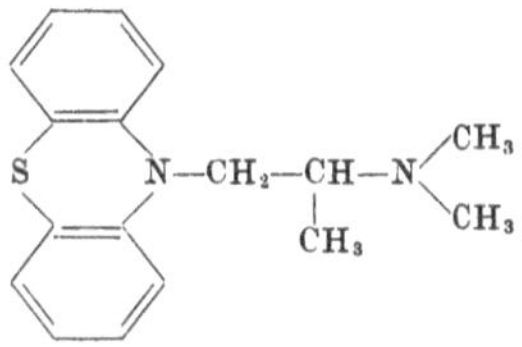
Parathiazin*	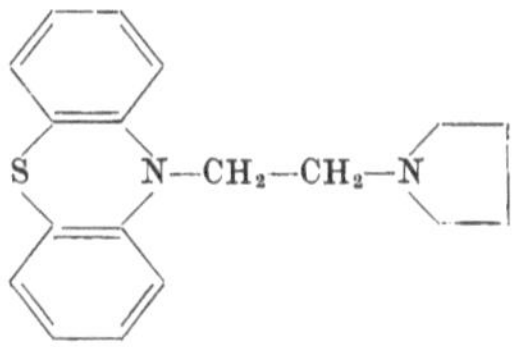
	2. Colamin-Typ
Diphenhydramin*(Diabenyl•, Dabylen, Allergan)	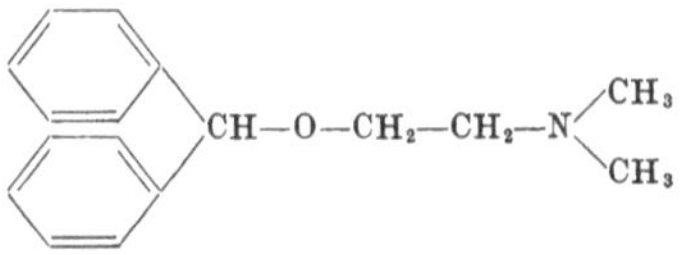
	3. Propylamin-Typ
Pheniramin*	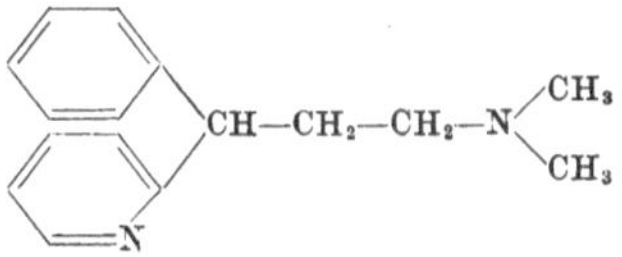
	4. Sonstige Verbindungen
Phenindamin*	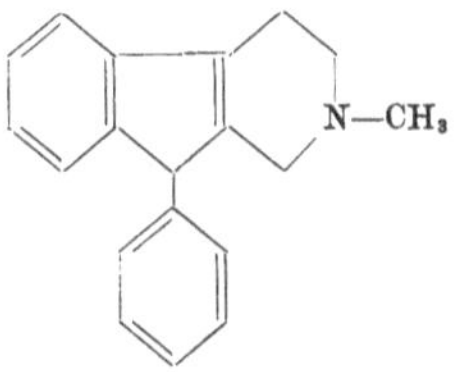

nicht zur Kristallisation zu bringen. Die Hydrochloride dagegen kristallisieren gut. Die Phenothiazinkörper reagieren mit Alkaloidfällungsmitteln und geben mit einigen Alkaloidfarbreagenzien typische Färbungen. Zur Identifizierung können in vielen Fällen die Schmelzpunkte der Pikrate herangezogen werden. Phenothiazinderivate reagieren mit konz. Schwefelsäure unter Rotfärbung.

Die Phenothiazinkörper können verschiedene Angriffspunkte im Organismus besitzen. Während das Promethazin* vorwiegend ein Antihistaminicum ist, weist das Diethazin* neben der Antihistaminwirkung eine lähmende Wirkung auf Vagus und sympathische Ganglien auf und leitet zu den Neuroleptica über. Beim Chlorpromazin* (s. S. 30) sind die Antihistaminwirkung und die vagolytische Wirkung nur noch angedeutet. Im Vordergrund stehen die neuroleptische (zentral dämpfende) Wirkung und die depressive Wirkung auf die zentrale Wärmeregulation.

12. Cardiaca

12.1. Herzglykoside

Unter den Herzmitteln nehmen die Herzglykoside eine hervorragende Stellung ein. Die Herzglykoside wirken bei einer Herzmuskelinsuffizienz (Dekompensation) im Sinne einer Steigerung der Herzkraft.

Herzglykoside finden wir in einer ganzen Reihe von Pflanzen, z. B. im Fingerhut (*Digitalis purpurea L.*, *Digitalis lanata Ehrh.*), in Strophanthus (*Strophanthus gratus Franchet*, *Strophanthus Kombé Olivier*), in der Meerzwiebel (*Urginea maritima L. Baker*) und im Maiglöckchen (*Convallaria majalis L.*). Das Auftreten vieler herzwirksamer Verbindungen in einer Pflanze, das gleichzeitige Vorhandensein ähnlich gebauter, nicht herzwirksamer Verbindungen, wie z. B. der Saponine, und die

Instabilität der Herzglykoside erschwerten die Isolierung von Reinsubstanzen. 1872 gelang erstmals NATIVELLE die Isolierung einer herzwirksamen Verbindung aus *Digitalis purpurea L.* in kristalliner Form. Der von NATIVELLE als „Digitaline cristallisée" bezeichneten Verbindung hat SCHMIEDEBERG 1875 den noch heute gebräuchlichen Namen Digitoxin gegeben. Die von NATIVELLE beschriebene Substanz war zweifellos kein Reinglykosid. Reines Digitoxin dürfte als erster wohl CLOETTA 1920 in der Hand gehabt haben. Wichtige Arbeiten auf dem Gebiet der Isolierung und der Konstitutionsaufklärung der Herzglykoside steuerten KILIANI, KRAFT, CLOETTA, WINDAUS, STOLL, REICHSTEIN und viele andere bei.

Die Herzglykoside besitzen sämtlich ein Cyclopentanoperhydrophenanthren-Grundgerüst. Lediglich durch die Art der Verknüpfung der verschiedenen Ringe unterscheidet sich das Grundgerüst der Herzglykoside vom Grundgerüst der Gallensäuren und der Sexualhormone. Bei den herzwirksamen Verbindungen sind die Ringe

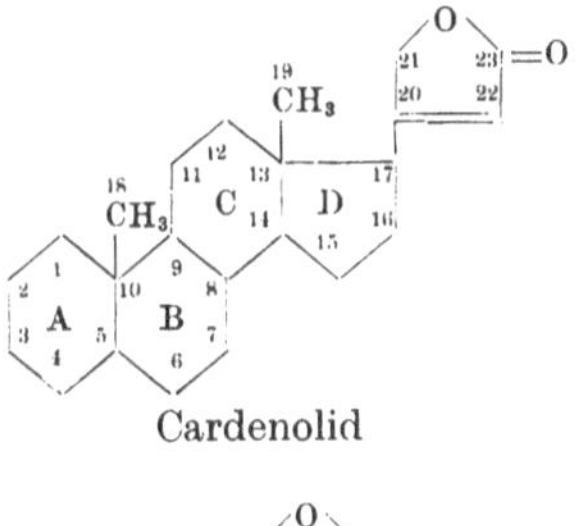

Cardenolid

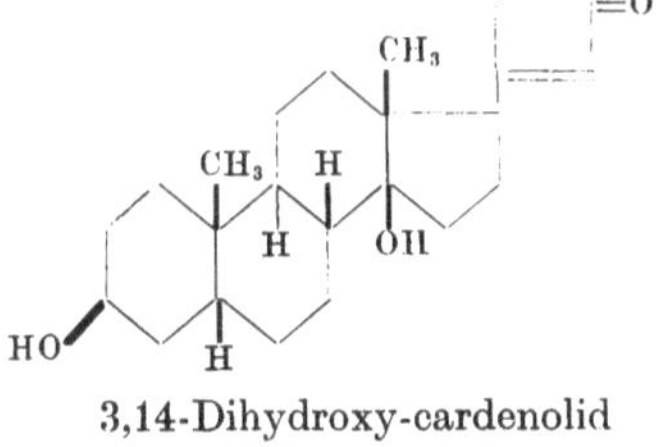

3,14-Dihydroxy-cardenolid
(Digitoxigenin)

1

A/B cis-; B/C trans- und C/D cis-verknüpft. Im Cardenolid ist am $C_{(17)}$ des Cyclopentanoperhydrophenanthren-Grundgerüstes ein ungesättigter, fünfgliedriger Lactonring gebunden. Vertreter des Cardenolid-Typs finden wir in den Digitalis- und Strophanthus-Arten. Einen zweifach ungesättigten, sechsgliedrigen Lactonring (I) enthalten die Substanzen vom Scilla/Bufo-Typ, die in der Meerzwiebel vorkommen und als nichtglykosidische Verbindungen in den Krötengiften anzutreffen sind.

Voraussetzung für die Herzwirksamkeit der Verbindungen ist außer den durch die beschriebene Verknüpfung der Ringe gegebenen sterischen Verhältnissen des Grundgerüstes das Vorhandensein einer Hydroxylgruppe am $C_{(14)}$ und des ungesättigten Lactonringes am $C_{(17)}$. Abspaltung der Hydroxylgruppe am $C_{(14)}$ und Hydrierung des Lactonringes führen zum Verschwinden der Herzwirkung.

Die natürlich vorkommenden Verbindungen enthalten über das Sauerstoffatom der Hydroxylgruppe am $C_{(3)}$ verschiedene Zucker glykosidisch gebunden. Nach hydrolytischer Spaltung der Digitalisglykoside gelang es, zwei bis dahin unbekannte Zucker, die Digitoxose und die Digitalose, zu isolieren, die in der Natur sonst nicht auftreten. Die Digitoxose ist eine Desoxymethylpentose und die Digitalose eine monomethylierte Methylpentose.

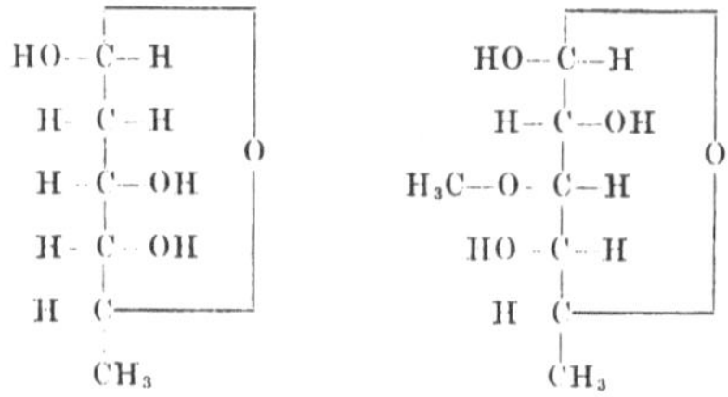

Digitoxose Digitalose

Die wichtigsten Herzglykoside von *Digitalis purpurea L.* sind das Digitoxin (Digitoxosid*) und das Gitoxin. Beide Verbindungen enthalten über das Sauerstoffatom am $C_{(3)}$ eines Cardenolids glykosidisch drei Moleküle

Digitoxose in Form einer Zuckerkette gebunden. Digitoxin und Gitoxin sind aber nicht die in der Pflanze vorhandenen, genuinen Glykoside, sondern entstehen erst bei der Aufarbeitung der Pflanze. Bei den von STOLL aufgefundenen genuinen Glykosiden Purpureaglykosid A und B ist an die Digitoxosekette des Digitoxins bzw. Gitoxins endständig noch ein Molekül Glucose gebunden. Die genuinen Glykoside von *Digitalis purpurea L.* wurden erst in jüngster Zeit kristallin erhalten. Die endständig gebundene Glucose wird leicht durch ein in der Pflanze vorhandenes Ferment, die Digipurpidase, abgespalten. Über den Aufbau der wichtigsten herzwirksamen Verbindungen aus *Digitalis purpurea L.* orientiert die folgende Formelzusammenstellung.

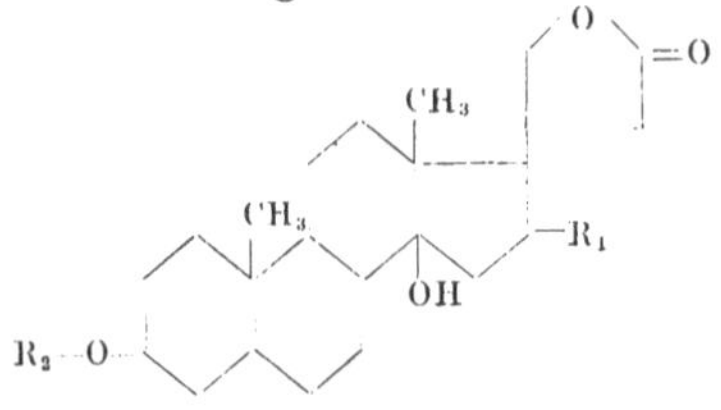

R_1	R_2	Name der Verbindung
H	H	Digitoxigenin
H	3 Moleküle Digitoxose	Digitoxin
H	3 Moleküle Digitoxose und 1 Molekül Glucose	Purpureaglykosid A
OH	H	Gitoxigenin
OH	3 Moleküle Digitoxose	Gitoxin
OH	3 Moleküle Digitoxose und 1 Molekül Glucose	Purpureaglykosid B
$-O-C\langle^{H}_{O}$	H	Gitaloxigenin
$-O-C\langle^{H}_{O}$	3 Moleküle Digitoxose	Gitaloxin
H	1 Molekül Digitalose	Odorosid H
OH	1 Molekül Digitalose	Strospesid
$-O-C\langle^{H}_{O}$	1 Molekül Digitalose	Verodoxin

1956 fand man in *Digitalis purpurea L.* Verbindungen bei denen die Hydroxylgruppe am $C_{(16)}$, die bei der Gitoxigeningruppe vorhanden ist, in formylierter Form vorliegt. Das formylierte Gitoxin wird als Gitaloxin bezeichnet. Die formylierten Verbindungen werden außerordentlich leicht hydrolytisch unter Bildung von Ameisensäure aufgespalten, wobei sich die entsprechende Verbindung mit freier Hydroxylgruppe am $C_{(16)}$ bildet.

Neben den erwähnten Substanzen finden sich in *Digitalis purpurea* die Glykoside Odorosid H, Strospesid und Verodoxin, die sämtlich ein Molekül Digitalose über das Sauerstoffatom am $C_{(3)}$ gebunden enthalten.

Für die Bereitung von galenischen Zubereitungen (Infus, Tinktur) und Arzneien wird ein auf einen bestimmten Gehalt an herzwirksamen Verbindungen eingestelltes Blattpulver von *Digitalis purpurea L.* benutzt. Die Standardisierung erfolgt nach der Froschmethode. Da aber die einzelnen Glykoside nach oraler Applikation sehr unterschiedlich resorbiert werden, können auch bei Verwendung eines standardisierten Digitalisblattpulvers keine Digitaliszubereitungen mit konstanter Wirkung erhalten werden. Es ist z. B. bekannt, daß das Digitoxin nach oraler Applikation praktisch vollständig resorbiert wird, daß die Resorption des Purpureaglykosids A erheblich schwerer erfolgt und daß Gitoxin praktisch nicht zur Resorption gelangt. Das oral wirksame Gitaloxin kann sehr leicht bei der Bereitung von Digitaliszubereitungen in das oral nicht wirksame Gitoxin aufgespalten werden. Wegen der ungleichmäßigen Resorption der einzelnen Glykoside und der Instabilität verschiedener herzwirksamer Verbindungen ist es weitaus zweckmäßiger, das kristallisierte Digitoxin anzuwenden. Von dem verwendeten Digitoxin muß gefordert werden, daß es höchstens 5% an anderen Glykosiden (hauptsächlich Gitoxin) als Verunreinigung enthält.

Zum Unterschied von den genuinen Glykosiden von *Digitalis purpurea L.* sind die genuinen Glykoside von *Digitalis lanata Ehrh.*, die Lanatoside, leicht kristallin zu erhalten. Die genuinen Lanataglykoside A, B, C und D können nur schwierig voneinander getrennt werden. Die Lanatoside enthalten wie die Purpureaglykoside A und B eine aus 3 Molekülen Digitoxose und 1 Molekül Glucose bestehende Zuckerkette. Zum Unterschied von den genuinen Purpureaglykosiden ist eine freie Hydroxylgruppe des an den Glucoserest gebundenen Digitoxosemoleküls acetyliert. Von den Lanatosiden ist das Lanatosid C* (Isolanid□), das keine so stark kumulierende Wirkung wie das Digitoxin besitzt, therapeutisch besonders wertvoll.

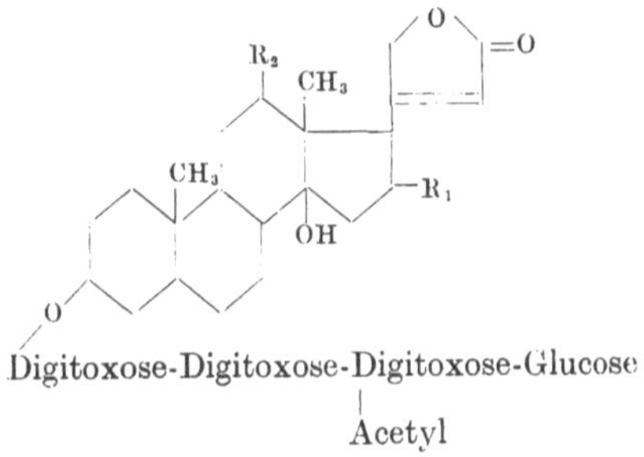

R_1	R_2	Name des Glykosids	Name des Aglykons
H	H	Lanatosid A	Digitoxigenin
OH	H	Lanatosid B	Gitoxigenin
H	OH	Lanatosid C	Digoxigenin
OH	OH	Lanatosid D	Diginatigenin

Die Digitalisglykoside lagern sich leicht zu wirkungslosen oder wirkungsschwächeren Verbindungen um. Die glykosidische Bindung des Desoxyzuckers Digitoxose an das Aglykon kann durch Säure leicht gelöst werden. Die entstehenden Aglykone sind noch wesentlich schwerer löslich als die Digitalisglykoside. Die unter sehr milden Bedingungen, d. h. schon bei der Aufbewahrung in alkoholisch-wäßriger Lösung erfolgende hydrolytische Spaltung des Gitaloxins führt zu dem nach oraler Applikation nicht wirksamen Gitoxin. Wirken Mineralsäuren ein, kann die Hydroxylgruppe am $C_{(14)}$ unter Bildung wirkungsloser Anhydro-Verbindungen eliminiert werden. In alkalischer Lösung entstehen die ebenfalls wirkungslosen Iso-Verbindungen. Dabei wird im ersten Reaktionsschritt der Lactonring geöffnet und über eine Reihe von Zwischenprodukten schließlich eine Verbindung erhalten, die weder eine freie Hydroxylgruppe am $C_{(14)}$ noch einen ungesättigten Lactonring enthält.

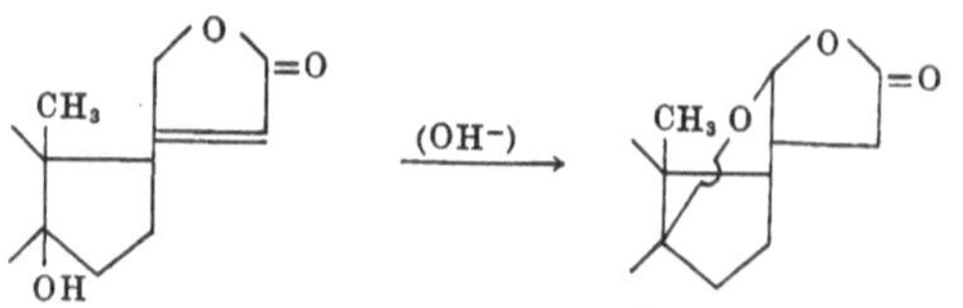

Iso-Verbindung

Die Strophanthusglykoside unterscheiden sich von den Digitalisglykosiden vor allem dadurch, daß sie mehr Hydroxylgruppen enthalten. Sie sind aus diesem Grunde besser wasserlöslich. Da die Strophanthusglykoside während des Passierens des Magen-Darm-Kanals weitgehend zerstört werden, eignen sie sich nicht für die orale Applikation. Nach der Injektion von Strophanthusglykosiden tritt die Herzwirkung schnell ein und klingt relativ schnell wieder ab. Das g-Strophanthin ist in den Samen von *Strophanthus gratus Franchet* zu 4% enthalten und kann daraus in kristalliner Form gewonnen werden. Das aus *Strophanthus Kombé Olivier* zu gewinnende amorphe K-Strophanthin ist ein hauptsächlich aus K-Strophanthosid (75%) bestehendes Gemisch von Glykosiden. Die im K-Strophanthosid vorkommende Cymarose ist eine 3-Methyl-digitoxose.

Das Hauptglykosid von *Convallaria majalis L.*, das Convallatoxin, enthält das gleiche Aglykon wie das K-Strophanthosid. Über das Sauerstoffatom am $C_{(3)}$ ist lediglich ein Rhamnoserest glykosidisch gebunden.

Auf die Chemie der Herzglykoside anderer Pflanzen kann hier nicht eingegangen werden.

Zur quantitativen Bestimmung der Herzglykoside wurde eine große Anzahl chemischer Verfahren ausgearbeitet. Die Gesamtglykoside und abgetrennte Einzelglykoside werden in der Regel photometrisch bestimmt. Dabei kann man alkalische Reagenzien verwenden, die an den ungesättigten Lactonring angreifen (BALJET-Reaktion mit alkalischer Pikrinsäurelösung, KEDDE-Reaktion mit alkalischer 3,5-Dinitrobenzoesäurelösung), oder saure Reagenzien benutzen, die mit dem Desoxy-

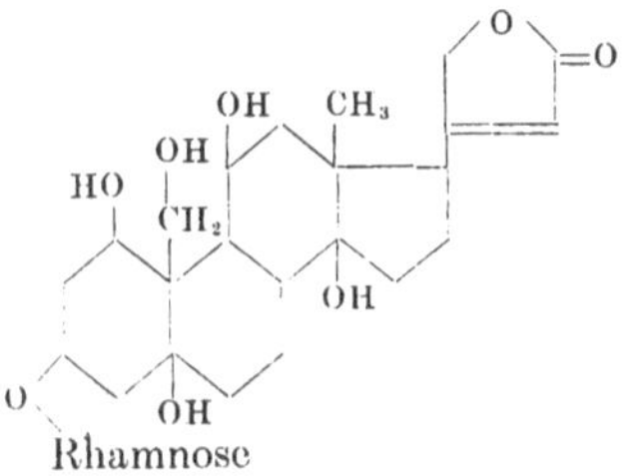

g-Strophanthin

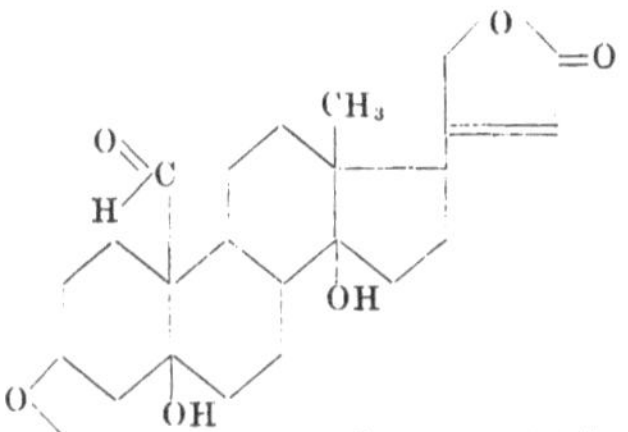

Cymarose-(β)-Glucose-(α)-Glucose

Cymarin

K-Strophanthin-(β)

K-Strophanthosid

zucker reagieren (KELLER-KILIANIsche Reaktion mit eisen(III)-chloridhaltigem Eisessig und konz. Schwefelsäure). Eine auf chemischem Wege durchgeführte Gesamtglykosidbestimmung kann nur wenig über den Wirkungswert der untersuchten Zubereitungen aussagen. Um den Wirkungswert einer Herzglykosidzubereitung einwandfrei beurteilen zu können, müssen die Hauptglykoside nach chromatographischer Auftrennung quantitativ bestimmt werden.

12.2. Xanthine

Die Xanthine Coffein, Theobromin und Theophyllin sind wertvolle Therapeutica für verschiedene Herz- und Kreislauferkrankungen. Während bei dem Coffein die zentrale Wirkung im Vordergrund steht, wird das Theophyllin hauptsächlich wegen seiner Wirkung auf das Herz und den Kreislauf und als Diureticum eingesetzt.

Das Xanthin ist ein Dihydroxypurin. Das bicyclische Ringsystem des Purins besteht aus einem Pyrimidin- und einem Imidazolring. Beim Xanthin ist wie bei den Barbitalen eine Lactam-Lactim-Tautomerie möglich.

Die therapeutisch wertvollen methylierten Xanthine Coffein, Theobromin und Theophyllin kommen in der

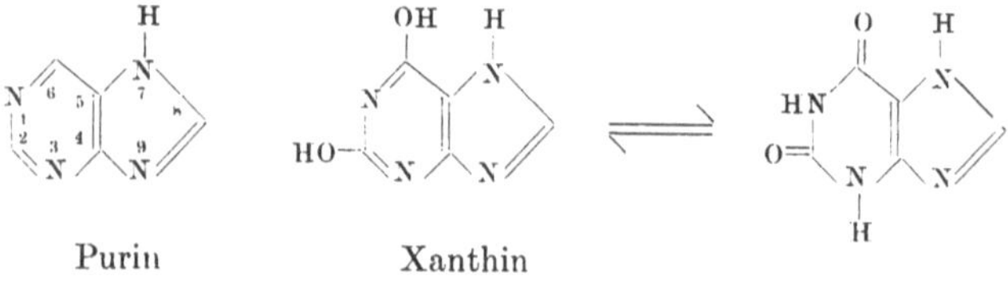

Purin Xanthin

Natur vor. Das 1,3,7-Trimethyl-xanthin (Coffein) findet sich in Kaffeebohnen und Kaffeeblättern, in den Teeblättern und in den Kolanüssen. Das 3,7-Dimethylxanthin (Theobromin) ist in den Kakaobohnen zu ungefähr 2% vorhanden. Das 1,3-Dimethyl-xanthin (Theophyllin) tritt in nur unbedeutenden Mengen im Tee auf.

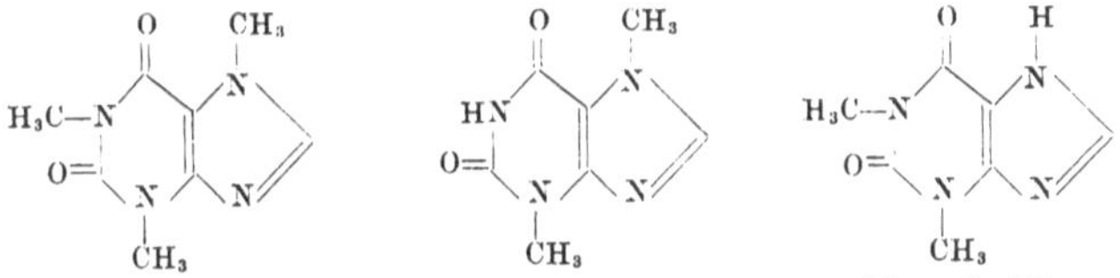

Coffein Theobromin Theophyllin

Theobromin und Theophyllin sind amphotere Verbindungen. Sie können wie alle Purinderivate als sehr schwache Basen reagieren, sind darüber hinaus aber in der Lage, mit Alkalien leicht hydrolysierende Alkalisalze zu bilden. Die schwache Acidität des Theobromins ist dadurch bedingt, daß im Pyrimidinring das an das N-Atom gebundenes H-Atom als Proton abdissoziieren kann. Beim Theophyllin ist das am Imidstickstoff $N_{(7)}$ des Imidazolringes gebundene H-Atom acid und kann durch Alkalimetalle ersetzt werden. Das Coffein besitzt kein acides H-Atom und kann aus diesem Grunde nicht als Säure reagieren.

Coffein wird zum großen Teil aus pflanzlichen Rohstoffen gewonnen. Zum Teil werden auch Gemische dimethylierter Xanthine zur Coffeingewinnung nachmethyliert. Da der Weltbedarf an Coffein nicht aus den natürlichen Rohstoffquellen gedeckt werden kann, wird Coffein auch synthetisch hergestellt. Das heute nur noch selten gebrauchte Theobromin kann immer noch am billigsten aus Kakaobohnen gewonnen werden. Die Einführung des Theophyllins als Arzneimittel setzte ein brauchbares Syntheseverfahren voraus.

Bei der technischen Theophyllinsynthese kondensiert man zunächst symmetrischen Dimethylharnstoff mit Cyanessigsäure und führt dann die entstandene Pyrimidinverbindung schrittweise mit salpetriger Säure und Ammoniumsulfid in das 1,3-Dimethyl-4,5-diamino-2,6-dioxotetrahydropyrimidin über. Eine Aminogruppe dieser Verbindung wird mit wasserfreier Ameisensäure formyliert und die erhaltene Formylverbindung durch cyclisierende Kondensation mit Hilfe starker Natronlauge in Theophyllin übergeführt.

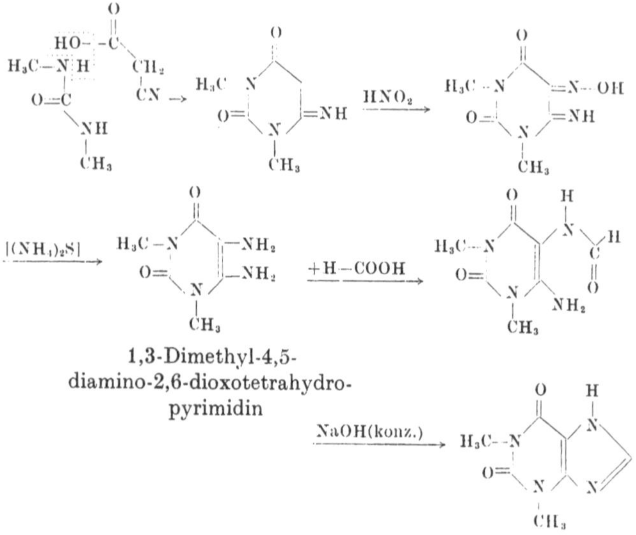

1,3-Dimethyl-4,5-diamino-2,6-dioxotetrahydropyrimidin

Theophyllin

Da die methylierten Xanthine in Wasser schwer löslich sind, verwendet man zur Bereitung wäßriger Lösungen häufig die Additionsverbindungen der entsprechenden Xanthine mit Natriumsalicylat oder Natriumbenzoat bzw. mit Äthylendiamin oder Diäthanolamin. Die wichtigsten Xanthin-Additions-Verbindungen sind in der folgenden Übersicht zusammengestellt.

Xanthin	Additionskomponente	Name
Coffein	Natriumbenzoat	Coffeinum-Natrium benzoicum (DAB 6)
Coffein	Natriumsalicylat	Coffeinum-Natrium salicylicum (DAB 6)
Theobromin	Natriumsalicylat	Theobromino-natrium salicylicum (DAB 6) (= Diuretin)
Theophyllin	Äthylendiamin	Aminophyllin*, Euphyllin*
Theophyllin	Diäthanolamin	Deriphyllin

Wasserlösliche Xanthinderivate sind auch die Hydroxy-alkyl-Derivate des Theobromins und des Theophyllins. Theophyllin und Theobromin enthalten noch ein am $N_{(7)}$ bzw. $N_{(1)}$ gebundenes acides H-Atom, das leicht durch Hydroxyäthyl- bzw. Hydroxypropylreste substituiert werden kann. Die bekanntesten Verbindungen sind in der folgenden Übersicht zusammengestellt. Ob durch die Substitution die Wirkung des Theophyllins bzw. Theobromins wesentlich verändert wird, ist bis jetzt noch nicht eindeutig geklärt.

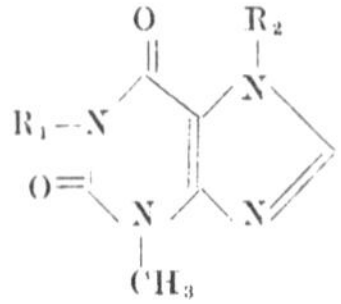

R_1	R_2	Substanz
$-CH_3$	$-CH_2-CH_2OH$	7-(β-Hydroxyäthyl)-theophyllin. (Cordalin; Oxyäthyltheophyllin*●)
$-CH_3$	$-CH_2-CHOH-CH_3$	7-(β-Hydroxypropyl)-theophyllin (Proxyphyllin*)
$-CH_3$	$-CH_2-CHOH-CH_2OH$	7-(β, γ-Dihydroxypropyl)-theophyllin (Diprophyllin*, Theal)
$-CH_2-CHOH-CH_3$	$-CH_3$	1-(β-Hydroxypropyl)-theobromin (Cordabromin; Theocor●)

Unter Berücksichtigung der Tatsache, daß uns die Natur nicht optimal günstige Arzneimittel liefert, wurden in den letzten Jahren ähnlich gebaute biheterocyclische Ringsysteme aufgebaut und Vertreter dieser Stoffklassen pharmakologisch untersucht. Bei diesen neuen Heterocyclen handelt es sich z. B. um Pyrazolo-pyrimidine, die als methylierte Substanzen coffein- bzw. theophyllinähnlich wirken.

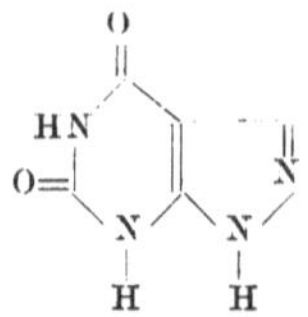

4,6-Dioxo-4,5,6,7-tetrahydro-pyrazolo-[3,4-d]-pyrimidin

13. Diuretica

Diuretica sind in der Lage, die Harnproduktion zu erhöhen. Diuretica werden angewendet, um mit der vermehrten Harnmenge die ödembildenden Salze auszuscheiden. Die gebräuchlichen Diuretica gehören verschiedenen Stoffklassen an und besitzen unterschiedliche Angriffspunkte.

Die renal und extrarenal angreifenden Diuretica der Xanthinreihe wurden bereits im vorhergehenden Kapitel besprochen. Zu dieser Gruppe von Diuretica sind auch Uracilderivate, wie z. B. das Aminometradin* (Katapyrin) zu rechnen.

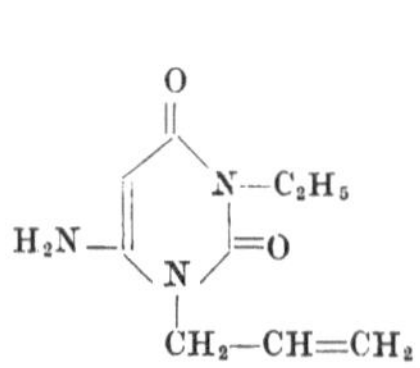

1-Allyl-3-äthyl-6-amino-uracil
(Aminometradin*)

Als osmotisch wirkende Diuretica werden der Harnstoff ($H_2N-CO-NH_2$) und Kaliumsalze (KCl, KNO_3, CH_3COOK) angewendet. Die Substanzen werden unverändert ausgeschieden und nehmen dabei eine beträchtliche Menge Wasser mit.

Ein bekanntes, ansäuerndes Diureticum ist das Ammoniumchlorid (NH_4Cl). Das Ammoniumchlorid wird nach der Resorption aus dem Darm in der Leber in Harnstoff und Salzsäure umgewandelt. Die H^+-Ionen der entstandenen Säure vermindern die Alkalireserven und das Wasserbindungsvermögen des Gewebes. Das von dem Gewebe freigegebene Wasser wird auf normalem Wege ausgeschieden. In gleicher Weise wie das Ammoniumchlorid wirkt auch sekundäres Natriumphosphat (Na_2HPO_4), nachdem es im Organismus unter Einwirkung der Kohlensäure in primäres Natriumphosphat (NaH_2PO_4) übergeführt wurde.

Die peroral verabreichten Kationenaustauscher verhindern die Na^+-Resorption und wirken daneben als ansäuernde Diuretica. Bevorzugt werden Carbonsäureharze in der H^+-Form angewendet, die die Na^+-Ionen der Nahrung gegen H^+-Ionen auszutauschen vermögen. Um die durch Resorption der Cl^--Ionen entstandene Hyperchlorämie zu beseitigen, werden im Organismus zunächst vermehrt NH_4^+-Ionen gebildet. Das auf diese Weise entstandene Ammoniumchlorid wirkt zusätzlich als ansäuerndes Diureticum. Um zu gewährleisten, daß noch eine genügende Menge Kalium zur Resorption gelangt, belädt man einen Teil des Kationenaustauschers mit K^+-Ionen, die dann größtenteils bereits im Magen wieder abgegeben werden und dann im Darm in einer derartigen Menge vorliegen, daß eine Resorption im notwendigen Umfange gesichert ist.

Die diuretische Wirkung anorganischer Quecksilberverbindungen, insbesondere des Quecksilber(I)-chlorids (Kalomel, Hg_2Cl_2), ist schon lange bekannt. Nach der Beobachtung der diuretischen Wirkung organischer Quecksilberverbindungen wurden seit 1920 viele quecksilberhaltige Diuretica hergestellt, von denen das Mersalyl* die größte Bedeutung besitzt. Das Mersalyl* kommt als Natriumsalz im Gemisch mit Theophyllin in den Präparaten Uragan• bzw. Salyrgan in den Handel. Die Quecksilberdiuretica hemmen die Rückresorption der

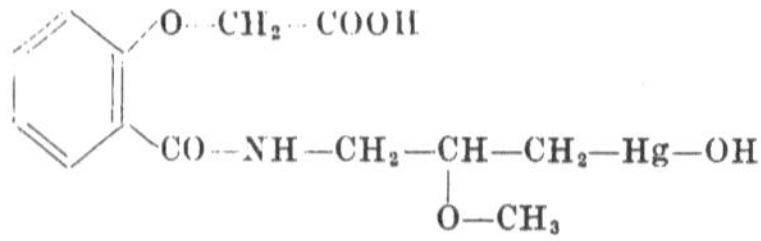

Salicyl-(3-hydroxy-mercuri-2-methoxy-propyl)-amid-O-essigsäure (Mersalyl*)

Chloridionen und damit auch der Natriumionen in der Niere. Gleichzeitig wirken sie auf die als Chlorid- und Wasserdepot wirkenden Gewebe, indem sie den Übertritt von Chloridionen und Wasser ins Blut fördern.

Nachdem 1949 SCHWARTZ über die diuretische Wirkung hoher Dosen von p-Aminobenzolsulfonamid berichtete, bemühte man sich intensiv um die Herstellung quecksilberfreier Diuretica, die unter den Sulfonamidverbindungen auch gefunden wurden.

Das 1950 von ROBLIN und CLAPP entwickelte Acetazolamid* (Nephramid•, Diamox) wirkt als starker Carboanhydrasehemmer. Die Carboanhydrase katalysiert die Bildung von Kohlensäure aus Kohlendioxid und Wasser. Die gebildete Kohlensäure dissoziiert sofort in H^+- und HCO_3^--Ionen. Die im Nierengewebe gebildeten H^+-Ionen

$$H_2O + CO_2 \leftrightharpoons H_2CO_3 \leftrightharpoons H^+ + HCO_3^-$$

werden gegen Na^+-Ionen ausgetauscht, die mit den HCO_3^--Ionen ins Blut rückresorbiert werden. Wird die Carboanhydrase gehemmt, so bilden sich weniger H^+-Ionen, und mehr Na^+- und HCO_3^--Ionen werden im Harn ausgeschieden. Die Carboanhydrasehemmer wirken nur eine relativ kurze Zeit, weil die sich zwangsläufig einstellende Blutacidose ihre Wirkung aufhebt. Das Acetazolamid* ist ein Abkömmling des 1,3,4-Thiadiazols. Es ist zwar eine Sulfonamidverbindung, wirkt aber nicht bakteriostatisch.

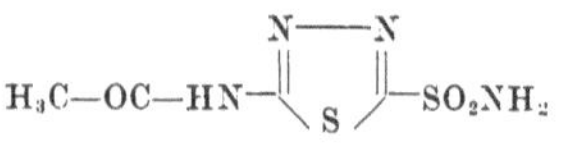

Acetazolamid*

Mit den Saluretica wurden Verbindungen entwickelt, deren Wirkungsmechanismus noch unbekannt ist. Einige Vertreter dieser Stoffklasse zeigen eine schwache Carboanhydrasehemmung. Die Saluretica hemmen die Rückresorption sowohl von Na^+- und HCO_3^-- als auch von Cl^--Ionen, wodurch eine Blutacidose nicht entstehen kann. Durch Einführung einer zweiten Sulfonamidgruppe in das Sulfanilamid wurde die diuretische Wirkung gesteigert, die durch Substitution eines kernständigen Wasserstoffatoms durch ein Chloratom weiter erhöht werden konnte. Das 6-Chlor-4-amino-benzol-1,3-disulfonamid ist die Stammsubstanz der diuretisch wirkenden Sulfonamidverbindungen. Die aromatische Aminogruppe kann im Molekül fehlen, ohne daß eine schwächere diuretische

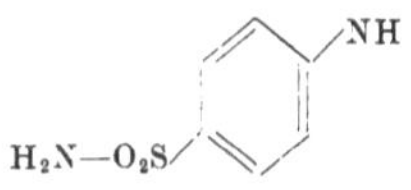

Sulfanilamid

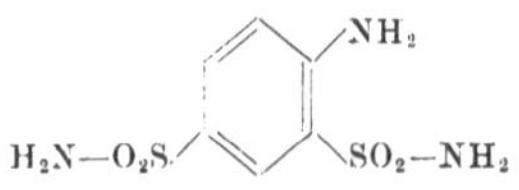

4-Amino-benzol-1,3-disulfonamid

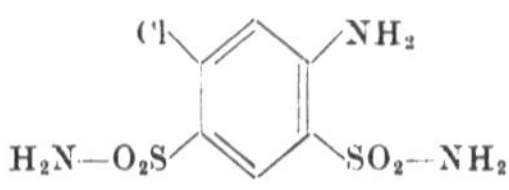

6-Chlor-4-amino-benzol-1,3-disulfonamid (Salamid)

Wirkung verzeichnet werden muß. In o-Stellung zu einer Sulfonamidgruppe muß dagegen ein Chloratom bzw. eine Trifluormethylgruppe am Benzolring gebunden sein, wenn die starke diuretische Wirkung erhalten bleiben soll. Von Novello und Sprague (1957) wurde die vorhandene aromatische Aminogruppe zusammen mit der zu ihr o-ständigen Sulfonamidgruppe in einen Thiadiazinring eingebaut und so das 6-Chlor-7-sulfonamido-1,2,4-benzothiadiazin-1,1-dioxid (Chlorothiazid*, Salunil•, Chlotride) erhalten. Diese Verbindung entspricht in ihrer Wirkungsstärke ungefähr dem 6-Chlor-4-amino-benzol-1,3-disulfonamid. Durch Hydrierung der Doppelbindung zwischen $C_{(3)}$ und $N_{(4)}$ im Thiadiazinring steigt die Wirkung auf das 10- bis 12fache an. Das 6-Chlor-7-sulfonamido-3,4-dihydro-1,2,4-benzo-thiadiazin-1,1-dioxid ist unter dem Namen Hydrochlorothiazid* (Disalunil•, Dichlotride) bekannt. Die Wirkung kann noch beträcht-

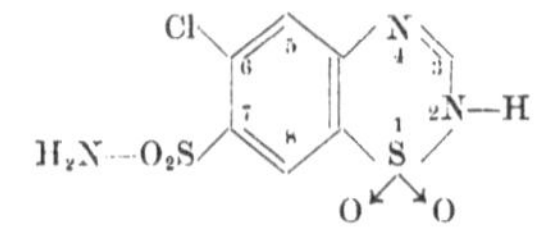

Chlorothiazid*

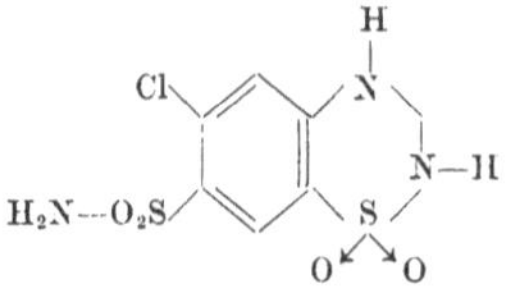

Hydrochlorothiazid*

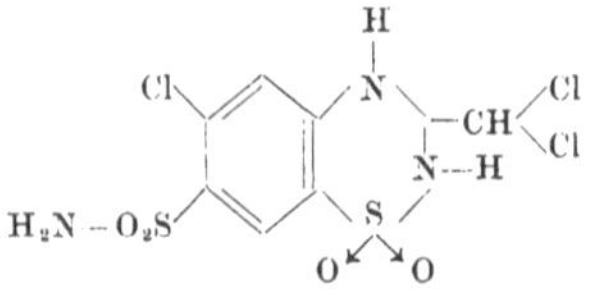

Trichlormethiazid* (Esmarin)

lich gesteigert werden, wenn man ein H-Atom am $C_{(3)}$ des Hydrochlorothiazids* durch eine Chlormethyl-, eine Dichlormethyl-, eine Äthyl-, eine Propyl- oder eine Benzylgruppe substituiert. Das unter dem Namen Esmarin im Handel befindliche Trichlormethiazid* zeigt wie einige andere Saluretica auch einen ausgeprägt antihypertonischen Effekt. Da die $>N-CH_2-N<$-Gruppierung unbeständig ist, stellt sich in wäßriger Lösung ein Gleichgewicht zwischen der Thiadiazin- und der Aminosulfonamid-Form ein, das stark auf die Seite

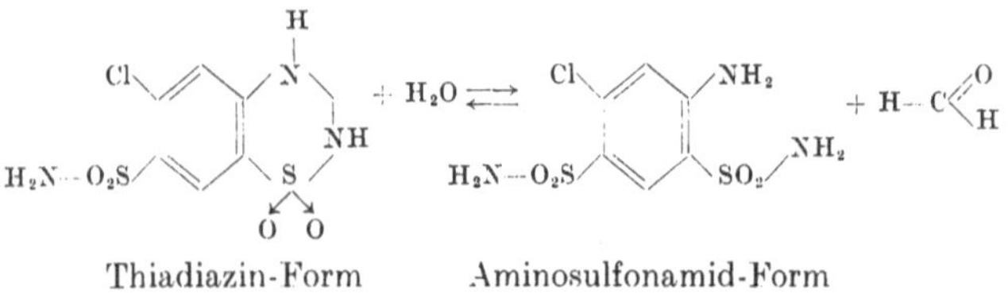

Thiadiazin-Form Aminosulfonamid-Form

der Thiadiazin-Form verschoben ist. Durch einstündiges Kochen mit 2n Natronlauge kann eine vollständige Hydrolyse erreicht werden.

Die Entwicklung auf.dem Gebiet der Diuretica ist darauf gerichtet, Verbindungen mit protrahierter Wirkung darzustellen, die keine stoßartige Entwässerung herbeiführen. Unter diesem Gesichtspunkt ist die Einführung des 1-Oxo-3-(3'-sulfonamido-4'-chlorbenzol)-3-hydroxy-isoindolin (Hygroton) ein Fortschritt.

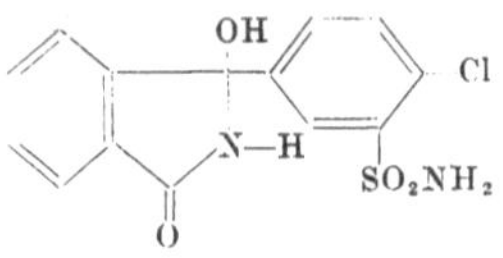

Hygroton

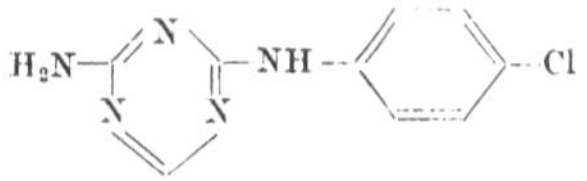

Chlorazanil*

Ergänzend muß noch das N-p-Chlorbenzol-2,4-diamino-s-triazin (Chlorazanil*) erwähnt werden, das in Form des Hydrochlorids unter dem Namen Triazurol• bzw. Orpidan in den Handel kommt. Das Chlorazanil* stellt eine Weiterentwicklung des diuretisch wirkenden 2,4-Diamino-s-triazins[1]) dar. Über die Angriffspunkte des Chlorazanils* ist man ebenfalls noch nicht genau orientiert.

14. Laxantia

Laxantia (Abführmittel) fördern die Darmentleerung. Drastica sind sehr stark wirkende Abführmittel. Nach chemischen Gesichtspunkten können die Abführmittel in folgende Gruppen eingeteilt werden:

1. anorganische Abführmittel,
2. synthetische organische Abführmittel,
3. Anthrachinonderivate,
4. sonstige Abführmittel.

[1]) s = symmetrisch

Zu den *anorganischen Abführmitteln* gehören das Magnesiumsulfat $MgSO_4 + 7\,H_2O$ (Bittersalz), und das Natriumsulfat, $Na_2SO_4 + 10\,H_2O$ (Glaubersalz), sowie einige Phosphate. Auch Gemische anorganischer Salze werden häufig verwendet, wie z. B. das Karlsbader Salz, das auch künstlich hergestellt wird (Sal Carolinum factitium).

Die anorganischen Abführmittel durchwandern den Magen-Darm-Kanal mit ihrem Lösungswasser. Durch den dabei auftretenden „Volumenreiz" wird die Darmperistaltik angeregt. Um osmotische Wirkungen zu vermeiden, sollen die anorganischen Abführmittel in isotonischer Lösung angewendet werden.

Zur Gruppe der *synthetischen organischen Abführmittel* gehört das Phenolphthalein. Phenolphthalein ist als Indikatorfarbstoff in der Alkalimetrie und Acidimetrie bekannt. Es entsteht beim Erhitzen von Phthalsäureanhydrid mit Phenol in Gegenwart von konz. Schwefelsäure.

Bei dieser Kondensation bildet sich zunächst das Lacton. Bei Alkalizusatz öffnet sich hydrolytisch der Lactonring, und unter Wasserabspaltung nimmt ein Phenolrest chinoide Struktur an. Die chinoide Form zeigt eine intensiv rote Farbe. Durch Säurezusatz entsteht wieder die farblose Lactonform. Viele Abführmittel des Handels enthalten Phenolphthalein. Es ist allerdings nicht frei von Nebenwirkungen.

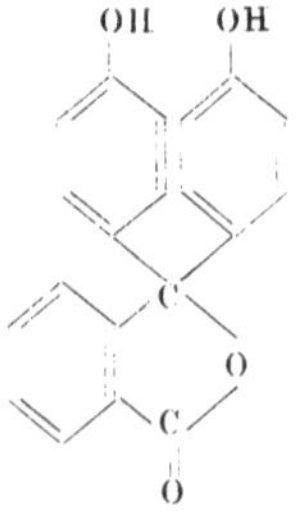

lactoide Form

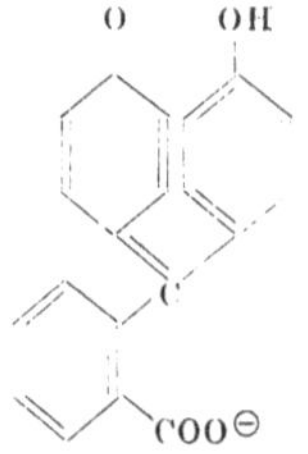

chinoide Form

Phenolphthalein

Dem Phenolphthalein steht das Isatinderivat Diphesatin* (Promassolax•, Isacen) chemisch nahe. Zur Darstellung des Promassolax• wird Isatin mit Phenol in Gegenwart von konz. Schwefelsäure kondensiert. Das entstehende Diphenolisatin wird mit Acetanhydrid acetyliert. Durch Acetylierung der beiden phenolischen Hydroxylgruppen erhält man das Diacetyl-diphenolisatin (Promassolax•) und durch vollständige Acetylierung das Triacetyl-diphenolisatin (Unilax).

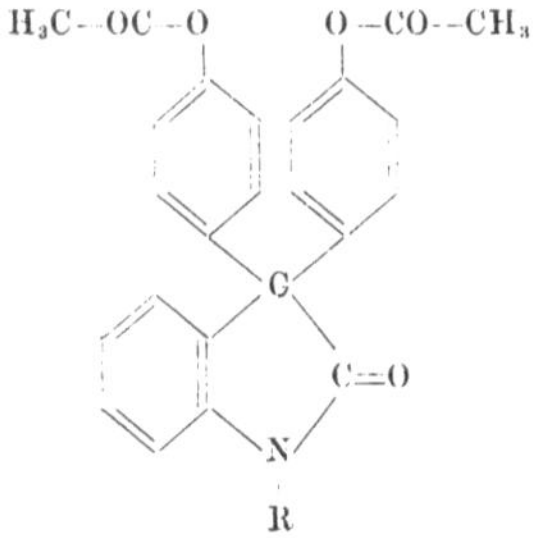

R=H: Diphesatin*
R=CO—CH$_3$: Unilax

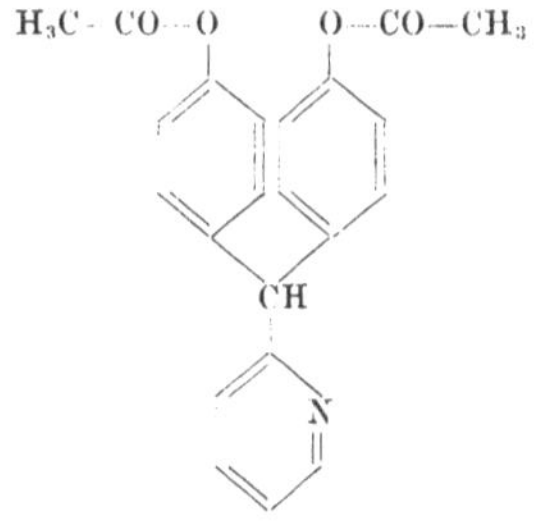

Bisacodyl*

Promassolax• wirkt etwa 15mal stärker abführend als Phenolphthalein und zeigt gleichzeitig weniger Nebenwirkungen. Eine strukturelle Verwandtschaft zu diesen Präparaten besitzt auch der Pyridinabkömmling Bisacodyl* (Pyrilax•, Dulcolax).

Zu den wichtigsten *pflanzlichen Laxantien* zählen seit alters her der eingedickte Saft der Aloe, die Faulbaumrinde (von *Rhamnus frangula L.*), die Rhabarberwurzel (von *Rheum palmatum L.*) und die Sennesblätter (von *Cassia angustifolia Voll.* bzw. *Cassia acutifolia Del.*). Die wirksamen Bestandteile dieser Drogen sind verschiedene Hydroxyanthrachinone, die meist als Glykoside in den Pflanzen vorkommen und unter dem Namen Emodine zusammengefaßt werden. Auch die Reduktionsprodukte der Anthrachinonderivate, die Anthranole, kommen natürlich vor. Anthranole sind sehr oxydationsempfindlich und können schon durch den Luftsauerstoff in Anthrachinonderivate übergeführt werden. Neben Glucose wurden in den Glykosiden auch Rhamnose und Arabinose gefunden. Meist kommen in einer Pflanze Gemische verschiedener Emodine vor.

In der Aloe findet sich das Aloin, ein C-Glykosid, das aus Aloeemodin und Arabinose aufgebaut ist. Aloeemodin ist das 3-(Hydroxymethyl)-1,8-dihydroxy-anthrachinon.

Die Faulbaumrinde enthält das Frangulaemodin sowie den Frangulaemodin-methyläther-(6). Genuine Frangula-Glykoside sind das Frangulaemodin-anthranol-rhamnoglucosid und das entsprechende Oxydationsprodukt, das Frangulaemodin-rhamnoglucosid. Nach neueren Untersuchungen ist auch das Vorkommen von Dianthronglykosiden (vgl. Sennoside A und B) wahrscheinlich. Frische Faulbaumrinde enthält außerdem eine brechenerregende Substanz, das sog. Rhamnustoxin. Die Struktur dieser wasserdampfflüchtigen Verbindung ist noch unbekannt. Die brechenerregende Wirkung verschwindet beim Erhitzen der Droge auf 100° oder beim längeren Lagern. Faulbaumrinde soll deshalb erst nach einjähriger Lagerung angewendet werden.

In der Rhabarberwurzel finden sich Rhein und Chrysophanol (Chrysophansäure) sowie Aloe- und Frangulaemodin. Die Menge der Anthrachinonbestandteile in der Rhabarberwurzel schwankt zwischen 3,5 und 4,5%. 0,05 bis 0,25% davon liegen in freier Form vor, die Hauptmenge ist glykosidisch gebunden.

Die Sennesblätter enthalten neben Rhein und Aloeemodin die Sennoside A und B, die 1942 von STOLL und Mitarbeitern erstmalig in reiner Form isoliert werden konnten. Die Sennoside enthalten zwei asymmetrische Kohlenstoffatome. Sennosid A ist die rechtsdrehende Form, Sennosid B die Mesoform. Die Aglykone heißen Sennidine.

Istizin ist ein synthetisches Anthrachinonderivat mit abführender Wirkung. Zur Darstellung des Istizins geht man vom Anthrachinon aus, setzt dieses mit rauchender

Schwefelsäure zu Anthrachinon-1,8-disulfonsäure um und unterwirft diese Verbindung der Alkalischmelze.

Die Formelübersicht zeigt die nahe Verwandtschaft aller erwähnten Verbindungen.

Für die abführende Wirkung sind neben den Anthranolen vor allem die Emodine verantwortlich. Die Glykoside sind praktisch wirkungslos. Die Emodine werden durch Spaltung der Glykoside im alkalischen Darmsaft gebildet.

Zur qualitativen Prüfung auf Hydroxyanthrachinonderivate ist die Bornträgersche Reaktion geeignet. Eine Lösung der Untersuchungsprobe in Wasser oder Chloroform färbt sich bei Anwesenheit von Hydroxyanthrachinonderivaten durch Ammoniakzugabe rot.

Formelübersicht

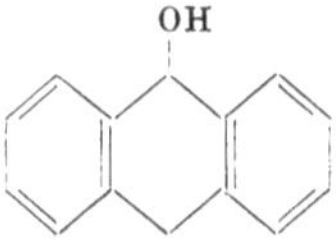

Anthranol

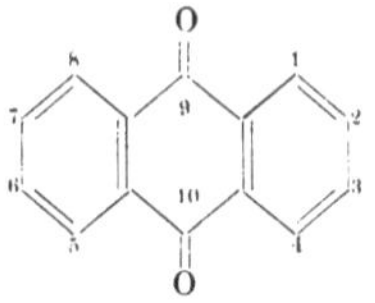

Anthrachinon

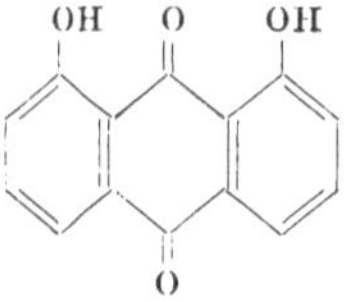

Istizin

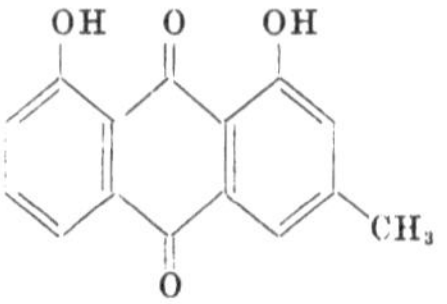

Chrysophanol

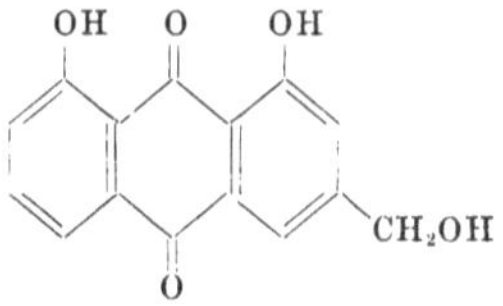

Aloeemodin

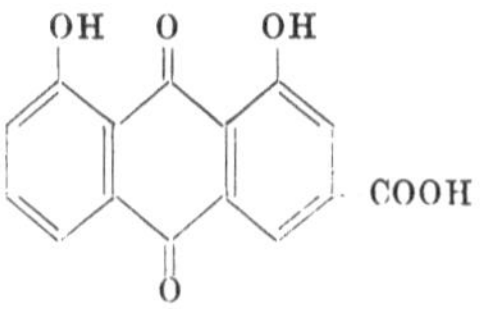

Rhein

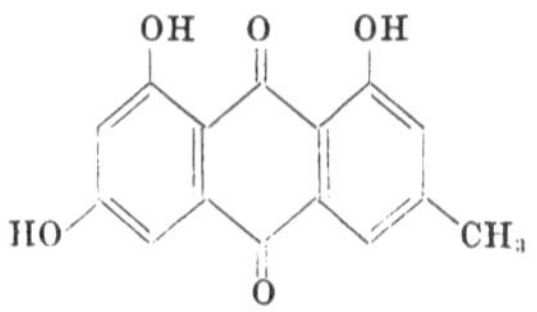

Frangulaemodin

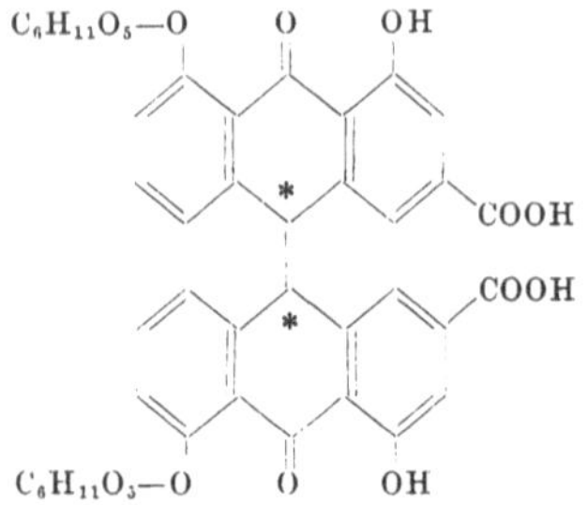

Sennosid A

Schließlich werden noch Ricinusöl und Paraffinöl als Abführmittel verwendet. Ricinusöl ist ein fettes Öl aus den Samen von *Ricinus communis L.* und enthält im wesentlichen das Triglycerid der Ricinolsäure. Die Ricinolsäure ist ein Hydroxyderivat der Ölsäure.

$$CH_3-(CH_2)_5-CHOH-CH_2-CH=CH-(CH_2)_7-COOH$$

Da die Ricinussamen noch eine wasserlösliche, giftige Eiweißfraktion, das Ricin, enthalten, soll nur das kalt abgepreßte Öl verwendet werden. Ricinusöl wird in relativ hohen Dosen (15—30 g) gegeben und durch fettspaltende Fermente (Lipasen) des Dünndarmes verseift. Die dabei entstehende Ricinolseife reizt die Darmschleimhaut und fördert die rasche Entleerung des Darmes.

Paraffinöl (Paraffinum liquidum) ist ein Gemisch aliphatischer Kohlenwasserstoffe und fällt bei der Erdölaufbereitung und neuerdings auch bei der Braunkohlenaufbereitung an. Die über 360° siedenden Fraktionen werden besonders gereinigt. Paraffinöl darf bei Zimmertemperatur keine festen Bestandteile ausscheiden und soll keine oder nur eine unbedeutende Fluoreszenz zeigen. Paraffinöl wirkt als mechanisches Abführmittel, indem es den Darminhalt durchtränkt und ihn gleitend macht.

Einige früher häufig verwendete Drogen mit z. T. sehr starker Abführwirkung (Drastica), deren Wirkung auf dem Gehalt nicht näher definierter Harzsäuren und Glykosidharze beruht, werden heute kaum noch gebraucht. Zu ihnen gehören der Koloquintenextrakt, ein Trockenextrakt aus *Citrullus colocynthis Schrad.* und das Jalapenharz aus den Knollen von *Exogonium purga Benth.* Als Drasticum wird gelegentlich auch noch das Crotonöl in der Veterinärmedizin verwendet.

15. Anthelminthica

Anthelminthica (Wurmmittel) dienen der Bekämpfung von Eingeweidewürmern. Fast alle wichtigen Wurmmittel waren schon im Altertum bekannt. Die moderne Arzneimittelforschung konnte bisher nur geringe Erfolge auf diesem Gebiet erzielen.

Das bekannteste Bandwurmmittel ist der Wurmfarn (*Dryopteris filix mas* (*L.*) *Schott.*). Durch Extraktion der Farnwurzeln mit Äther gewinnt man das offizinelle Extractum Filicis. Die Hauptwirkung kommt der Filixsäure und dem Aspidin zu, die als Phloroglucinderivate angesprochen werden können.

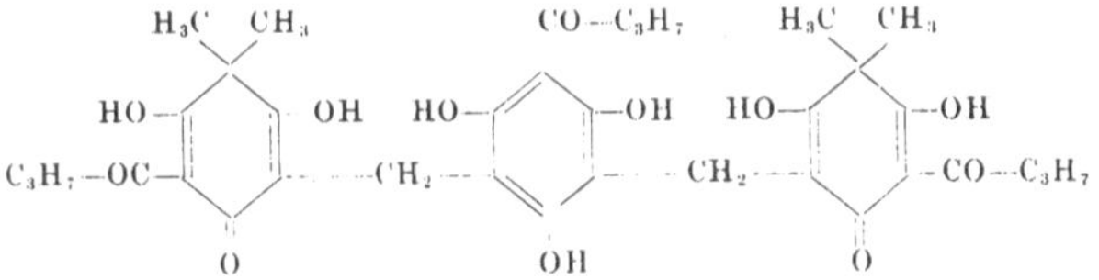

Filixsäure

Der Wirkstoffgehalt des Farnwurzelextraktes ist wenig konstant und kann nur durch biologische Methoden ermittelt werden. Zweckmäßiger verwendet man Filmaronöl, das konstante Mengen von Filixsäure und Aspidinol enthält.

Der wirksame Bestandteil des Wurmsamenöls (Oleum Chenopodii anthelminthici) ist das Ascaridol, ein 1,4-Peroxo-p-menthen-(2).

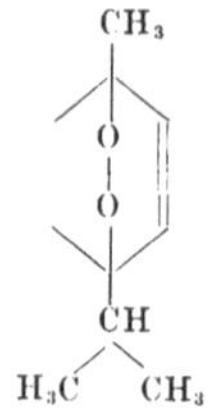

Ascaridol

Ascaridol ist auf Grund der Peroxidstruktur wenig stabil und kann nur unter besonderen Vorsichtsmaßnahmen aus dem Chenopodiumöl gewonnen werden. Seine Synthese ist aus α-Pinen über α-Terpinen möglich. Die Wirkung des Ascaridols scheint an die Peroxidstruktur geknüpft zu sein. Chenopodiumöl wirkt erheblich toxisch und kann nur mit größter Vorsicht angewendet werden.

Santonin ist der wirksame Bestandteil des „Zitwersamens" (*Artemisia cina Berg*). Santonin kann als ein sauerstoffhaltiges Sesquiterpenderivat aufgefaßt werden. Es enthält eine Ketogruppe und einen Lactonring im Molekül. Santonin bildet farblose Kristalle, die sich am Licht gelb

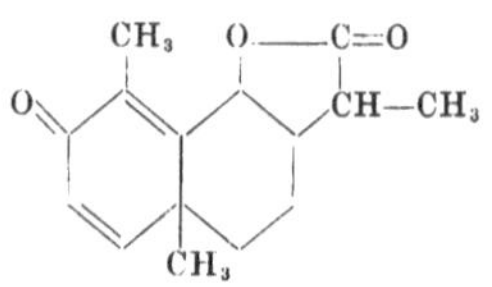

Santonin

färben. Bei der Einwirkung von Alkali geht Santonin unter Öffnung des Lactonringes in Santoninsäure über.

Zu den Wurmmitteln natürlicher Herkunft zählen auch die Fermentpräparate Papain und Ficin. Es handelt sich hier um eiweißspaltende Fermente, die die Parasiten durch Auflösung der Cuticula schädigen. Sie werden in Form magensaftresistenter Dragees angewendet.

Unter den synthetischen Wurmmitteln sind die Alkylphenole Thymol und Hexylresorcin von einiger Bedeutung. Da sie gleichzeitig gute Desinfektionsmittel sind, werden sie dort besprochen.

Ein Abkömmling des Thymols ist das Egressin. Egressin ist der N-Isoamyl-carbaminsäureester des Thymols und hat sich als Oxyurenmittel bewährt.

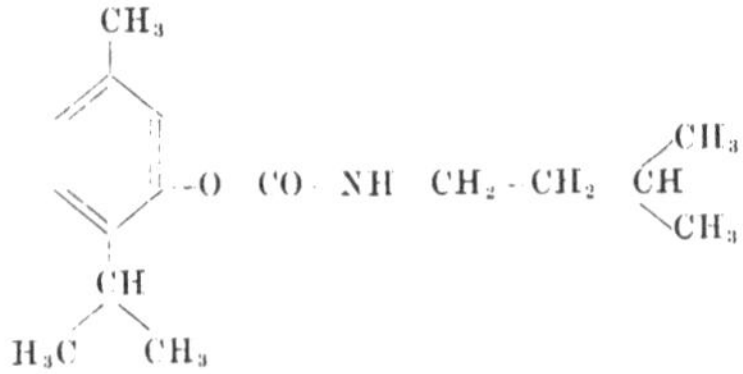

Egressin

Als Bandwurmmittel haben sich in neuerer Zeit Acridinfarbstoffe bewährt. Erwähnt seien das als Malariamittel bekannte Atebrin (s. dort) und das Acranil.

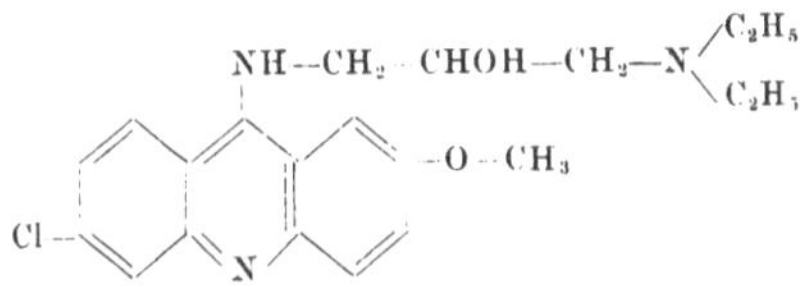

Acranil

Die Vergiftungsgefahr ist geringer als bei den natürlichen Anthelminthica. Eine große Bedeutung besitzt zur Zeit auch das Vermitin• (Yomesan) als Bandwurmmittel.

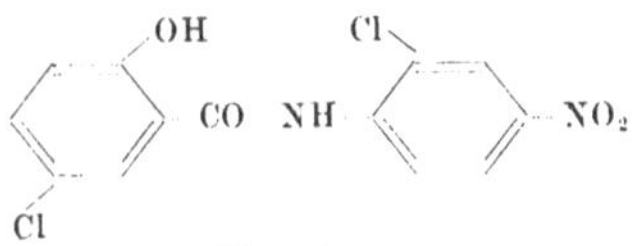

Vermitin•

Gentianaviolett ist schon lange als Desinfektionsmittel bekannt und wird deshalb auch dort besprochen. Seine Wirkung gegen Oxyuren wurde erst 1940 entdeckt.

Das einfache Piperazin hat sich als gutes Askariden- und Oxyurenmittel bewährt. Piperazin ist eine starke Base und kommt als Hydrat, Phosphat, Citrat oder Adipinat z. B. unter den Namen Piavermit• (Eraverm, Tasnon) in den Handel. Die Toxizität ist sehr gering.

Piperazin

Die neueste Entwicklung richtet sich darauf, sog. Breitband-Anthelminthica darzustellen. Als Beispiel sei das 1957 eingeführte Dithiazanin* genannt.

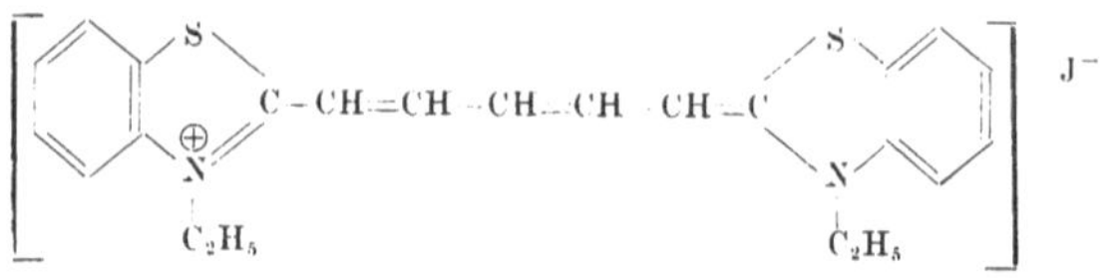

Dithiazanin*

Dithiazanin* ist ein blauer Farbstoff, der unter anderem gegen Spul-, Haken- und Peitschenwürmer empfohlen wird. Die Nebenwirkungen sollen gering sein.

Tetrachlorkohlenstoff und das weniger toxische Tetrachloräthylen sind sehr wirksame Oxyurenmittel, doch erfordert ihre relativ hohe Toxizität eine vorsichtige Anwendung.

Nach einer Wurmkur muß zur Beseitigung des Wurmmittels und der geschädigten Würmer ein rasch wirkendes Abführmittel, wie Magnesiumsulfat oder Ricinusöl, gegeben werden.

16. Desinfektionsmittel

Desinfektionsmittel wirken abtötend auf Mikroorganismen, die sich außerhalb des menschlichen Organismus oder in Körperhöhlen befinden, die mit der Umwelt in direkter Verbindung stehen. Desinfektionsmittel beseitigen auf diese Weise Infektionsmöglichkeiten. Die einzelnen Desinfektionsmittel sind nicht für alle Desinfektionszwecke gleich gut geeignet. Man unterscheidet z. B. zwischen Wunddesinfektion, Hautdesinfektion, Instrumentedesinfektion und Raumdesinfektion.

Als anorganische Desinfektionsmittel der Schwermetallreihe haben auch heute noch Quecksilberverbindungen eine gewisse Bedeutung. Eine der bekanntesten anorganischen Quecksilberverbindungen, die früher zu Desinfektionszwecken viel herangezogen wurde, ist das Quecksilber(II)-chlorid, das auch unter dem Namen Sublimat bekannt ist. Quecksilber(II)-chlorid ($HgCl_2$) kann in der Weise dargestellt werden, daß man zunächst aus Quecksilber mit heißer konz. Schwefelsäure das Quecksilber(II)-sulfat gewinnt, das man mit Natriumchlorid mischt und erhitzt. Dabei sublimiert das Quecksilber(II)-chlorid aus dem Gemisch heraus. Dieses leichte Sublimieren des Quecksilber(II)-chlorids ist darauf zurückzuführen, daß das linear gebaute Molekül zwei kovalente Bindungen besitzt. Aus diesem Grunde dissoziiert Quecksilber(II)-chlorid nur wenig. In wäßriger Lösung sind Hg^{++}-Ionen nur in geringer Menge vorhanden. Sublimat bildet eine Ansolvosäure. Die wäßrigen Sublimatlösungen reagieren stark sauer und wirken ätzend. Die saure Reaktion kommt durch Bildung eines Chlorohydroxo-Komplexes aus Quecksilber(II)-chlorid und Wasser zustande.

$$HgCl_2 + H_2O \rightleftarrows [HgCl_2OH]^- + H^+$$

Mit Natriumchlorid bildet Sublimat neutral reagierende Komplexe, z. B.

$$HgCl_2 + 2NaCl \rightleftarrows Na_2[HgCl_4].$$

Diese Komplexe sind in Lösung stabiler gegenüber Licht und Reduktionsmitteln als Quecksilber(II)-chlorid. In den Sublimatpastillen ist deshalb neben Quecksilber(II)-chlorid Natriumchlorid vorhanden. Sublimatpastillen erhalten durch Eosin eine rote Farbe.

Als Desinfektionsmittel wird von den anorganischen Quecksilberverbindungen bisweilen noch das Quecksilberoxycyanid verwendet. Quecksilberoxycyanid ist ein Gemisch von Quecksilbercyanid, $Hg(CN)_2$, (66%) und dem eigentlichen Oxycyanid, $Hg(CN)_2 \cdot HgO$, (34%). Neben diesem Gemisch von Quecksilbercyaniden enthalten die Quecksilberoxycyanidpastillen noch Natriumhydrogencarbonat und Natriumchlorid sowie einen blauen Farbstoff. Quecksilberoxycyanidlösungen können im Gegensatz zu Sublimatlösungen auch zur Desinfektion von Instrumenten verwendet werden.

Eine Reihe von Quecksilberverbindungen wird bevorzugt in Salben verarbeitet, so z. B. das Quecksilber(II)-amidochlorid (Unschmelzbares Präzipitat, $HgNH_2Cl$) und gelbes Quecksilber(II)-oxid (HgO). Das Präzipitat wird aus einer Quecksilber(II)-chloridlösung mit Ammoniak, das gelbe Quecksilber(II)-oxid mit Natronlauge ausgefällt.

Verschiedene organische Quecksilberverbindungen werden als Desinfektionsmittel eingesetzt. Diese Verbindungen enthalten das Quecksilber nicht ionogen, sondern kovalent, meist an einen aromatischen Ring gebunden. Das im DAB 6 aufgeführte Hydrargyrum salicylicum ist ein Gemisch der Verbindungen I und II.

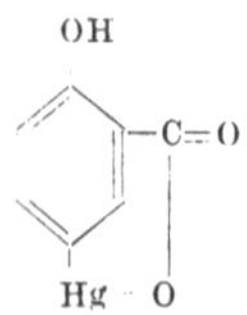

I

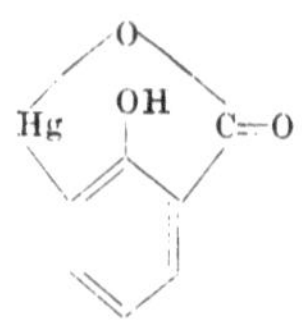

II

Von größerer Bedeutung sind heute allerdings andere organische Quecksilberverbindungen, vor allem Ester des Phenylquecksilberhydroxids. In Gebrauch sind das Acetat, das Nitrat und das Borat.

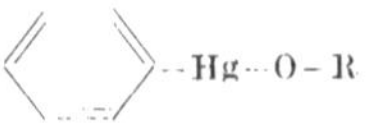

$R = -CO-CH_3$	Phenylquecksilberacetat
$R = -NO_2$	Phenylquecksilbernitrat
$R = -B(OH)_2$	Phenylquecksilberborat (Merfen, Famosept□)

Ein zu gleichen Zwecken verwendetes Derivat der Thiosalicylsäure ist das Thiomersal*, das als Natriumsalz in den Handel gebracht wird.

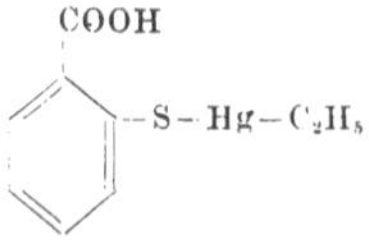

Thiomersal*

Silberionen können in außerordentlich geringer Konzentration desinfizierend wirken, was dadurch zustande kommt, daß die Silberionen an Bakterienmembranen adsorptiv gebunden werden. Da Silbernitrat eine zu starke Reizwirkung besitzt, hat man zunächst bevorzugt kolloidales Silber und dann komplexe Silbereiweißverbindungen, wie z. B. das Protargol und das Targesin•, zur Schleimhautdesinfektion verwendet. Das Targesin• ist eine kolloidal lösliche, komplexe Silberverbindung, die unter Verwendung von acetyliertem Tannin und Eiweiß hergestellt wird.

Gut desinfizierend wirken auch die Halogene. Das gasförmige Chlor wird z. B. zur Wasserdesinfektion benutzt. Auf der Wirkung des in Freiheit gesetzten elementaren Chlors beruht unter anderem die Anwendung der Hypochlorite, wie z. B. des Chlorkalks und der Chloramine.

Dem Chlorkalk kommt wahrscheinlich die Struktur eines gemischten Calciumsalzes der Salzsäure und der unterchlorigen Säure zu. Beim Lagern an feuchter Luft geht Chlorkalk unter Entwicklung von Sauerstoff und Chlor allmählich in ein Gemisch von Calciumchlorid und Calciumcarbonat über. Bei der jodometrischen Bestimmung des Chlorkalks wird mit Salzsäure versetzt und dadurch elmentares Chlor entwickelt, das auf Grund seines stärker elektrophilen Charakters eine entsprechende Menge zugesetzten Jodids zu Jod oxydiert. Nur das in Form des Hypochlorits im Chlorkalk gebundene Chlor bildet mit der Salzsäure elementares Chlor.

$$Ca\begin{matrix} \diagup O-Cl \\ \diagdown Cl \end{matrix} + 2\,HCl \longrightarrow CaCl_2 + H_2O + Cl_2$$

Chlorkalk

In gleicher Weise wie die Hypochlorite reagieren auch die Chloramine. Unter Chloramin (genauer Chloramin T) versteht man das Natriumsalz des p-Toluolsulfonchloramids. Um den Gehalt an „wirksamem Chlor“ festzustellen, wird das bei Zusatz von Salzsäure entstehende elementare Chlor auf jodometrischem Wege bestimmt. Ermittelt wird bei diesem Verfahren das an den Stickstoff gebundene Chlor, welches durch Säuren abgespalten wird und primär positiv einwertig geladenes Chlor liefert, das dann mit Salzsäure elementares Chlor ergibt.

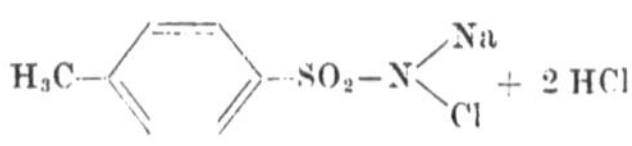

Chloramin

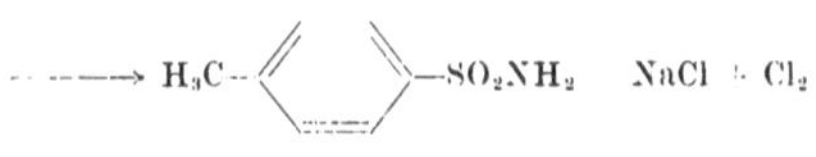

Eines der besten Haut- und Wunddesinfektionsmittel ist das Jod, das vielfach in Form der Jodtinktur oder der

LUGOLschen Lösung angewendet wird. Die Jodtinktur enthält 7% Jod und 3% Kaliumjodid in Weingeist gelöst. Bei der LUGOLschen Lösung ist Wasser das Lösungsmittel. In beiden Lösungen liegt das Jod nach Reaktion mit dem Jodid in Form des einfach negativ geladenen J_3^--Ions vor. Durch die Bildung des J_3^--Ions wird die Löslichkeit des Jods in Wasser erhöht. Gleichzeitig wird seine Reaktionsfähigkeit herabgesetzt.

Das Jod findet sich in Form des Natriumjodats im Chilesalpeter und kann daraus gewonnen werden. Da das Natriumjodat nur zu 0,1% im Chilesalpeter vorkommt, wird es zunächst angereichert. Durch Reduktion mit Natriumhydrogensulfit wird dann das Jodat zum elementaren Jod reduziert.

$$2\,NaJO_3 + 5\,NaHSO_3 \rightarrow J_2 + 3\,NaHSO_4 + 2\,Na_2SO_4 + H_2O$$

Im Meerwasser findet sich das Jod in geringer Konzentration in Form des Jodids. Angereichert tritt das Jod unter anderem auch organisch gebunden auf (im Seetang). Durch Auslaugen der Tangasche, die in Schottland Kelp und in der Normandie Varec genannt wird, kann man das Jodid gewinnen, das dann zum Jod oxydiert werden kann.

Die Alkalisalze der Jodwasserstoffsäure, insbesondere das Kaliumjodid (KJ), werden wegen der expektorierenden und der die Thyroxinbildung fördernden Wirkung therapeutisch verwendet.

Als desinfizierende Arzneimittel werden auch organische Jodverbindungen, wie z. B. das Jodoform (CHJ_3) und das Jothion ($JCH_2-CHOH-CH_2J$) angewendet.

Ein oxydierend wirkendes Desinfektionsmittel ist das Wasserstoffperoxid, das in Form seiner wäßrigen Lösungen oder in Form von Salben angewendet wird. Wasserstoffperoxidlösungen kommen in zwei verschiedenen Konzentrationen in den Handel, und zwar als 3proz. Wasserstoffperoxidlösung (Hydrogenium peroxydatum solutum) und als 30proz. konzentrierte Wasserstoffperoxidlösung (Hydrogenium peroxydatum solutum concentratum).

Da Wasserstoffperoxid sich leicht zersetzt, werden die Lösungen häufig durch Zusatz geringer Mengen von Phosphorsäure stabilisiert. Wasserstoffperoxid wird heute praktisch nur noch elektrolytisch dargestellt. Eine mit Schwefelsäure angesäuerte Ammonsulfatlösung wird bei hoher Stromstärke der Elektrolyse unterworfen. Dabei entsteht das Ammoniumsalz der Peroxodischwefelsäure. Dieses Ammoniumsalz kann entweder erst in das schwer lösliche Kaliumsalz der Peroxodischwefelsäure übergeführt oder direkt mit Schwefelsäure destilliert werden, wobei eine Wasserstoffperoxidlösung übergeht. Die einzelnen Schritte der Umsetzung sind in der folgenden Formelzusammenstellung wiedergegeben.

a) $2\ SO_4^{--} \rightarrow S_2O_8^{--} + 2\ e^-$

b) $(NH_4)_2S_2O_8 + 2\,KHSO_4 \rightarrow K_2S_2O_8 + (NH_4)_2SO_4 + H_2SO_4$

c) $K_2S_2O_8 + 2\,H_2SO_4 \rightarrow 2\,KHSO_4 + H_2S_2O_8$ (Peroxodischwefelsäure)

$H_2S_2O_8 + H_2O \rightarrow H_2SO_4 + H_2SO_5$ (CAROsche Säure)

$H_2SO_5 + H_2O \rightarrow H_2SO_4 + H_2O_2$

Kommt Wasserstoffperoxid mit Wunden in Berührung, so wird es durch das im Gewebe vorhandene Ferment Katalase zersetzt, wobei sich atomarer Sauerstoff bildet, der für die schwach desinfizierende Wirkung verantwortlich gemacht wird.

Nur noch selten wird als desinfizierendes Oxydationsmittel das Kaliumpermanganat ($KMnO_4$) in stark verdünnter wäßriger Lösung benutzt. Kaliumpermanganat reagiert sehr leicht mit organischem Material unter Abgabe von Sauerstoff und Bildung von Mangan(IV)-hydroxiden bzw. Mangan(IV)-oxid (Braunstein).

Für die Raumdesinfektion ist Formaldehyd $\left(H{-}C{\lesssim}^{O}_{H}\right)$ hervorragend geeignet. Formaldehyd ist ein Gas von stechendem Geruch und kommt in Form einer 35proz. wäßrigen Lösung (Formaldehyd solutus) in den Handel. Die

Wirkung des Formaldehyds dürfte auf der Reaktion mit den -NH_2-Gruppen des Eiweißes der Mikroorganismen beruhen.

Zur Desinfektion der Harnwege wird das Hexamethylentetramin (Methenamin*, Urotropin), ein Kondensationsprodukt von Formaldehyd und Ammoniak, angewendet. Aus dem Hexamethylentetramin wird im sauren Milieu allmählich Formaldehyd in Freiheit gesetzt. Eine desinfizierende Wirkung ist aus diesem Grunde nur im sauren Milieu zu erwarten.

In hoher Konzentration wirken die Alkohole ebenfalls bakterizid, beeinflussen allerdings nicht die Sporen. Der Äthylalkohol wird als Weingeist (Spiritus; 90,1 bis 91,3 Vol.-Prozente und 87,3 bis 85,8 Gew.-Prozente Alkohol) und als verdünnter Weingeist (Spiritus dilutus; 68 bis 69 Vol.-Prozente und 61 bis 60 Gew.-Prozente Alkohol) pharmazeutisch vielseitig verwendet. Höhere Homologe der einwertigen primären Alkohole wirken stärker bakterizid als Äthylalkohol. Von diesen Alkoholen wird als Desinfektionsmittel viel der n-Propylalkohol (Optal*) benutzt. n-Propanol wird über eine Oxosynthese hergestellt. Durch gleichzeitige Anlagerung von Kohlenmonoxid und Wasserstoff an Äthylen unter Druck bei ca. 100° entsteht zunächst Propanal, das anschließend zum n-Propanol reduziert wird.

$$CH_2{=}CH_2 + CO + H_2 \longrightarrow CH_3{-}CH_2{-}C\genfrac{}{}{0pt}{}{\diagup H}{\diagdown O} \xrightarrow{+H_2} CH_3{-}CH_2{-}CH_2OH$$

Auch mehrwertige Alkohole besitzen eine bakteriostatische bzw. bakterizide Wirkung. Für die Raumdesinfektion bewährt sich das Triäthylenglykol, das im Gemisch mit Milchsäure und Alkoholen zerstäubt wird.

Große Bedeutung als Desinfektionsmittel haben die Phenole erlangt. Lister empfahl bereits 1867 das Phenol zur antiseptischen Wundbehandlung. Für die rezepturmäßige Verarbeitung des Phenols stehen das verflüssigte Phenol (Phenolum liquefactum), eine Lösung von 1 Teil Wasser in 10 Teilen Phenol, und das Phenolwasser (Aqua phenolata), eine 2proz. Lösung von Phenol in Wasser, zur Verfügung. Wegen seiner geringen desinfizierenden, aber stark ätzenden Wirkung wird Phenol heute kaum noch angewendet und wurde durch Phenolabkömmlinge mit stärker desinfizierender und weniger ätzender Wirkung ersetzt. Besonders alkylierte, aber auch halogenierte ein- und mehrwertige Phenole werden wegen ihrer guten baktericiden Wirkung therapeutisch angewendet. Schon das rohe Kresol (Cresolum crudum), das vor allen Dingen in der Kresolseifenlösung (Liquor Cresoli saponatus) Verwendung findet, ist 2,5mal so stark baktericid wirksam wie das Phenol; es hat den Phenolkoeffizienten 2,5. Das rohe Kresol und die Kresolseifenlösung enthalten alle drei Isomeren des Kresols, wobei vom Arzneibuch (DAB 6) ein Gehalt von mindestens 50% des m-Isomeren im Cresolum crudum gefordert wird. Wesentlich stärker baktericid wirken andere alkylierte Phenole, wie z. B. Thymol (Phenolkoeffizient 30), Carvacrol und Hexylresorcin (Phenolkoeffizient 50). Auch durch Halogenie-

Phenol

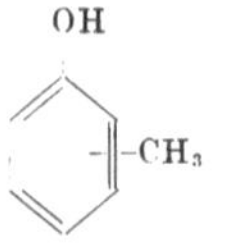
Kresole

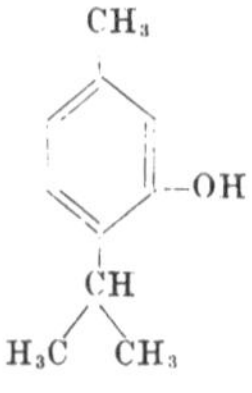
Thymol

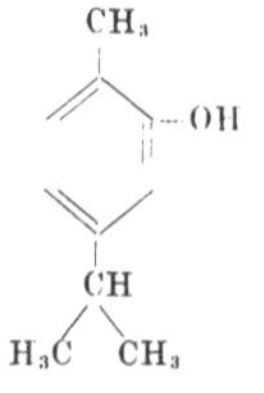
Carvacrol

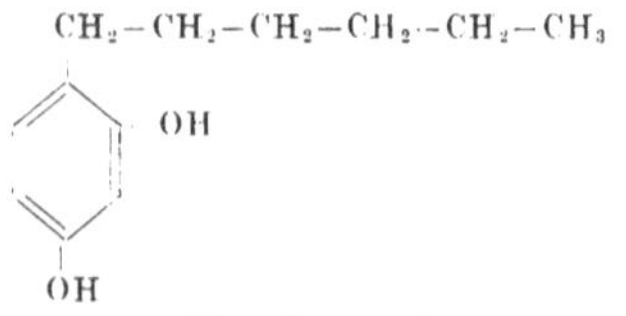
Hexylresorcin

rung, insbesondere durch Chlorierung der Phenole, gelangt man zu stark baktericid wirkenden Verbindungen.

Mit steigender Anzahl ringständiger Chloratome erhöht sich der Phenolkoeffizient der Verbindungen. Einfach oder mehrfach chlorierte Phenole, Kresole und Xylenole werden häufig als Desinfektionsmittel angewendet. In den Handelsprodukten liegen meist keine einheitlichen Verbindungen vor; Isomere, Homologe und verschieden stark chlorierte Verbindungen sind meist nicht aufgetrennt. Auch als Antimykotica werden mehrfach halogenierte Phenole, Phenolcarbonsäuren, Phenolcarbonsäureamide und Phenolcarbonsäureanilide verwendet.

Phenolische Hydroxylgruppen sind auch in einigen desinfizierend wirkenden Chinolinderivaten enthalten. Das 8-Hydroxychinolin (z. B. im Sulfachin• und im Chinosol) wird zur Desinfektion der Mundhöhle und Chiniofon* (Yatren) als antiseptisch wirkender Wundstreupuder verwendet.

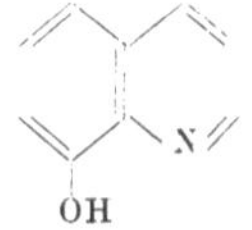

8-Hydroxychinolin

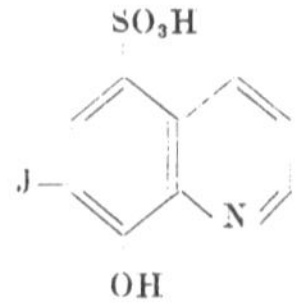

Chiniofon*

Die als Desinfektionsmittel sehr gut wirksamen quartären Ammoniumverbindungen besitzen gleichzeitig eine starke Oberflächenaktivität. Bei diesen als Invertseifen bezeichneten Verbindungen ist im Gegensatz zu den eigentlichen Seifen nicht das Anion, sondern das Kation Träger der Oberflächenaktivität und der baktericiden Wirkung. Eine der bekanntesten Invertseifen ist das Zephirol. Im Zephirol sind an ein quartäres N-Atom zwei Methylgruppen, ein Benzylrest und ein weiterer Alkylrest (R) gebunden. R kann die Summenformel C_8H_{17}- bis $C_{18}H_{37}$- haben und stellt in jedem Falle eine unverzweigte Kette dar. Die einzelnen Homologen sind im Zephirol nicht getrennt. Dem Zephirol ähnliche Produkte liegen im C 4• und im Hydramon• vor. Die positive Ladung des quartären Stickstoffatoms wird durch die negative Ladung eines Anions, meist eines Halogenids, kompensiert.

Das Molekül des Zephirols kann weitgehend verändert werden, ohne daß Oberflächenaktivität und desinfizierende Wirkung verschwinden. Im Cetrimoniumbromid* (Cetavlon) ist der Benzylrest gegen eine Methylgruppe ausgetauscht, und im Cetylpyridiniumchlorid* (Cepacol) ist das N-Atom in einen Pyridinring eingebaut. Für die bakterizide Wirkung sind demnach nur ein quartäres N-Atom und ein Alkylrest mit ca. 16 C-Atomen notwendig.

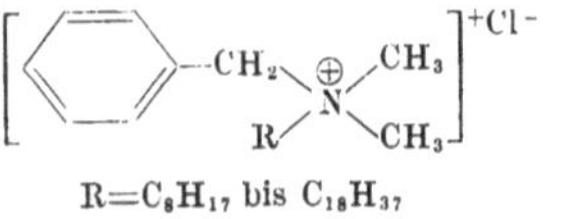

$R = C_8H_{17}$ bis $C_{18}H_{37}$

Zephirol

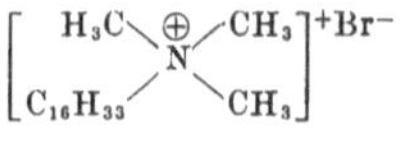

Cetrimoniumbromid*

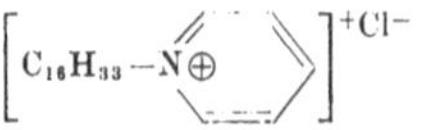

Cetylpyridiniumchlorid*

Auch eine große Anzahl von Farbstoffen besitzt eine gute bakteriostatische bzw. bakterizide Wirkung. Acriflavin* (Flaviform•, Trypaflavin, Panflavin) und Aethacridin* (Flavitrol•, Rivanol) sind Acridinabkömmlinge.

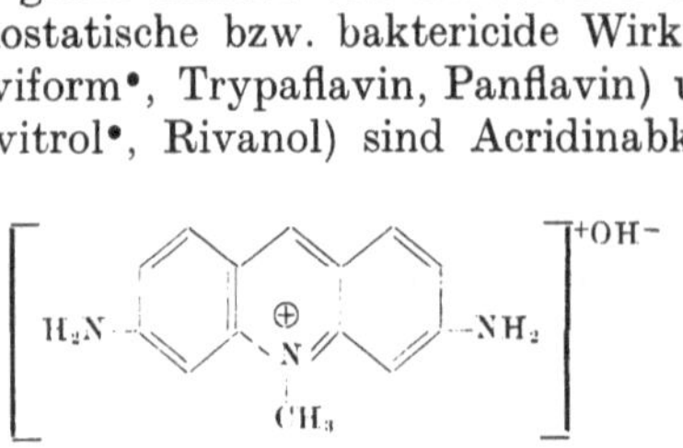

Acriflavin*

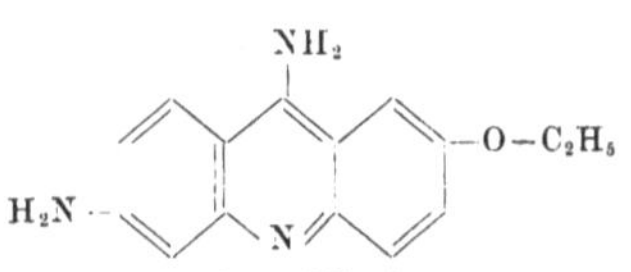

Aethacridin*

Im Acriflavin* liegt eine quartäre Stickstoffbase vor, die meist mit der nicht quaternisierten Verbindung verunreinigt ist. Die Substanz wird meist als Chloridhydrochlorid in den Handel gebracht. Das Aethacridin* wird als Lactat angewendet. Die Acridinderivate eignen sich ausgezeichnet zur Desinfektion der Mundhöhle (Acriflavin*) und zur Wunddesinfektion (Aethacridin*).

Einige Azofarbstoffe, wie das Diamazo* (S. 158) und das Phenazopyridin* (Pyridium) werden ebenfalls wegen ihrer antiseptischen Wirkung eingesetzt. Von den Azofarbstoffen ausgehend erfolgte mit dem Prontosil der Übergang zu den Chemotherapeutica der Sulfonamidreihe.

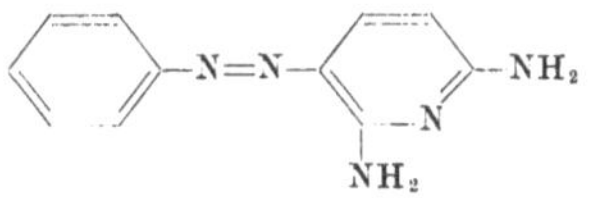

Phenazopyridin*

Auch die Triphenylmethanfarbstoffe besitzen als Hautdesinfektionsmittel eine gewisse Bedeutung. Nachteilig macht sich allerdings die relativ große Toxizität dieser Verbindungen bemerkbar. Das bekannteste Präparat ist das Gentianaviolett (Pyoktanin), ein Gemisch von Penta- und Hexamethylpararosanilinchlorid. Kristallviolett ist das reine Hexamethylderivat. Durch Reduktion werden aus den Farbstoffen die Leukobasen erhalten, die nicht mehr das den Farbstoffen eigene benzoid-chinoide System aufweisen. Gentianaviolett ist auch zur Behandlung von Madenwurminfektionen angewendet worden (s. S. 140).

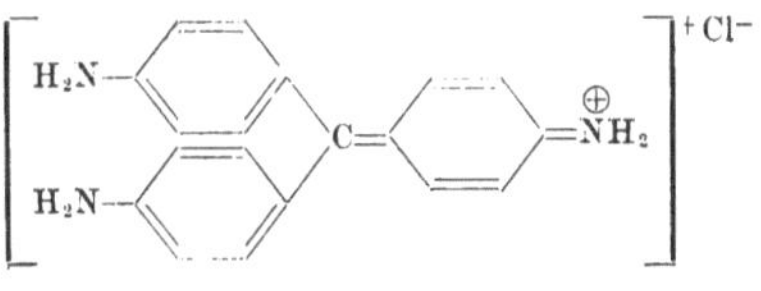

Pararosanilin

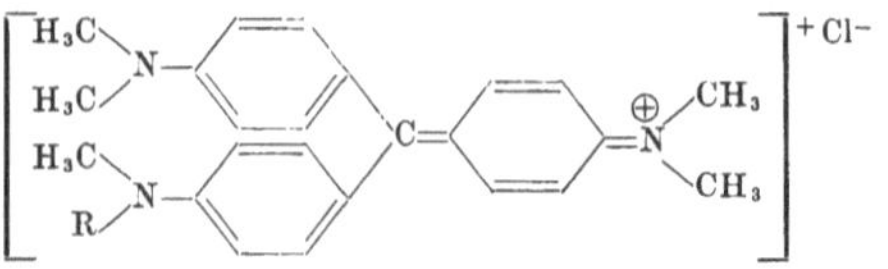

R = CH_3 : Kristallviolett
R = CH_3 u. H: Gentianaviolett

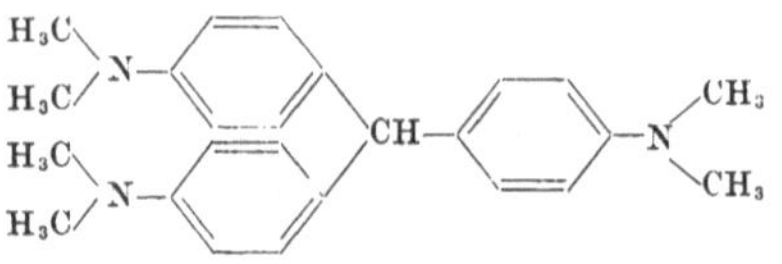

Leukokristallviolett

Als Desinfektionsmittel, aber auch als Chemotherapeutica, kann eine Reihe von Semicarbazonen und Thiosemicarbazonen eingesetzt werden. Während das Nitrofural* (Nifucin•) hauptsächlich äußerlich zur Wunddesinfektion eingesetzt wird, wendet man das Nitrofurantoin* (Nifurantin•) als Harndesinficiens an.

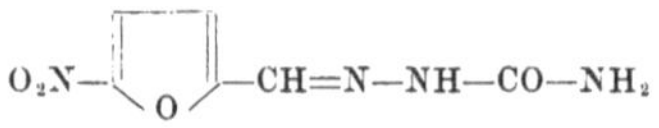

Nitrofural*

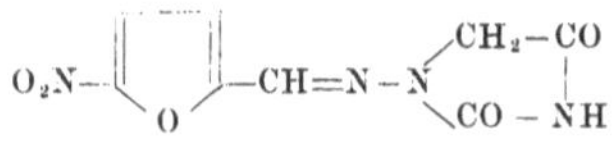

Nitrofurantoin*

Das Ambazon* (Iversal), ein Benzochinon-guanylhydrazonthiosemicarbazon, wird zur Prophylaxe und Therapie von Infektionen des Mund- und Rachenraumes benutzt und findet sich z. B. in den Promassol-Dragees•.

Ambazon*

17. Chemotherapeutica

Die Chemotherapie ist eine kausale Therapie der Infektionskrankheiten. Chemotherapeutica sind Substanzen, die die im Organismus befindlichen Mikroorganismen schädigen oder abtöten. Die ersten zielbewußten chemotherapeutischen Forschungen wurden von P. Ehrlich durchgeführt. Ehrlich prüfte eine große Anzahl systematisch dargestellter, organischer Arsenverbindungen auf ihre Wirkung bei Trypanosomen- und Spirochäteninfektionen. Diese Bemühungen waren durch die Entdeckung des Salvarsans von Erfolg gekrönt. Eine wesentliche Voraussetzung für eine erfolgreiche chemotherapeutische Forschung war die Einführung der in-vivo-Versuche an geeigneten Versuchstieren. Manche chemotherapeutisch wirksame Verbindung ist bei dem in-vitro-Versuch, d. h. bei der direkten Einwirkung auf die Mikroorganismen außerhalb des Organismus nur wenig, im Organismus dagegen stark wirksam, weil die wirksame Substanz erst im Organismus gebildet wird. Andererseits können viele Substanzen, die bei in-vitro-Versuchen gut wirksam sind, wegen ihrer großen Toxizität oder wegen ihrer Reaktion mit dem Serumeiweiß nicht angewendet werden.

17.1. Organische Arsen- und Antimonverbindungen

Nachdem 1902 von Laveran und Mesnil festgestellt worden war, daß die im Blut befindlichen Trypanosomen durch subkutane Injektion sehr geringer Mengen arseniger Säure (0,1 mg) abgetötet werden können, begann man sich intensiv mit der Darstellung organischer Arsenverbindungen zu beschäftigen. Man hoffte auf diese Weise, die den anorganischen Arsenverbindungen eigene, beträchtliche Toxizität herabsetzen zu können. Bald wurde auch festgestellt, daß derartige organische Arsenverbindungen nicht nur gegen Trypanosomeninfektionen (z. B. gegen die Schlafkrankheit), sondern auch gegen Spirochäteninfektionen (z. B. gegen Syphilis) wirksam sind. Eine Verbindung, die man zunächst für ein Arsensäureanilid hielt, zeigte eine wesentlich geringere Toxizität als die Arsensäure und wurde aus diesem Grunde Atoxyl genannt. EHRLICH und BLUMENTHAL konnten die richtige Struktur des Atoxyls erkennen und diese Verbindung als p-Aminophenylarsonsäure (Arsanilsäure) beschreiben. Die Arsanilsäure wurde in Form ihres Natriumsalzes angewendet und zeigte noch beträchtliche Nebenwirkungen. Diese Nebenwirkungen konnten durch Acetylierung der aromatischen Aminogruppe und damit durch den Übergang zum Arsacetin weiter herabgesetzt werden.

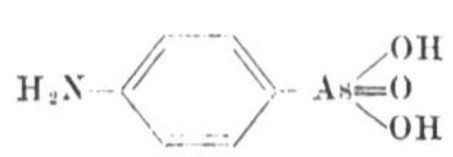

Arsanilsäure (Atoxyl)

p-Acetylaminophenylarsonsäure (Arsacetin)

Ein wesentlicher Fortschritt konnte durch die Entdeckung der ausgezeichneten Wirkung des 4,4'-Dihydroxy-3,3'-diaminoarsenobenzols bei Spirochäteninfektionen durch EHRLICH und HATA erzielt werden. Die als Dihydrochlorid in den Handel gebrachte Verbindung wurde Salvarsan genannt und hat wesentlichen Anteil an dem Rückgang der Syphilis.

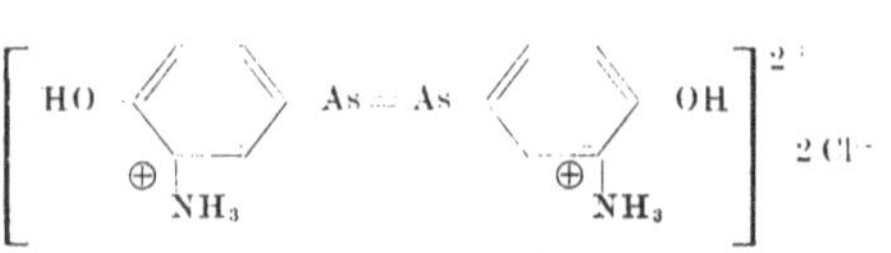

Arsphenamin* (Salvarsan)

Zur Synthese des Salvarsans geht man von der Arsanilsäure aus. Die Arsanilsäure kann durch Verbacken, d. h. durch trockenes Erhitzen von Anilin mit Arsensäure

— allerdings in schlechter Ausbeute — erhalten werden. Zweckmäßiger stellt man die Arsanilsäure dar, indem man p-Nitroanilin diazotiert, das entstandene Diazoniumsalz mit Natriumarsenit im Sinne einer BARTschen Reaktion zu p-Nitrophenylarsonsäure umsetzt und diese Verbindung reduziert. Die Arsanilsäure wird benzoyliert und dann durch Nitrierung in 3-Nitro-4-benzoylamino-phenylarsonsäure übergeführt. Durch Behandeln dieser Verbindung mit ca. 30proz. Lauge bei 80° wird zunächst der Benzoylrest abgespalten und dann die Aminogruppe durch eine Hydroxylgruppe ersetzt. Die gebildete 3-Nitro-4-hydroxy-phenylarsonsäure kann durch Reduktion direkt in das 4,4′-Dihydroxy-3,3′-diamino-arsenobenzol übergeführt werden. Die Reduktion mit unterphosphoriger Säure (H_3PO_2) in Gegenwart von Kaliumjodid oder Jodwasserstoff soll zu einem besonders reinen Produkt führen.

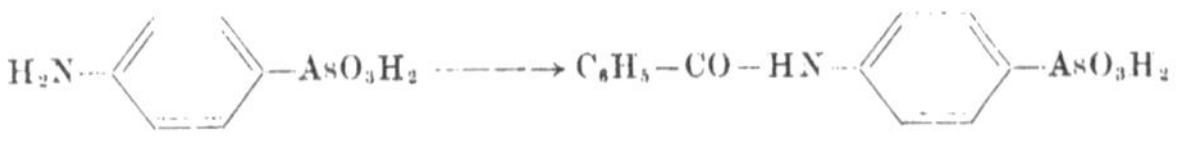

Arsanilsäure   4-Benzoylamino-phenylarsonsäure

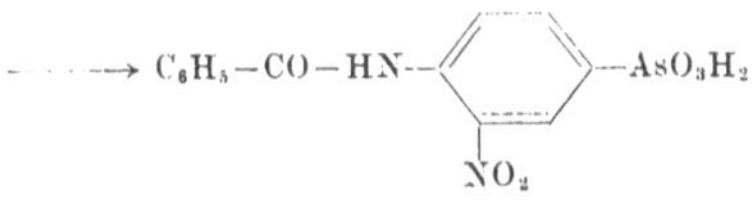

4-Benzoylamino-3-nitro-phenylarsonsäure

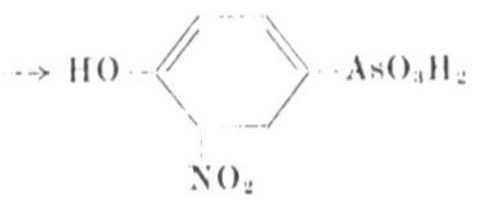

4-Hydroxy-3-nitrophenylarsonsäure

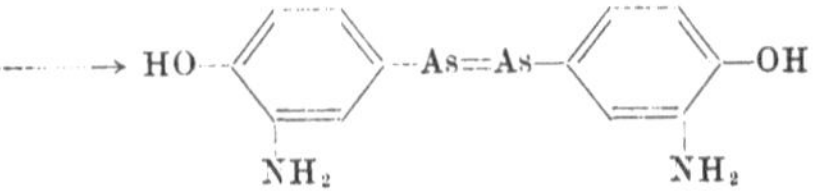

4,4′-Dihydroxy-3,3′-diamino-arsenobenzol

Da das Salvarsan nur amorph erhalten werden kann, muß man seine Herstellung und seine Reinigung mit besonderer Sorgfalt durchführen. Das Salvarsan durch Bestimmung einfacher physikalisch-chemischer Konstanten zu charakterisieren, ist nicht möglich. Um gleiche Stabilität, gleiche Teilchengröße, gleiche Löslichkeit und gleiche Verträglichkeit der verschiedenen Salvarsanpräparate garantieren zu können, müssen in besonderen staatlichen Institutionen auch biologische Versuche mit den verschiedenen Chargen durchgeführt werden. Die Salvarsane sind kolloidale Substanzen, die in wäßriger Lösung verschieden stark assoziiert vorliegen.

Das 4,4'-Dihydroxy-3,3'-diamino-arsenobenzol ist eine amphotere Substanz. Das als Salvarsan bekannte Dihydrochlorid ist in fester Form bei kühler Lagerung stabil und war in Trockenampullen im Handel. Die wäßrige Lösung des Dihydrochlorids besitzt einen pH-Wert von 2,4 und ist aus diesem Grunde zur Injektion nicht geeignet. Die Natriumsalze des 4,4'-Dihydroxy-3,3'-diamino-arsenobenzols sind auch in fester Form instabil. Bei der Lagerung kann sich das toxischere 4-Hydroxy-3-aminophenyl-1-arsen(III)-oxid bilden. Die aus dem Dihydrochlorid des 4,4'-Dihydroxy-3,3'-diamino-arsenobenzol mit drei Äquivalenten Natriumhydroxid und Wasser bereitete Lösung des Natriumsalzes besitzt einen pH-Wert von 10,6 und kann injiziert werden. Diese Lösung muß vor dem Gebrauch jeweils frisch bereitet werden.

Heute wird praktisch nur noch das Neoarsphenamin* (Neo-Salvarsan) angewendet. Dieses Neoarsphenamin* ist das Natriumsalz der 4,4'-Dihydroxy-3,3'-diamino-arsenobenzol-N-methansulfinsäure und kann durch Kondensation von 1 Mol Salvarsan mit 1 Mol Formaldehydsulfoxilat dargestellt werden.

Neoarsphenamin* ist ein gelbes, wasserlösliches Pulver, das mit Natriumchlorid auf einen vorgeschriebenen Arsengehalt eingestellt wird. Die Aufbewahrung des trockenen Pulvers muß in evakuierten Ampullen erfolgen. Die Lagerungstemperatur soll 25° nicht übersteigen. Die vor der Injektion frisch zu bereitende gelbe Lösung des Neoarsphenamins* reagiert neutral bzw. schwach alkalisch.

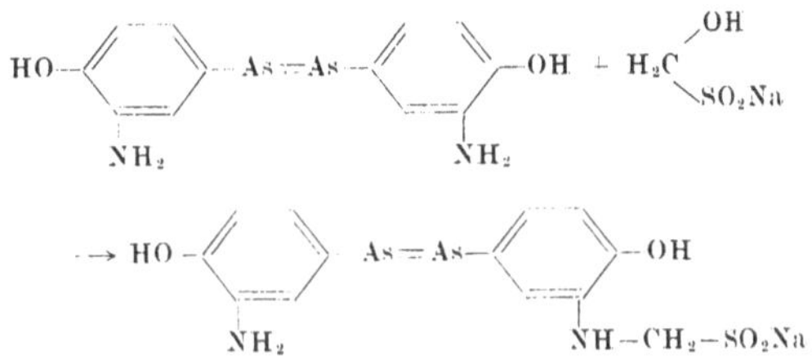

Neoarsphenamin*

Die Salvarsanpräparate haben bei der Bekämpfung der Syphilis und anderer Spirochäteninfektionen große Dienste geleistet. Seit 1943 werden auch Penicillin und andere Antibiotica zur Behandlung der Syphilis meist in Kombination mit den Arsenpräparaten verwendet. Arsenpräparate des Salvarsan-Typs, die auch gegen Trypanosomen wirksam sind, wie z. B. das Spirotrypan, werden auch heute noch häufiger angewendet.

Die aus den Salvarsanen im Organismus allmählich sich bildenden Arsenoxide, die blockierend auf SH-Gruppen enthaltende Enzyme der Mikroorganismen einwirken, dürften die eigentlichen Wirkstoffe sein. Ist es durch Zufuhr größerer Mengen von Arsenverbindungen oder anderen Schwermetallverbindungen zur teilweisen Blockierung der Enzyme des menschlichen Organismus und damit zu einer Vergiftung gekommen, kann man durch Injektion von Mercaptoverbindungen, wie z. B. des Dithioglycerins, die ebenfalls die Schwermetalle binden, Intoxikationen beheben.

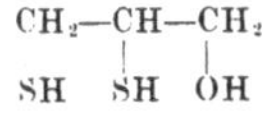

Dithioglycerin

Nachdem mit organischen Arsenverbindungen gute Erfolge bei der Behandlung verschiedener Infektionskrankheiten erzielt worden waren, hat man auch viele organische Antimonverbindungen dargestellt und erprobt. Von den erfolgreich eingesetzten Antimonverbindungen soll hier nur das Pentanatriumsalz der komplexen Antimon-(III)-bis-(brenzcatechin-3,5-disulfonsäure) (Stibophen*, Fuadin) erwähnt werden. Fuadin wird zur Bekämpfung von Blutparasiten (z. B. bei Bilharziosis und Haut-Leishmaniose) eingesetzt.

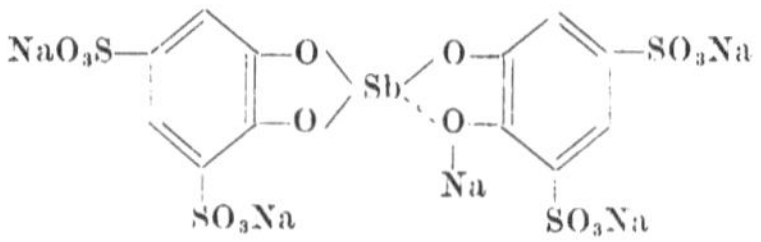

Stibophen*

17.2. Sulfonamide

Nachdem die Chemotherapie der protozoischen Infektionen in den zwanziger Jahren erfolgreich entwickelt worden war, wurde es Mitte der dreißiger Jahre mit der Einführung der Sulfonamide auch möglich, bakterielle Infektionen chemotherapeutisch zu beeinflussen. Ausgangspunkt der Entwicklung, die zu den Sulfonamiden führte, waren Azofarbstoffe, die sich in vitro durch eine gute baktericide Wirkung auszeichneten, in vivo aber unwirksam waren. Von diesen Azofarbstoffen ist heute noch das N-Diacetyl-p-amino-azo-o-toluol (Diamazo•, Pellidol) in Gebrauch und wird z. B. nach Verarbeitung in Salben angewendet.

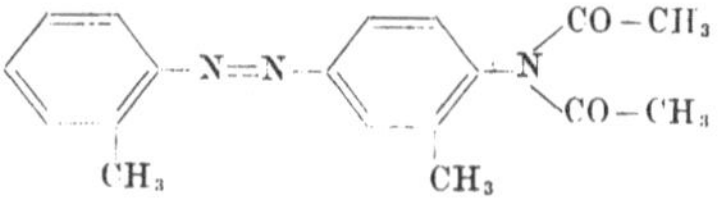

Diamazo•

Von MIETZSCH und KLARER wurden zahlreiche Azofarbstoffe hergestellt, die DOMAGK auf ihre bakteriostatische Wirkung prüfte. Zunächst wurde auch in der Reihe der Azofarbstoffe das bei der Entwicklung der Malariamittel so erfolgreiche Prinzip der basischen Alkylierung angewendet. Die dargestellten Verbindungen, die z. B. einen Diäthylaminopentylrest enthielten, wirkten in vivo nicht bakteriostatisch. Im Sinne der EHRLICHschen Anschauung, daß der Farbstoff mit den Bakterien eine feste Verbindung eingehen müsse, wenn er wirksam sein soll, führte man die $-SO_2NH_2$-Gruppe in die Azofarbstoffe ein. Von früheren Arbeiten war bekannt, daß die $-SO_2NH_2$-Gruppe die färberischen Eigenschaften der Azofarbstoffe günstig beeinflußt. Eine ausgezeichnete bakteriostatische Wirkung in vivo stellte erstmals DOMAGK bei einem Azofarbstoff der komplizierten Struktur I fest. Die Versuche wurden an mit Streptokokken infizierten Mäusen durchgeführt. Unter Beibehaltung der Sulfonamidgruppe wurde die komplizierte Struktur dieser Verbindung vereinfacht und 1935 schließlich als erstes Sulfonamid das 4-Aminosulfonyl-2',4'-diamino-azobenzol unter dem Namen Prontosil (rubrum) nach gründlicher klinischer Erprobung in den Handel gebracht.

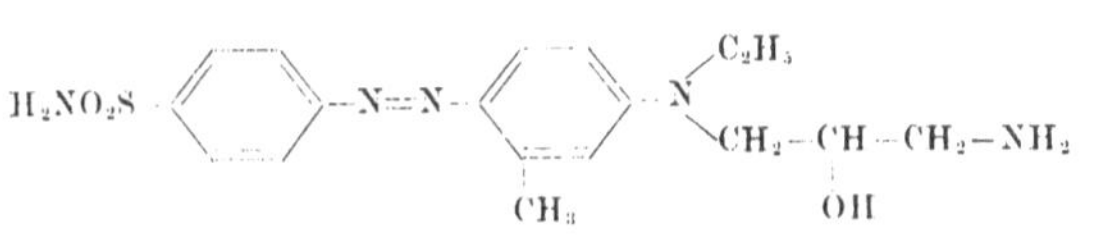

I

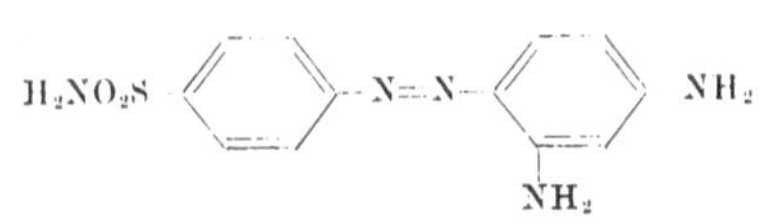

Prontosil (Sulfachrysoidin*)

Prontosil erhielt man durch Kuppeln des diazotierten p-Aminobenzolsulfonamids mit m-Phenylendiamin. Einen wesentlichen Fortschritt bedeutete die von TRÉFOUEL, NITTI und BOVET gewonnene Erkenntnis, daß für eine chemotherapeutische Wirkung auf Bakterien nicht die

Azobenzol-Struktur vorliegen muß. Schon das einfache p-Aminobenzolsulfonamid (Sulfanilamid*, Prontalbin) zeigt eine gute bakteriostatische Wirkung.

Zur Synthese des erstmals bereits 1908 von GELMO hergestellten Sulfanilamids* geht man z. B. vom Acetanilid aus und stellt durch Umsetzen mit Chlorsulfonsäure zunächst das p-Acetaminobenzolsulfonsäurechlorid dar. Anschließend wird durch Einwirken von Ammoniak die Sulfonamidgruppe gebildet und dann durch Verseifung der Acetylverbindung das Sulfanilamid* erhalten.

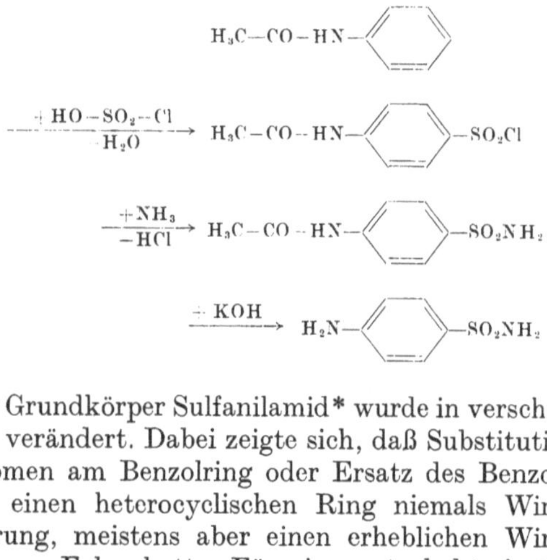

Der Grundkörper Sulfanilamid* wurde in verschiedener Weise verändert. Dabei zeigte sich, daß Substitution von H-Atomen am Benzolring oder Ersatz des Benzolringes durch einen heterocyclischen Ring niemals Wirkungssteigerung, meistens aber einen erheblichen Wirkungsabfall zur Folge hatte. Für eine gute bakteriostatische Wirkung erwies sich auch die p-ständige freie aromatische Aminogruppe als notwendig. Acylierung der aromatischen Aminogruppe ergab Verbindungen mit geringerer Wirksamkeit.

Durch Substitution eines H-Atomes der Sulfonamidgruppe wurden dagegen viele therapeutisch wertvolle Sulfonamide erhalten. Besonders einige heterocyclisch substituierte Sulfonamide zeigten bei guter Verträglichkeit eine ausgezeichnete Wirkung. Die wichtigsten der heute noch gebräuchlichen Sulfonamide sind in der folgenden Tabelle zusammengefaßt.

Zusammenstellung wichtiger Sulfonamide

Formel	Name
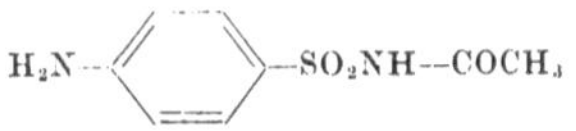	Sulfacetamid* (Sulfanilacetamid, Albucid•)
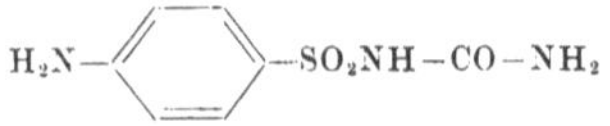	Sulfacarbamid* (Euvernil•)
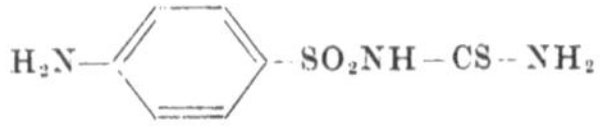	Sulfathiourea* (Sulfanilthiocarbamid, Badional)
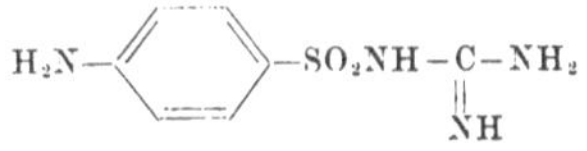	Sulfaguanidin*• (Sulfanilguanidin, Resulfon)
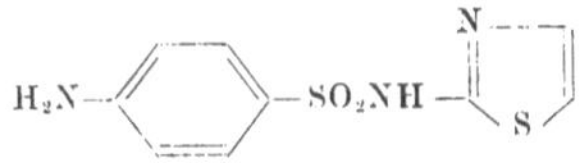	Sulfathiazol*•(Eleudron, Cibazol)
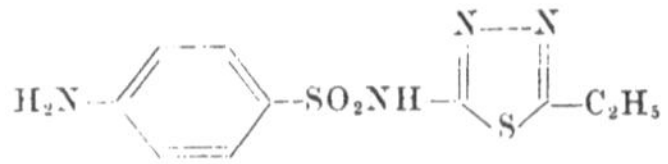	Sulfaethidol* (Sulfaäthylthiodiazol, Globucid•)
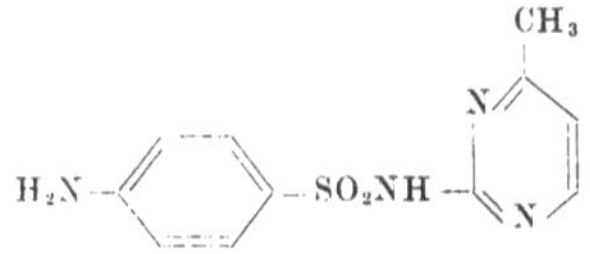	Sulfamerazin* (Debenal M)
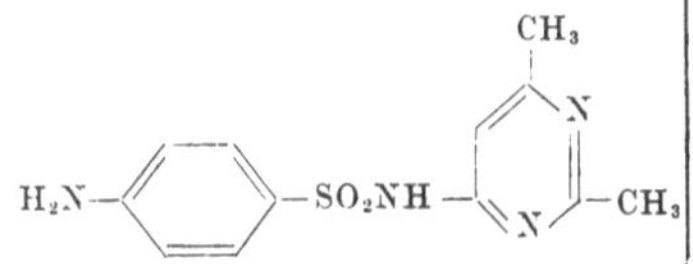	Sulfisomidin* (Sulfadimethylpyrimidin, Sulfamethin•, Elkosin)
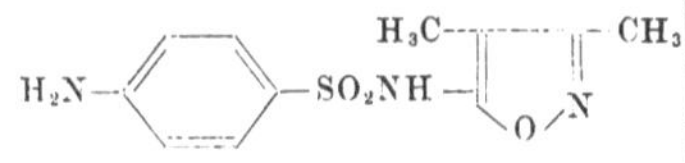	Sulfafurazol* (Gantrisin)

Die einzelnen Sulfonamide können sich in ihrem Wirkungsspektrum etwas unterscheiden. Häufig werden auch

Gemische von Sulfonamiden angewendet, wie es z. B. bei dem aus Sulfamerazin* und Sulfaethidol* bestehenden Supracid• der Fall ist.

Die Sulfonamide können nur bakteriostatisch wirksam sein, wenn sie im Blut und in den Geweben in ausreichender Konzentration vorliegen. Da die aufgeführten Verbindungen relativ schnell ausgeschieden werden, ist häufiges Einnehmen größerer Mengen der entsprechenden Substanz notwendig. In den letzten Jahren wurden Sulfonamide entwickelt, die schwerer ausgeschieden bzw. abgebaut werden und die aus diesem Grunde in geringerer Menge eingenommen werden können. Die wichtigsten Sulfonamide mit langer Wirkungsdauer, die auch — nicht ganz treffend — als Depotsulfonamide bezeichnet werden, sind im folgenden wiedergegeben.

Langwirkende Sulfonamide

Formel	Name
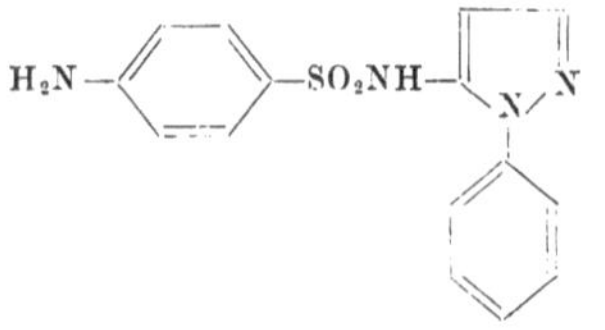	Sulfaphenazol* (Depocid•, Orisul)
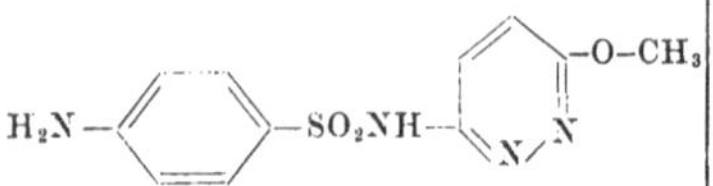	Sulfamethoxypyridazin* (Depovernil•, Spofadazin□, Lederkyn)
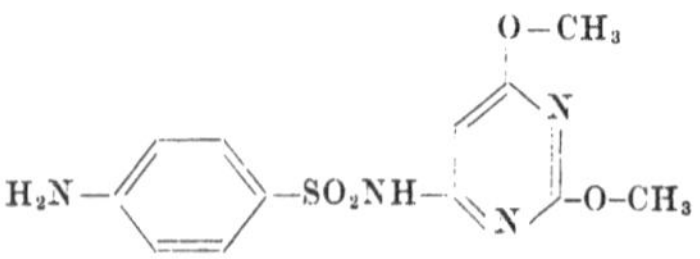	Sulfadimethoxin* (Madribon)
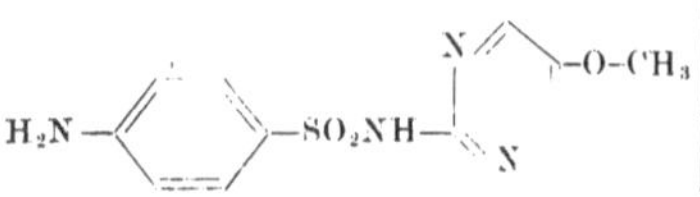	Durenat

Zur Darstellung der heterocyclisch substituierten Sulfonamide setzt man meist das p-Acetaminobenzolsulfonsäurechlorid mit einem entsprechenden heterocyclischen Amin um und spaltet anschließend den Acetylrest ab.

Die Sulfonamide sind amphotere Substanzen. Sie bilden mit Mineralsäuren Ammoniumsalze, die nur in stark saurem Milieu stabil sind und in neutralem Milieu hydrolytisch zersetzt werden. Die meisten Sulfonamide bilden auch mit Alkalien Salze. Die Tendenz, das Sulfonamid-Anion auszubilden, ist um so stärker ausgeprägt, je stärker elektrophil der Substituent R ist. Durch die elektrophile Einwirkung des Substituenten R einerseits und der SO_2-Gruppe andererseits verarmt der Imidstickstoff an negativer Ladung, und das am Imidstickstoff gebundene H-Atom kann als Proton unter Bildung des Sulfonamid-Anions abdissoziieren. Stark elektrophile Substituenten sind die Acetylgruppe, die Carbamidgruppe, die Thiocarbamidgruppe und der Äthylthiodiazolrest. Die Alkalisalze der entsprechenden Sulfonamide reagieren annähernd neutral. Das einfache Sulfanilamid bildet nur sehr

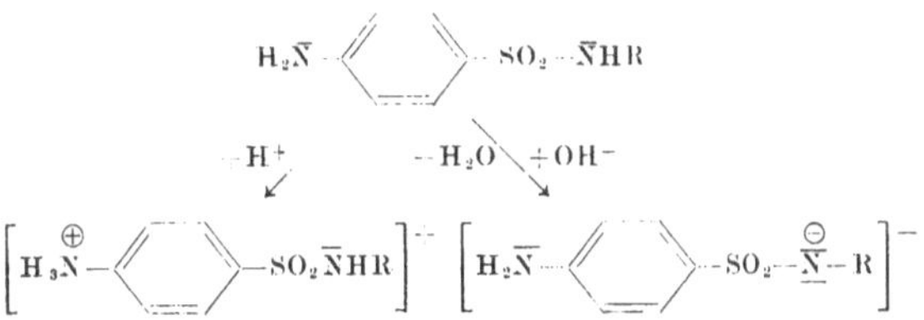

schwer, das Sulfaguanidin* überhaupt keine Alkalisalze. Um dieses Verhalten des Sulfaguanidins* auszudrücken, schreibt man ihm häufig eine Formel zu, bei der sich am Sulfonamidstickstoff kein Wasserstoffatom mehr befindet.

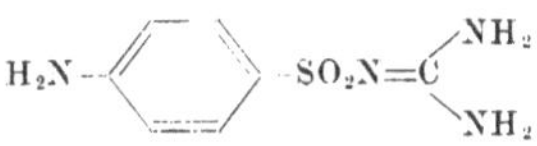

Sulfaguanidin*•

Das Sulfaguanidin* wird sehr schwer resorbiert, bleibt aus diesem Grunde weitgehend im Darm und wird zur Behandlung bakterieller Darminfektionen angewendet. Für den gleichen Zweck werden auch acylierte Sulfathiazole eingesetzt, wie z. B. das Phthalylsulfathiazol* (Talisulfazol•). Bei diesen acylierten Verbindungen wird im Darm der Acylrest allmählich abgespalten, und das Sulfonamid mit freier aromatischer Aminogruppe übt eine bakteriostatische Wirkung aus.

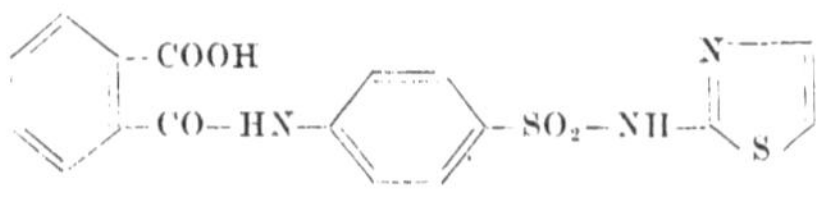

Phthalylsulfathiazol*

Die Wirkung der Sulfonamide beruht darauf, daß der für die Folsäuresynthese in den Bakterien notwendige Wuchsstoff p-Aminobenzoesäure durch die strukturell ähnlich gebauten Sulfonamidderivate nach dem Massenwirkungsgesetz verdrängt wird. Die Folsäure benötigen

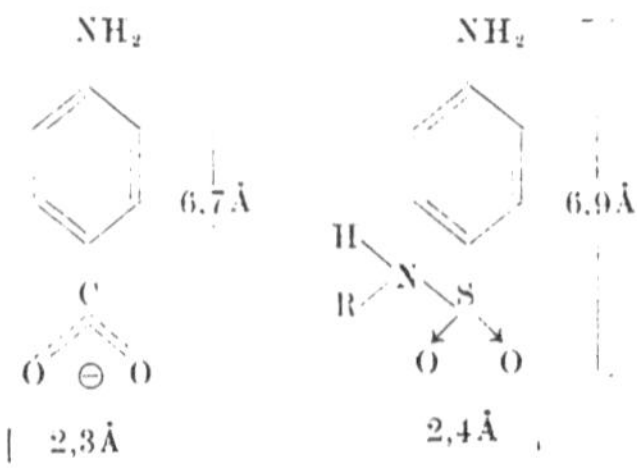

die Bakterien für die Biosynthese von lebenswichtigen Purin- und Pyrimidinkörpern und von Methionin. Bestätigt wird diese Anschauung einer kompetitiven Hemmung der Folsäuresynthese unter anderem dadurch, daß die bakteriostatische Wirkung der Sulfonamide durch p-Aminobenzoesäure-Gaben aufgehoben wird und auch dadurch, daß die Bakterien im sulfonamidhaltigen Milieu ungehemmt sich vermehren können, wenn die lebenswichtigen Purin- und Pyrimidinkörper und das Methionin in ausreichender Menge angeboten werden. Die Resistenz verschiedener Bakterienstämme gegenüber den Sulfonamiden ist besonders darauf zurückzuführen, daß die Affinität dieser Hemmstoffe zu den Zellrezeptoren der Bakterien herabgesetzt ist.

In vielen Sulfonamidkombinationspräparaten, die für eine äußerliche Anwendung bestimmt sind, findet sich das p-Aminomethylbenzolsulfonamid (Mafenid*, Marfanil).

Das Mafenid* ist nicht nach dem Bauprinzip der klassischen Sulfonamide (Sulfanilamide) aufgebaut. Es besitzt keine aromatische, sondern eine aliphatische Amino-

Mafenid*

gruppe und kommt vorwiegend als Hydrochlorid in den Handel. Als aliphatisches Amin ist das Mafenid* auch in der Lage, mit dem sauer reagierenden Sulfathiourea*, ein Salz zu bilden. Dieses Salz ist unter dem Namen Marbadal (Sulfatolamidum* z. B. im Becarmal•) bekannt geworden. Der Wirkungsmechanismus des Mafenids* unterscheidet sich von dem beschriebenen Wirkungsmechanismus der Sulfanilamide. Mafenid* wird besonders wegen seiner Wirkung auf die anaeroben Gasbranderreger eingesetzt.

Bei der Anwendung des N'-Sulfanilyl-N''-isopropylharnstoffs gegen bakterielle Infektionen der Harnwege wurden beträchtliche Nebenwirkungen, bisweilen auch Kollapserscheinungen, beobachtet. Nachdem festgestellt worden war, daß diese Nebenwirkungen durch eine Herabsetzung des Blutzuckerspiegels bedingt waren, wurde systematisch nach brauchbaren blutzuckersenkenden Substanzen in der Sulfonamid-Reihe gesucht. Im Rahmen dieser Untersuchungen konnte der N'-Sulfanilyl-N''-n-butylharnstoff (Carbutamid*, Oranil•, Nadisan) entwickelt und zur Behandlung bestimmter Diabetes-Formen eingesetzt werden. Später erkannte man, daß die aromatische Aminogruppe für eine blutzuckersenkende Wirkung nicht notwendig ist und führte das Tolbutamid* (Orabet•, Rastinon) in den Arzneischatz ein.

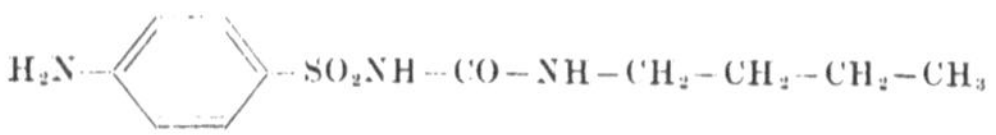

Carbutamid*

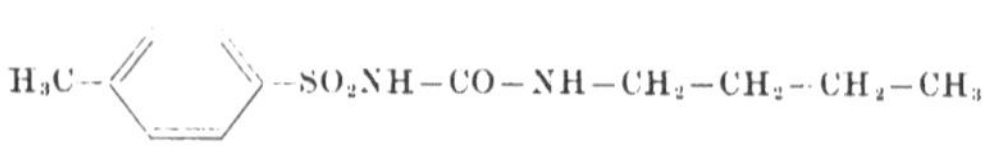

Tolbutamid*

Tolbutamid* ist kein Abkömmling des bakteriostatisch wirkenden p-Aminobenzolsulfonamids und veranlaßt somit bei der notwendigen Dauermedikation keine Ausbildung von Resistenzerscheinungen der Bakterien gegenüber Sulfonamiden.

17.3. Tuberkulostatica

Für die Chemotherapie der Tuberkulose wurden erst nach dem 2. Weltkrieg wirksame Arzneimittel entwickelt. Nachdem von BERNHEIM zu Beginn der vierziger Jahre eine wachstumsstimulierende Wirkung der Salicylsäure auf Tuberkelbazillen beobachtet worden war, wurde — angeregt durch den erkannten p-Aminobenzoesäure/Sulfanilamid-Antagonismus — nach einem Hemmstoff in der Salicylsäurereihe gesucht. Viele als Hemmstoffe erkannten Verbindungen, insbesondere halogenierte Salicylsäurederivate, konnten wegen ihrer zu hohen Toxizität als Tuberkulostatica nicht angewendet werden. In der p-Aminosalicylsäure (PAS) fand LEHMANN eine tuberkulostatisch gut wirksame und gut verträgliche Substanz.

Die p-Aminosalicylsäure kann im Prinzip nach der KOLBE-SCHMITTschen Salicylsäuresynthese hergestellt werden, indem man m-Aminophenol mit Kaliumcarbonat und Kohlendioxid bei 100° und 100 atm zur Reaktion bringt und aus dem gebildeten Kaliumsalz anschließend die freie p-Aminosalicylsäure gewinnt. Da große Mengen von p-Aminosalicylsäure dem Organismus per os zugeführt werden müssen, wendet man häufig die besser verträglichen Salze an, z. B. das Natriumsalz oder das Calciumsalz. Das Natriumsalz der p-Aminosalicylsäure (Wofapas•) wird auch zur Bereitung von Infusionslösungen benutzt. Lösungen der Salze der p-Aminosalicylsäure sind wenig beständig und zweckmäßig ohne Erhitzen vor der Anwendung frisch zu bereiten. Bei der Zersetzung der p-Aminosalicylsäure bildet sich zunächst unter Decarboxylierung das toxische m-Aminophenol. Anschließend entstehen dunkel gefärbte, höhermolekulare Verbindungen. Die Wirkung der p-Aminosalicylsäure kann durch p-Aminobenzoesäure aufgehoben werden.

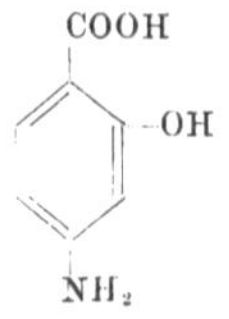

p-Aminosalicylsäure (PAS)

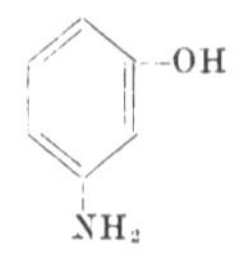

m-Aminophenol

Von den Sulfonamiden zeigten nur die Thiazol- und die Thiodiazolderivate eine schwache Wirkung auf *Mycobactericum tuberculosis*. Mit dem Thiodiazolderivat Sulfaethidol* sind die Thiosemicarbazone strukturell verwandt. Aus der Reihe der von Behnisch hergestellten Thiosemicarbazone hat das Thioacetazon* (Tebethion•, Conteben), das durch Kondensation von p-Acetylaminobenzaldehyd und Thiosemicarbazid erhalten werden kann, Bedeutung erlangt.

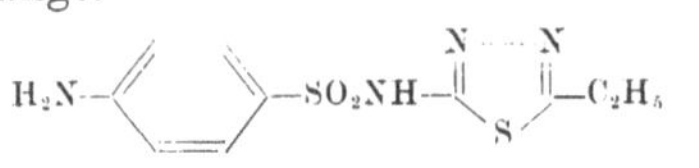

Sulfaethidol*

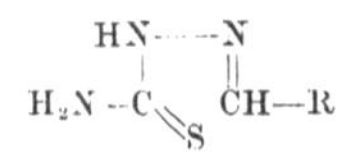

Thiosemicarbazone

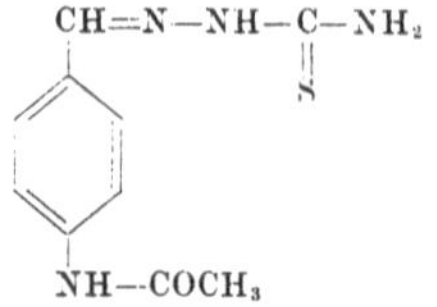

Thioacetazon*

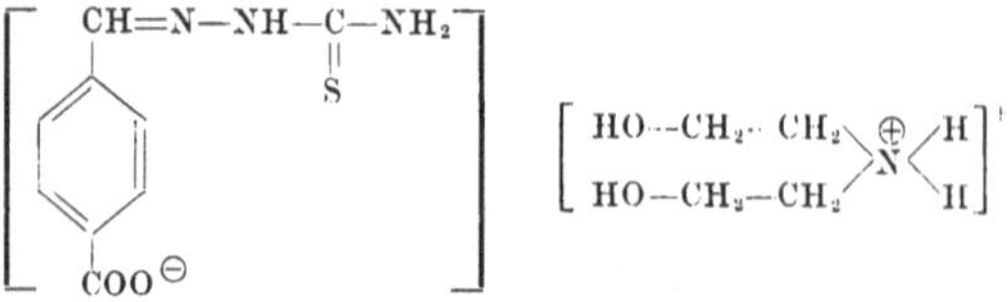

Solvoteben

Als lösliches Tuberkulostaticum ist das Thiosemicarbazon Solvoteben, das Diäthanolaminsalz des p-Carboxybenzaldehydthiosemicarbazons, eingeführt worden.

Die Thiosemicarbazonderivate sind als Tuberkulostatica kaum noch in Gebrauch und von dem Isonicotinsäurehydrazid (Isoniazid*, INH•) abgelöst worden. Als man die Thiosemicarbazonreihe gründlich durchforschte, konnte festgestellt werden, daß den Substanzen der folgenden Struktur eine tuberkulostatische Wirkung eigen ist. Wesentlich konnte die Wirkung durch Einführen des Pyridylrestes als R_1 gesteigert werden, die Substituenten

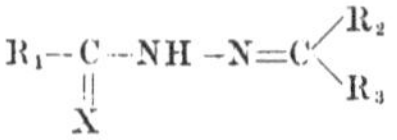

R_2 und R_3 beeinflußten die Wirkungsstärke dagegen nur unwesentlich. X konnte ein O- bzw. S-Atom sein. Auch die N=C-Gruppierung konnte ohne Wirkungsverlust durch eine NH_2-Gruppe ersetzt werden. 1951 wurde von verschiedener Seite das bereits seit 1912 bekannte Isonicotinsäurehydrazid (Isoniazid*) als Tuberkulostaticum vorgeschlagen. Das Isonicotinsäurehydrazid ist heute neben

PAS das am häufigsten eingesetzte Tuberkulostaticum. Zur Darstellung des Isonicotinsäurehydrazids kann man vom 4-Methylpyridin (γ-Picolin) ausgehen, dieses zunächst zur Isonicotinsäure oxydieren und dann entweder über das Isonicotinsäurechlorid oder den Isonicotinsäuremethylester das Isoniazid* gewinnen.

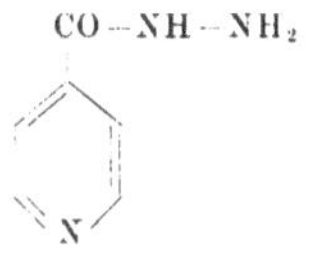

Isoniazid*

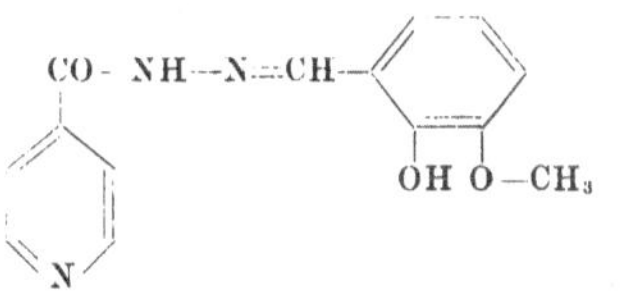

INH—o—van•

Von den zahlreichen Abwandlungsprodukten des Isoniazids*, die in die Therapie eingeführt wurden, soll hier nur das INH-o-van•, das Isonicotinoylhydrazon des o-Vanillins, erwähnt werden.

Neben den später zu besprechenden Antibiotica Streptomycin* und Cycloserin* werden auch Pyrazincarbonsäureamid (Pyrazinamid*) und Cyanessigsäurehydrazid (Reazid) als Tuberkulostatica angewendet.

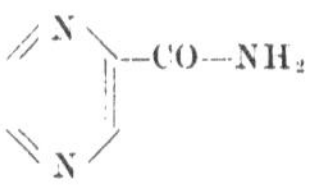

Pyrazinamid*

$N{\equiv}C{-}CH_2{-}CO{-}NH{-}NH_2$

Cyanessigsäurehydrazid

Ausgehend vom Isoniazid* ist eine wichtige Gruppe von Arzneistoffen mit wesentlich anderer Wirkung entwickelt worden. Bei der klinischen Prüfung des Isonicotinsäureisopropylhydrazids (Iproniazid*, Marsilid) stellte man fest, daß diese Verbindung ca. 80% der tuberkulostatischen Wirkung des Isoniazids* besitzt. Gleichzeitig wurde aber nach Applikation der Substanz eine psychische Stimulierung und Euphorisierung beobachtet, die zunächst zur Ablehnung der Verbindung als Tuberkulostaticum führte. Als man die Wirkung des Iproniazids* näher untersuchte, wurde aber erkannt, daß diese Substanz für die Monoaminoxydase ein starker Hemmstoff ist. Die Monoaminoxydase bewirkt den Abbau der Monoamine, insbesondere des im Gehirn in relativ großer Menge vorhandenen Serotonins, aber z. B. auch des Adrenalins und des Noradrenalins. Ein vermehrter Monoaminabbau geht mit der Dämpfung psychomotorischer Erregungen und Wahnvorstellungen einher, eine Hemmung des Abbaus der Monoamine bewirkt umgekehrt eine Stimulierung bei depressiven Zuständen. Wegen seiner stimulierenden Wirkung wird das Iproniazid* bisweilen bei Erschöpfungszuständen gegeben. Später wurden auch viele andere Monoaminoxydasehemmer ähnlicher Struktur dargestellt. Bei systematischen Untersuchungen erkannte man, daß auch einfache Phenylalkylhydrazine, wie z. B. das Phenelzin* (Nardil), die Monoaminoxydase hemmen.

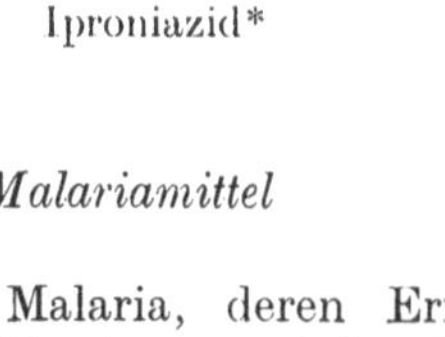

Iproniazid*

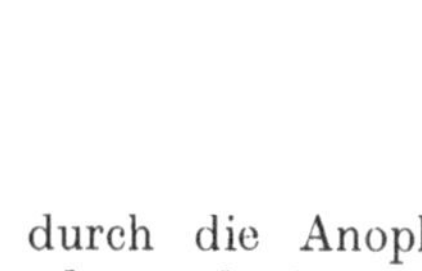

Phenelzin*•

17.4. *Malariamittel*

Die Malaria, deren Erreger durch die Anophelesmücke übertragen wird, gehört zu den verbreitetsten Infektionskrankheiten auf der Erde. Man schätzt, daß ein Drittel der Erdbevölkerung an Malaria erkrankt ist. Das älteste Mittel gegen die Malaria ist die bereits von den Indianern benutzte Chinarinde. Offizinell ist heute die Rinde der kultivierten *Cinchona succirubra Pavon*, die eine Reihe von Alkaloiden enthält, von denen das Chinin mengenmäßig überwiegt und auch die größte Bedeutung besitzt. Auch andere *Cinchona*arten enthalten Chinin. Die *Cinchona*arten sind in den hochgelegenen Urwäldern

Südamerikas beheimatet. Der Bedarf an Chinin wird aber von den großen Cinchonakulturen auf Java, Sumatra und Ceylon gedeckt. Der Gesamtalkaloidgehalt der industriell verwerteten Rinden von kultivierten Cinchonaarten liegt zwischen 2 und 9% und ist in besonderen Kulturen auf 17% gesteigert worden. Neben dem Chinin kommen in den Rinden noch die Alkaloide Chinidin, Cinchonin und Cinchonidin in erheblicher Menge vor. Der Gehalt an Chinin liegt bei den Rinden in der Regel zwischen 1,5 und 3,0% und kann bei einigen Kulturen 13% erreichen. Die Alkaloide sind in der Droge an Pflanzensäuren und Gerbstoffe gebunden. Bei den Pflanzensäuren herrscht die zu 5—8% aus der Chinarinde zu gewinnende Chinasäure vor. Chinin ist ursprünglich viel als Antipyreticum benutzt worden. Seit Einführung der synthetischen Antipyretica spielt es als Fiebermittel keine Rolle mehr. Die aus der Chinarinde gewonnenen galenischen Zubereitungen, wie Tinkturen und Extrakte, werden hauptsächlich als Bittermittel eingesetzt.

Die Chinaalkaloide besitzen sämtlich das Ruban-Grundgerüst. Im Ruban, das von P. Rabe erstmals synthetisiert worden ist, sind über eine Methylengruppe ein Chinolin- und ein Chinuclidinring miteinander verbunden. Bei den Chinaalkaloiden ist am $C_{(3)}$ eine Vinylgruppe und am $C_{(9)}$ eine Hydroxylgruppe gebunden. Bei den Alkaloiden Chinin und Chinidin ist zusätzlich am $C_{(6')}$ ein Wasserstoffatom durch eine Methoxylgruppe substituiert. Chinin und Chinidin einerseits und Cinchonin und Cinchonidin andererseits sind Stereoisomere. Alle diese Alkaloide besitzen an den C-Atomen 3, 4, 8 und 9 Asymmetriezentren und an den C-Atomen 3 und 4 die gleiche Konfiguration. Nur mit großen Schwierigkeiten konnte die Frage geklärt werden, ob sich die Isomerenpaare durch konfigurative Unterschiede am $C_{(8)}$ oder $C_{(9)}$ unterscheiden. Die Tatsache, daß bei der Chromsäureoxydation von Chinin und Chinidin das gleiche Keton mit der C=O-Gruppierung am $C_{(9)}$ entsteht, deutete zunächst darauf hin, daß sich die Isomerenpaare durch unterschiedliche Konfiguration am $C_{(9)}$ unterscheiden. Später erkannte man, daß bei der Oxydation auch ein Konfigurationswechsel am $C_{(8)}$ erfolgen kann. Die unterschiedlichen Eigenschaften der 9-Desoxybasen des Chinins

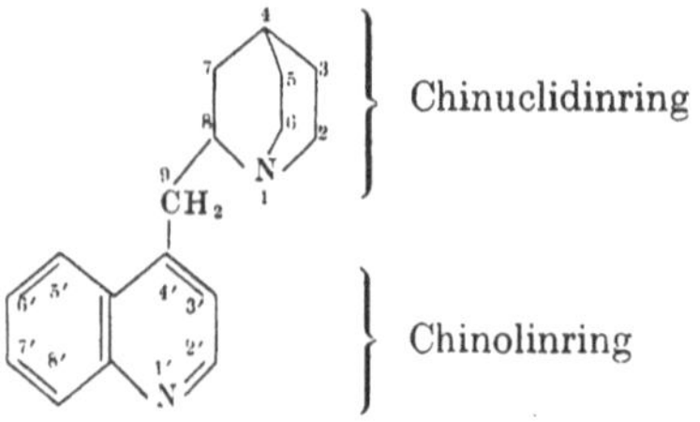

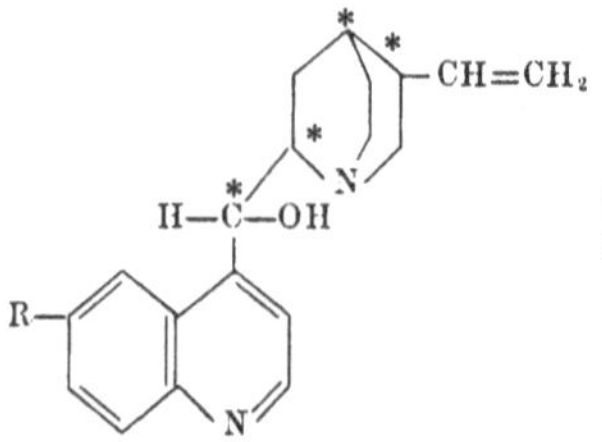

R = H: Cinchonin, Cinchonidin
R = O – CH_3: Chinin, Chinidin

und des Chinidins deuteten darauf hin, daß sich Chinin und Chinidin durch die Konfiguration am $C_{(8)}$ unterscheiden. Da unter dem Einfluß starker Mineralsäuren nur Chinidin, nicht aber Chinin durch Anlagerung der am $C_{(9)}$ befindlichen Hydroxylgruppe an die Doppelbindung des Vinylrestes einen cyclischen Äther bildet und sich aus der Betrachtung von Kalottenmodellen ergab, daß das Eintreten bzw. Ausbleiben dieser Reaktion gut mit einer unterschiedlichen Konfiguration am $C_{(8)}$ erklärt werden kann, folgerte man, daß sich die Isomeren durch unterschiedliche Konfiguration am $C_{(8)}$ unterscheiden. Mit dieser Additionsreaktion konnten die von Rabe auf Grund der optischen Drehung der verschiedenen Alkaloide festgelegten konfigurativen Beziehungen bestätigt werden. Chinin und Cinchonidin einerseits und Chinidin und Cinchonin andererseits besitzen die gleiche Konfiguration am $C_{(8)}$.

Die Chinaalkaloide besitzen zwei tertiäre N-Atome und können demnach wie zweisäurige Basen reagieren. Das tertiäre N-Atom im Chinuclidinrest ist basischer als das N-Atom im Chinolinring und nimmt bei der Bildung der basischen Salze ein Proton auf. Diese basischen Salze sind relativ beständig und werden kaum hydrolytisch gespalten. Die neutralen Salze erleiden dagegen, bedingt durch die geringe Basizität des im Chinolinring gebundenen N-Atomes, leicht Hydrolyse, die an der sauren Reaktion der wäßrigen Lösungen zu erkennen ist. Die gebräuchlichsten Chininsalze sind die basischen Salze Chininhydrochlorid $(C_{20}H_{25}O_2N_2)^+Cl^- + 2\,H_2O$ und Chininsulfat $[(C_{20}H_{25}O_2N_2)^+]_2SO_4^{--} + 8\,H_2O$.

Obwohl die Totalsynthese des Chinins von WOODWARD und DOEHRING bereits 1945 durchgeführt worden ist, konnte sie noch nicht ökonomisch gestaltet werden. So wird auch heute noch das Chinin aus der Chinarinde gewonnen. Bei der Aufarbeitung von Chinarindenauszügen kommt es darauf an, die Chininausbeute hochzutreiben, da außer dem Chinin nur das Chinidin in geringer Menge wegen seiner herzregulierenden Wirkung therapeutisch verwendet wird. Die Isolierung und Reinigung des Chinins ist schwierig. Zur Trennung der verschiedenen Alkaloide verwertet man die unterschiedliche Löslichkeit verschiedener Salze. So kann man einen beträchtlichen Teil des Chinins durch Fällung als schwer lösliches basisches Sulfat aus den Rohalkaloidlösungen bereits ziemlich rein erhalten. Das für pharmazeutische Zwecke benötigte Chinin muß besonders gründlich, unter anderem über das gut kristallisierende neutrale Sulfat, gereinigt werden.

Das Chinin gibt eine Reihe charakteristischer Reaktionen, die seinen Nachweis auch in geringer Konzentration erlauben. So zeichnet sich besonders das basische Sulfat durch eine intensive blaue Fluoreszenz im UV-Licht aus. Nach Behandlung wäßriger Chininsalzlösungen mit wenig Brom oder Chlor und anschließendem Zusatz von

Ammoniak bildet sich eine grüne Färbung (Thalleiochinreaktion).

Als Malariamittel wirkt das Chinin auf die ungeschlechtlichen Formen des Erregers, die Schizonten, ein, die sich durch Teilung im Organismus (Blut, Leberparenchym) vermehren, und bei deren Zerfall toxische Stoffe ins Blut abgegeben werden, die dann die bekannten Fieberanfälle hervorrufen. Die Geschlechtsformen, die Gamonten, die sich im Blut des Menschen nicht befruchten, sich aber in der Mücke weiterentwickeln und dort in großer Zahl die sichelförmigen Sporozoiten bilden können, werden durch Chinin kaum beeinflußt. Der von der Malaria befallene Mensch bleibt auch bei Chininbehandlung eine Infektionsquelle. Die Forschung auf dem Gebiet der Malariamittel konnte aus diesem Grunde nicht nur auf die Darstellung neuer chininähnlich wirkender Schizontenmittel gerichtet sein, sondern mußte auch die Entwicklung wertvoller Gamontenmittel zum Ziele haben.

Die ersten Arbeiten zum Auffinden synthetischer Malariamittel bauten auf Beobachtungen EHRLICHS auf, der eine schädigende Einwirkung von Methylenblau auf Plasmodien festgestellt hatte. Wenn sich auch aus den Arbeiten in der Methylenblaureihe keine brauchbare Verbindung ergab, so konnte dabei doch die Erkenntnis gewonnen werden, daß die Einführung basisch substituierter Alkylreste mit längerer Kohlenstoffkette zu wirksameren Verbindungen führt. Unter Berücksichtigung dieser Erkenntnis konnte bei Arbeiten in der Chinolinreihe durch basische Alkylierung 1924 zunächst das 6-Methoxy-8-[5′-diäthylaminopentyl-(2′)-amino]-chinolin (Pamaquin*, Plasmochin) als ausgesprochenes Gamontenmittel entwickelt werden. Pamaquin* kann das Chinin ergänzen, aber nicht ersetzen, da es die Schizonten kaum schädigt. Die Bemühungen zur Auffindung eines synthetischen Schizontenmittels wurden fortgesetzt und mit der Darstellung des 6-Chlor-9-(4′-diäthylamino-1′-methylbutyl-amino)-2-methoxyacridin (Mepacrin*, Atebrin) zum Erfolg geführt.

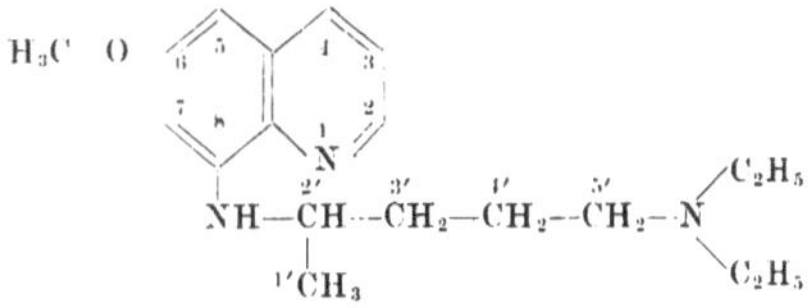

Pamaquin*

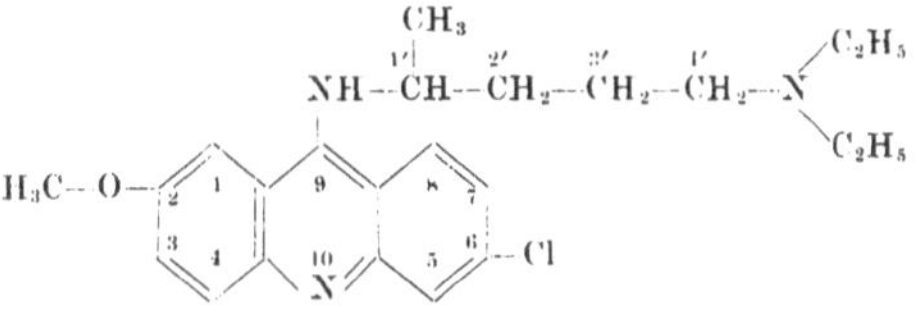

Mepacrin*

Sowohl das Pamaquin* als auch das Mepacrin* zeigen noch eine gewisse strukturelle Verwandtschaft mit dem Chinin. Diese Verwandtschaft tritt besonders hervor, wenn man den Diäthylaminoalkylrest in etwas anderer, dem Chinuclidinring angepaßter Form schreibt.

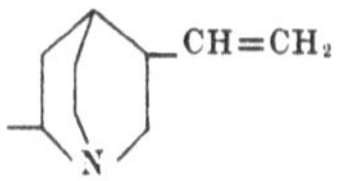

Substituierter Chinuclidin-Ring

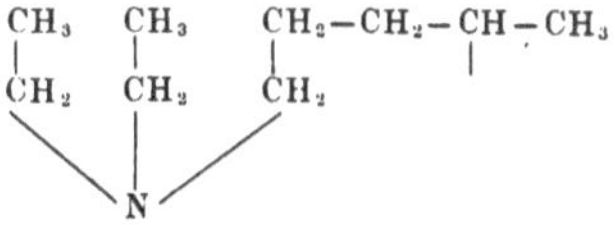

Diäthylamino-pentyl-Rest

Von zahlreichen Schizontenmitteln ähnlicher Struktur soll hier nur das Chloroquin* (Chlorochin*, Resochin) erwähnt werden.

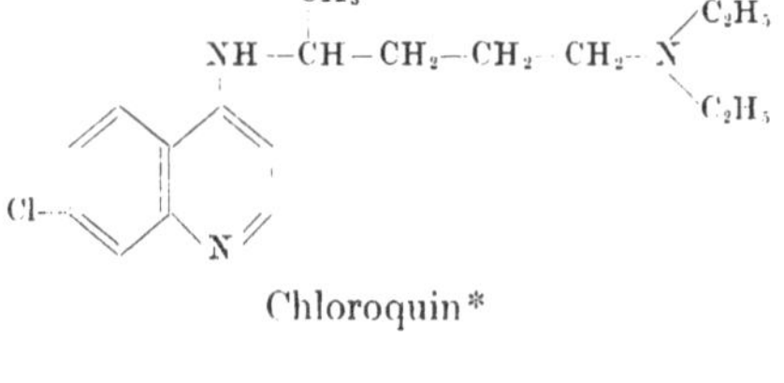

Chloroquin*

Als auch Sulfonamide in die Untersuchungen einbezogen wurden, stellte man fest, daß Substanzen, die einen Pyrimidinring enthielten, eine schwache Wirkung zeigten. Die basische Alkylierung brachte in der Sulfapyrimidinreihe keine wesentlichen Fortschritte. Dagegen konnten einige einfacher gebaute Aminopyrimidine, wie z. B. das Pyrimethamin* (Daraprim), als Antimalariamittel eingeführt werden. Ein bedeutender Fortschritt wurde durch

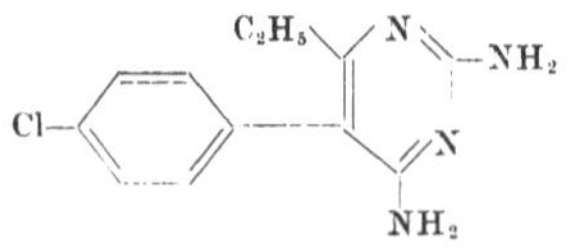

Pyrimethamin*

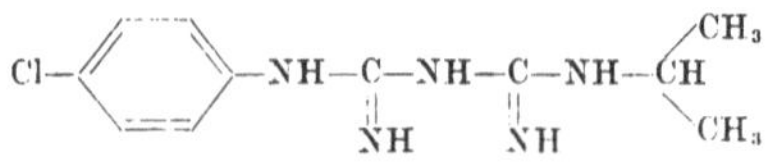

I

Proguanil*

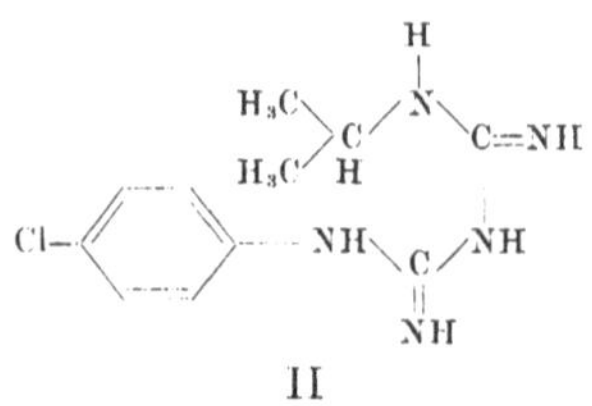

II

Proguanil*

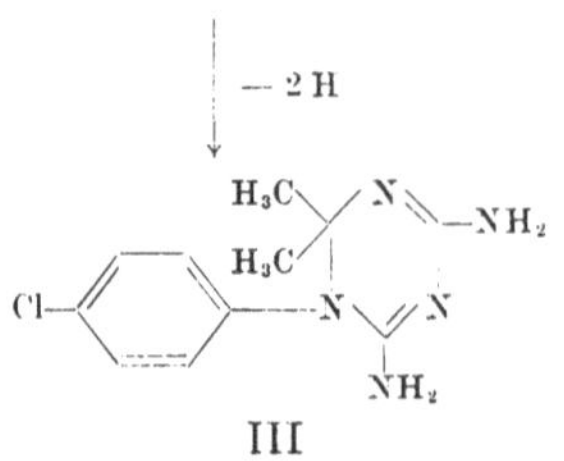

III

die Einführung des Proguanils* (Paludrin) erzielt. Proguanil* ist nicht nur ein gutes Schizontenmittel, sondern schädigt auch die Gamonten im menschlichen Organismus so stark, daß sie sich in der Mücke nicht mehr vermehren können. Das Proguanil* ist somit auch für die Malariaprophylaxe von Bedeutung. Proguanil* besitzt die Struktur eines Bisguanidinderivates und ist damit dem Pyrimethamin* strukturell eng verwandt, wie besonders die Schreibweise II zu verdeutlichen vermag. Das Proguanil* ist bei in-vitro-Versuchen unwirksam, es wird erst im Organismus durch oxydative Cyclisierung in die Wirkform III, ein Dihydro-s-triazin-Derivat übergeführt.

Zur Synthese des Proguanils* geht man vom p-Chloranilin aus, dessen Diazoniumsalz mit Dicyandiamid über ein Zwischenprodukt in N-p-Chlorphenyl-dicyandiamid übergeht. Durch mehrstündiges Erhitzen mit Isopropylaminhydrochlorid auf 140—150° wird das Hydrochlorid des Proguanils* gebildet.

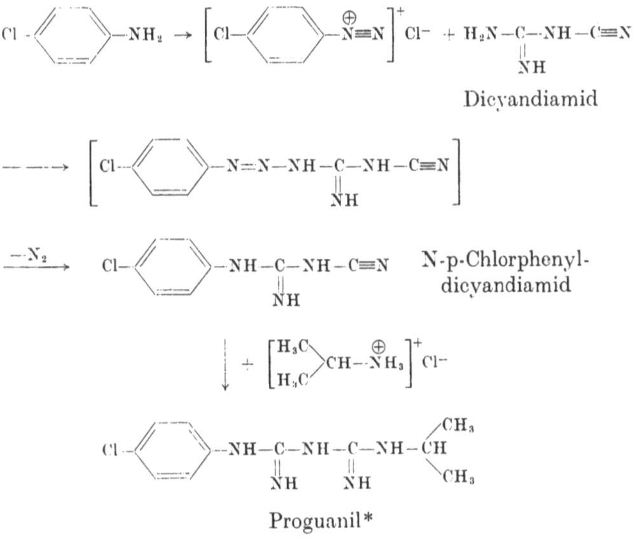

Dicyandiamid

N-p-Chlorphenyl-dicyandiamid

Proguanil*

17.5. Cytostatica

Cytostatica sind Verbindungen, die die Zellvermehrung und damit das Wachstum von Geweben hemmen. Cytostatica werden zur Behandlung von verschiedenen Tumoren, insbesondere auch zur Behandlung der Leukämie eingesetzt. Obwohl bereits zahlreiche Cytostatica mit verschiedenen Angriffspunkten gefunden wurden, ist bisher der Chemotherapie des Krebses nur ein geringer Erfolg beschieden gewesen. Die Schwierigkeiten der chemotherapeutischen Beeinflussung des Krebses bestehen darin, eine selektive Wachstumshemmung des neoplastischen Gewebes zu erreichen.

Eine bedeutende Gruppe der Cytostatica wird von den *Antimetaboliten* gebildet, die eine den lebenswichtigen Stoffen (Metaboliten) sehr ähnliche Struktur besitzen und diese im Stoffwechsel verdrängen können. Da die Geschwülste wegen ihres schnelleren Wachstums einen größeren Stoffumsatz und damit einen erhöhten Bedarf an Metaboliten haben, wirkt sich die Anwendung von Antimetaboliten auch besonders auf das Wachstum des Tumorgewebes aus. Man unterscheidet drei Gruppen von Antimetaboliten: 1. die Purin- bzw. Pyrimidin-Antagonisten, 2. die Folsäure-Antagonisten und 3. die Glutaminsäure-Antagonisten.

Als Purin- bzw. Pyrimidin-Antagonisten werden Verbindungen verwendet, welche sich in ihrer Struktur von den Purinen Guanin und Adenin und den Pyrimidinen Uracil und Thymin, die für den Aufbau der Nucleinsäuren benötigt werden, nur wenig unterscheiden. Derartige therapeutisch verwendete Antimetaboliten sind z. B. das 6-Mercaptopurin (Mercaptopurin*, Mercaleukin•), das Thioguanin und das 8-Azaguanin. Ein Antimetabolit des Uracils ist das 5-Fluoruracil. Auch die entsprechenden Nucleoside können als Antimetaboliten eingesetzt werden. So ist z. B. das 5-Fluoruridin, das N-Ribofuranosid des 5-Fluoruracils, ein Antagonist des Uridins.

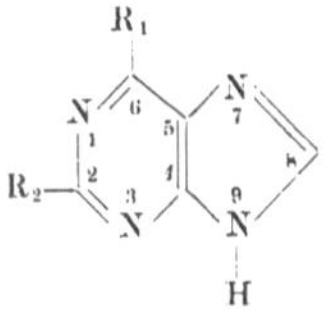

Metabolite

$R_1 = NH_2$; $R_2 = H$: Adenin
$R_1 = OH$; $R_2 = NH_2$: Guanin

Antimetabolite

$R_1 = SH$; $R_2 = H$: Mercaptopurin*
$R_1 = SH$; $R_2 = NH_2$: Thioguanin

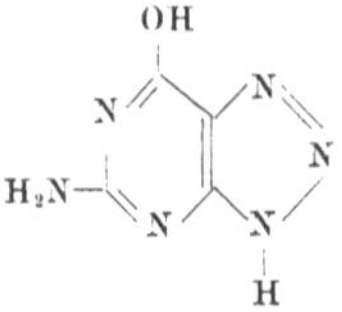

Antimetabolit

8-Azaguanin

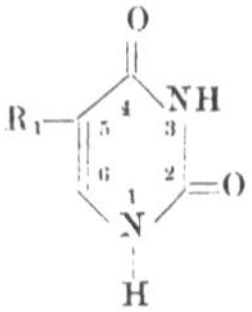

Metabolite

$R_1 = H$: Uracil
$R_1 = CH_3$: Thymin

Antimetabolite

$R_1 = F$: 5-Fluoruracil

Die Folsäure-Antagonisten sind in der Lage, die für den Aufbau des Purinringes und die Überführung des Uracils in Thymin notwendige Folsäure zu verdrängen. Der bekannteste Folsäure-Antagonist ist das Aminopterin*, eine Verbindung, die sich von der Folsäure lediglich dadurch unterscheidet, daß die Hydroxylgruppe durch eine Aminogruppe ersetzt ist.

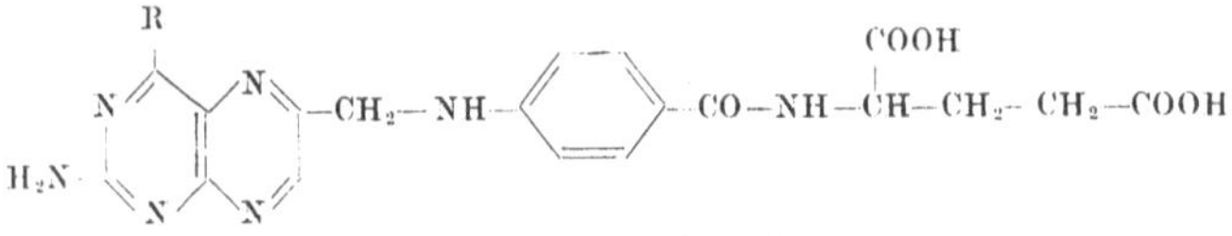

$R = -OH$: Folsäure*
$R = -NH_2$: Aminopterin*

Die dritte Gruppe der Antimetaboliten wird von den Glutaminsäure-Antagonisten, oder allgemeiner von den Aminosäure-Antagonisten gebildet. Die Glutaminsäure wird für die biochemische Purinsynthese benötigt. Glutaminsäure ist außerdem Bestandteil des Trägereiweißes der Nucleoproteide. Durch Glutamin- bzw. Aminosäure-Antagonisten kann die Purinsynthese gehemmt und das Trägereiweiß verändert werden. Als Aminosäure-Antagonisten werden bevorzugt schwefelhaltige Aminosäuren verwendet, wie z. B. α-Mercapto-ε-aminocapronsäure oder α-Amino-ε-äthylmercapto-capronsäure. Aber auch das aus *Streptomyces fragilis* isolierte, cytostatisch wirksame Antibioticum Azaserin kann als Aminosäure-Antagonist angesprochen werden. Wie das Azaserin ist auch das N-Dichloracetyl-*D*,*L*-serin ein Serinderivat und cytostatisch wirksam.

$$\overset{\oplus}{N}\equiv N-\overset{\ominus}{C}H-CO-O-CH_2-\underset{NH_2}{\underset{|}{C}H}-COOH$$

Azaserin

$$HO-CH_2-\underset{NH-CO-CHCl_2}{\underset{|}{C}H}-COOH$$

N-Dichloracetyl-serin

Von den Naturstoffen besitzt das Colchicin, das Hauptalkaloid der Herbstzeitlose (*Colchicum autumnale L.*), eine cytostatische Wirkung. Colchicin ist ein Mitosegift, das die Zellteilung in der Metaphase hemmend beeinflußt. Wegen seiner stark toxischen Wirkung kann das Colchicin nur äußerlich (z. B. im Condylon-Puder®) angewendet werden. Weniger toxisch ist das N-Desacetyl-N-methylcolchicin (Demecolcin*). Das Colchicin enthält zwei Siebenringe. Einer dieser Siebenringe ist ein Tropolonring.

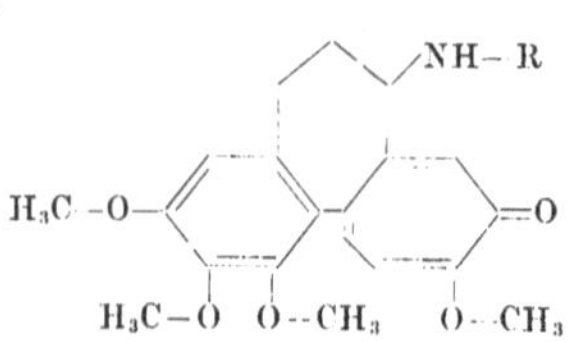

R = $COCH_3$: Colchicin
R = CH_3: Demecolcin*

Eine große Gruppe der Cytostatica bilden die *Alkylantien.* Die Alkylantien, zu denen die N-Lost-Derivate und die Äthylenimine gehören, sind reaktionsfähige Stoffe, die funktionelle Gruppen lebenswichtiger Substanzen (z. B. SH-Gruppen) alkylieren. Die in der Gruppe der Alkylantien zusammengefaßten Verbindungen wirken auf den nicht in Teilung befindlichen Kern ein. Die gesetzten Schäden treten erst bei der Zellteilung in Erscheinung. Da auch die Röntgenstrahlen auf den in der Interphase befindlichen Kern einwirken und die erfolgten Schädigungen sich erst bei der Zellteilung bemerkbar machen, bezeichnet man Verbindungen wie die N-Lost-Derivate und die Äthylenimine auch als *Radiomimetica.* Die einfachen N-Lost-Derivate Methyl-bis-(β-chloräthyl)-amin (Chlormethin*, Dimitan•) und Tris-(β-chloräthyl)-amin (Trichlormethinum*, Trimitan•, Sinalost) sind relativ toxisch, während das Methyl-bis-(β-chloräthyl)-amin-N-oxid (N-Oxid-Lost, Mitomen) schon besser verträglich ist. Sämtliche erwähnten N-Lost-Derivate werden als Hydrochloride angewendet.

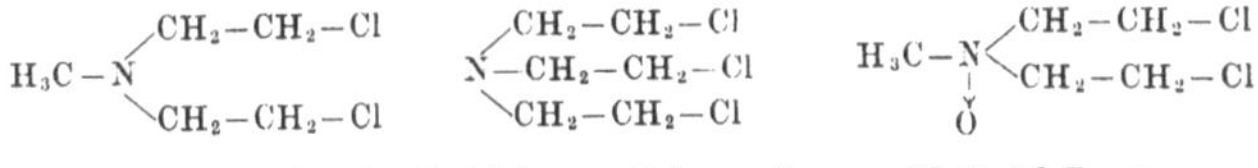

Chlormethin* Trichlormethinum* N-Oxid-Lost

Bei den N-Lost-Derivaten wird zunächst ein labil gebundenes Chloratom abgespalten, und das sich dabei bildende Carbeniumkation wirkt alkylierend. Je leichter das β-ständige Cl-Atom abgespalten wird, desto wirksamer, aber auch desto toxischer ist die Substanz. Viel Arbeit ist auf die Entwicklung von N-Lost-Derivaten mit einer günstigen Reaktionslage verwendet worden. Bei diesen Verbindungen soll das Chloratom nicht zu schnell (zu große Toxizität) und nicht zu langsam (zu geringe Wirkung) abgespalten werden. Wird die Basizität des Stickstoffatomes in den N-Lost-Derivaten z. B. durch Bildung des N-Oxids herabgesetzt, so bildet sich das

Carbeniumkation schwerer, und die Substanz ist weniger giftig. Als komplizierter gebaute N-Lost-Derivate mit relativ günstiger Reaktionslage sollen hier noch Chlorambucil* und Melphalan* erwähnt werden.

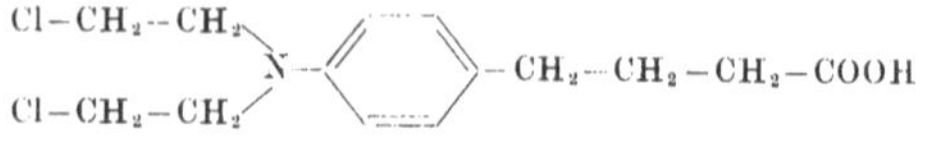

Chlorambucil*

Melphalan*

Mit dem N,N-Bis-(β-chloräthyl)-N′,O-propylen-phosphorsäureester-diamid (Cyclophosphamid*, Endoxan) hat man versucht, die Parallelität zwischen Wirksamkeit und Toxizität zu überwinden. Die Chloratome des Cyclophosphamids* werden nur langsam abgespalten. Das Cyclophosphamid* ist die wenig toxische Transportform. Das Tumorgewebe ist reich an Phosphamidasen, die die P—N-Bindung des Ringes lösen. Die dabei entstehende Verbindung spaltet die Chloratome wesentlich leichter ab und ist die eigentliche Wirkform.

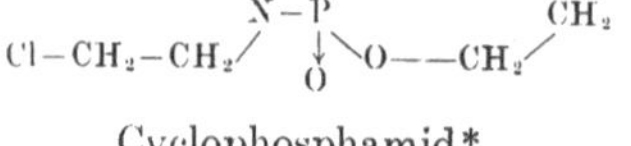

Cyclophosphamid*

Ähnlich wie die N-Lost-Derivate, d. h. ebenfalls alkylierend, wirken verschiedene Sulfonsäureester. Am häufigsten wird das Dimethansulfonyl-1,4-dihydroxybutan (Busulfan*, Myeleukon•, Myleran) angewendet.

$$H_3C-SO_2-O-CH_2-CH_2-CH_2-CH_2-O-SO_2-CH_3$$

Busulfan*

Zu den Alkylantien werden auch die Äthylenimin-derivate gerechnet. Das 2,4,6-Tri-äthylenimino-s-triazin (Tretamin*, TEM), an dem die cytostatische Wirkung der Äthylenimine festgestellt worden ist, wird heute wegen seiner beträchtlichen Toxizität kaum noch angewendet. An seine Stelle sind weniger toxische und besser wasserlösliche Äthyleniminverbindungen getreten, wie z. B. das N,N',N''-Triäthylen-thiophosphorsäuretriamid (Thio-TEPA*). Für eine genügend starke Wirkung der Verbindungen ist Voraussetzung, daß mindestens drei Äthylen-imingruppen in einem Molekül vorhanden sind.

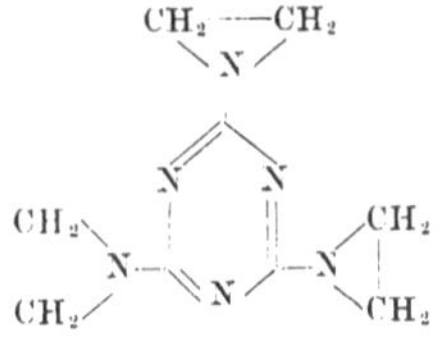

Tretamin*

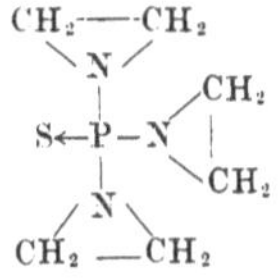

Thio-TEPA*

Als erster Schritt der Alkylierung mit Äthylenimin-verbindungen wird die Bildung eines Carbeniumkations angenommen. Die Bildung des Carbeniumkations erfolgt unter Aufnahme eines Protons und Öffnung eines Äthy-

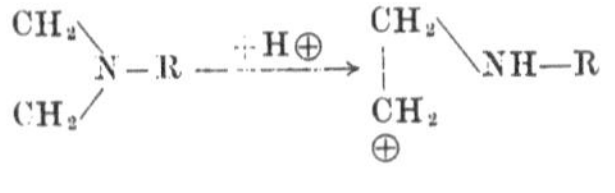

leniminringes. Bei einem niedrigen pH-Wert des Reaktionsmilieus wird der Äthyleniminring relativ schnell aufgespalten, und das Äthyleniminderivat ist stärker wirksam. Da durch eine stärkere Glykolyse und die damit verbundene Milchsäurebildung Tumorgewebe saurer als normales Gewebe reagiert, ist damit eine begrenzte Selektivität der Wirkung der Äthyleniminderivate auf neoplastisches Gewebe gegeben.

Mit der Gruppe der Alkylantien steht auch die Gruppe der Äthyleniminchinone in Beziehung, bei der allerdings die oxydierende Wirkung gegenüber der alkylierenden vorherrscht. Die Äthyleniminchinone beeinflussen hauptsächlich den Stoffwechsel des Tumorgewebes, indem sie die Glykolyse hemmen und die Atmung schwach fördern. Das einfache 2,5-Bis-äthylenimino-1,4-benzochinon wird wegen seiner schleimhautreizenden Wirkung praktisch nicht mehr angewendet und ist zunächst durch das 2,5-Bis-äthylenimino-3,6-di-n-propoxy-1,4-benzochinon (Inproquon*, Bayer E 39) ersetzt worden. Da Inproquon* aber sehr schlecht wasserlöslich ist, wurde mit Bayer E 39 solubile eine besser wasserlösliche Verbindung entwickelt.

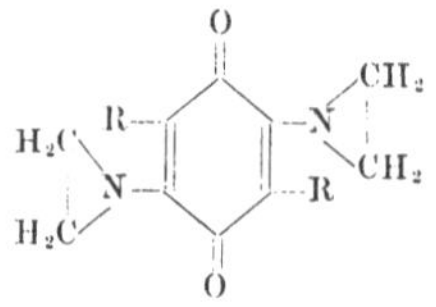

$R = -O-CH_2-CH_2-CH_3$: Bayer E 39

$R = -O-CH_2-CH_2-O-CH_3$: Bayer E 39 solubile

Neuerdings wird auch das stärker alkylierend wirkende 2,3,5-Triäthylenimino-1,4-benzochinon (TÄB, Trenimon) zur Behandlung verschiedener Arten chronischer Leukämie mit Erfolg eingesetzt.

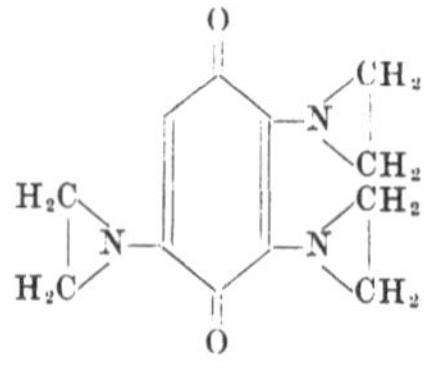

TÄB

18. Antibiotica

Unter dem Begriff Antibiotica faßt man Substanzen zusammen, die bevorzugt von Mikroorganismen, aber auch von niederen oder höheren Pflanzen gebildet werden und in der Lage sind, das Wachstum anderer Mikroorganismen zu hemmen oder zu verhindern. In der Volksmedizin wird von der bakteriostatischen Wirkung von Schimmelpilzzubereitungen schon sehr lange Gebrauch gemacht. Die wissenschaftliche Beschäftigung mit Antibiotica geht auf eine Beobachtung von A. FLEMING aus dem Jahre 1928 zurück. FLEMING beobachtete, daß auf einer mit Staphylococcen infizierten Agarplatte in der Umgebung eines Schimmelpilzes das Wachstum der Staphylococcen unterblieb. Der Schimmelpilz wurde als *Penicillium notatum Westling* identifiziert und der vermutliche Hemmstoff Penicillin genannt. Die Arbeiten an bakteriostatischen Stoffen aus Mikroorganismen erregten nicht sofort ein breites Interesse. Diese Tatsache dürfte darauf zurückzuführen sein, daß Mitte der 30er Jahre mit den Sulfonamiden erstmals synthetisch leicht zugängliche, bakteriostatisch gut wirksame Verbindungen in den Arzneischatz eingeführt werden konnten. Die synthetische Darstellung der Sulfonamide ist auch wesentlich einfacher als die kompliziert gebauten und häufig außerordentlich instabilen Antibiotica zu isolieren. Nach weiteren vorbereitenden Arbeiten von FLEMING und FLOREY gelang es ROBERTS, den bakteriostatisch wirksamen Stoff aus Schimmelpilzen wesentlich anzureichern. Nachdem FLEMING 1938 ein Programm zur Isolierung und Gewinnung des Penicillins ausgearbeitet hatte, begann man allmählich Methoden zur Großproduktion zu entwickeln. 1942 nahmen amerikanische und englische Firmen die Penicillinproduktion auf. Es wurden verschiedene Penicilliumarten in die Untersuchungen über antibiotisch wirksame Stoffe einbezogen und nach und nach verschiedene Penicilline aufgefunden und in ihrer Konstitution aufgeklärt.

Die verschiedenen Penicilline haben ein gemeinsames Ringsystem, das aus einem Thiazolidinring und einem angegliederten viergliedrigen Lactamring besteht. Das allen Penicillinen gemeinsame Grundgerüst bezeichnet man als Penin. Bei den Penicillinen ist die NH_2-Gruppe acyliert. Die wichtigsten natürlich vorkommenden Penicilline, die nach der britischen Bezeichnung mit römischen

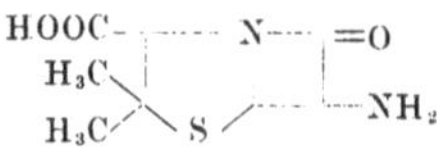

Penin (6-Amino-penicillansäure)

Ziffern und nach der heute eingebürgerten amerikanischen Bezeichnung mit Buchstaben gekennzeichnet werden, sind in der folgenden Tabelle zusammengestellt.

Natürliche Penicilline

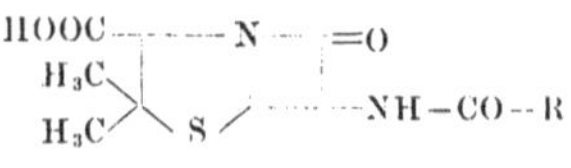

R =	Amerikanische Bezeichnung	Britische Bezeichnung
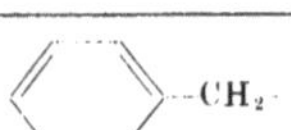	Penicillin G	Penicillin II
$CH_3-(CH_2)_5-CH_2$	Penicillin K	Penicillin IV
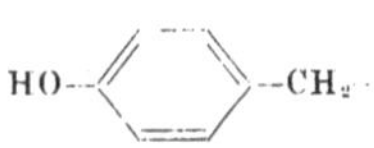	Penicillin X	Penicillin III
$CH_3-CH_2-CH=CH-CH_2-$	Penicillin F	Penicillin I

Heute wird praktisch nur noch das Benzylpenicillin (Penicillin G) therapeutisch verwendet. Das Benzylpenicillin ist eine starke Säure und extrem instabil. Aus diesem

Grunde werden therapeutisch die stabileren Salze verwendet, wie z. B. das Natriumsalz und das Kaliumsalz. Die Salze der aufgeführten Penicilline können nicht peroral appliziert werden, weil durch die Magensalzsäure die Penicilline in Freiheit gesetzt und dann schnell zerstört werden.

Das Penicillin G wird aus Kulturen von *Penicillium notatum* bzw. *Penicillium chrysogenum* gewonnen. Penicillin G ist praktisch ungiftig. Es besitzt eine große therapeutische Breite und wird im Organismus relativ schnell abgebaut. Aus der Zeit, in der noch nicht vollständig reine Penicilline hergestellt werden konnten, stammt die Wertbezeichnung der Penicilline in Oxford-Einheiten bzw. Internationalen Einheiten. Eine Internationale Einheit entspricht 0,6 μg des kristallisierten Natriumsalzes des Penicillins G.

Die Penicilline zersetzen sich unter Einwirkung sowohl von Säuren und Laugen als auch von Alkoholen und Schwermetallen schon leicht bei Zimmertemperatur. Die leichte Zersetzlichkeit des Penicillinmoleküls beruht auf der Instabilität des viergliedrigen Lactamringes. Bei Einwirkung von Laugen wird dieser Lactamring unter Bildung der Penicillosäure geöffnet. Auch bei der schonenden Einwirkung von Säuren kommt es primär zur Öffnung des Lactamringes und dann zum erneuten Ringschluß, der zur Entstehung der Penillosäure führt. Die inaktivierende Wirkung der Alkohole auf die Penicilline ist damit zu erklären, daß allmählich ebenfalls der Lactamring unter Bildung einer Imino- und einer Carbonsäureester-Gruppe aufgespalten wird. Schwermetalle können die hydrolytische Öffnung des Lactamringes katalytisch fördern. Eine Reihe von Bakterien und Pilzen zeichnen sich durch den Besitz eines Fermentes aus, das als Penicillinase bezeichnet wird und Penicillin inaktivieren kann. Man darf annehmen, daß die Penicillinase ebenfalls den Lactamring öffnen kann. Heute weiß man auch, daß die Resistenzerscheinungen verschiedener Bakterien gegen Penicillin darauf beruhen, daß diese Bakterien ein Ferment zur Verfügung haben, das ebenfalls die >N—CO-Bindung des Lactamringes aufspalten kann:

Penicillin

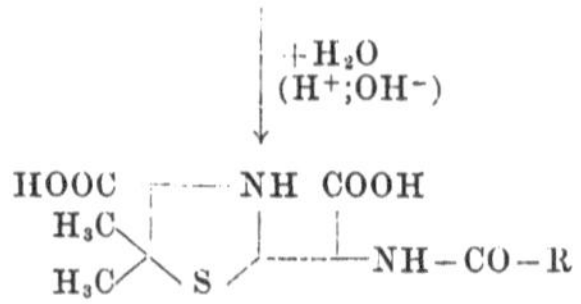

Penicillosäure

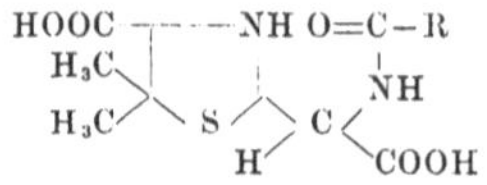

Penicillosäure

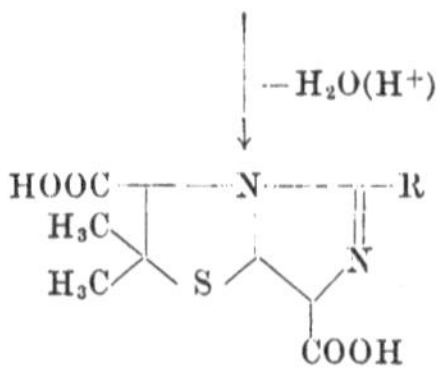

Penillosäure

Penicillin

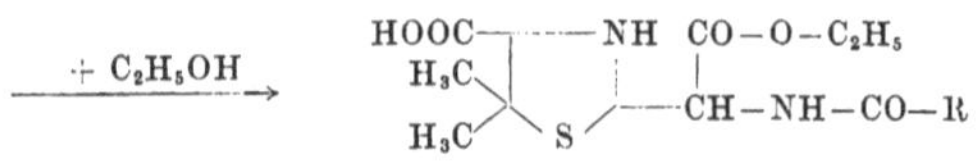

Penicillosäuremonoäthylester

Beim Erhitzen von Penicillin mit Säuren wird auch der Thiazolidinring aufgespalten, und man erhält neben dem Penicillamin primär die Penaldinsäure, die dann unter Decarboxylierung in Penilloaldehyd übergeht.

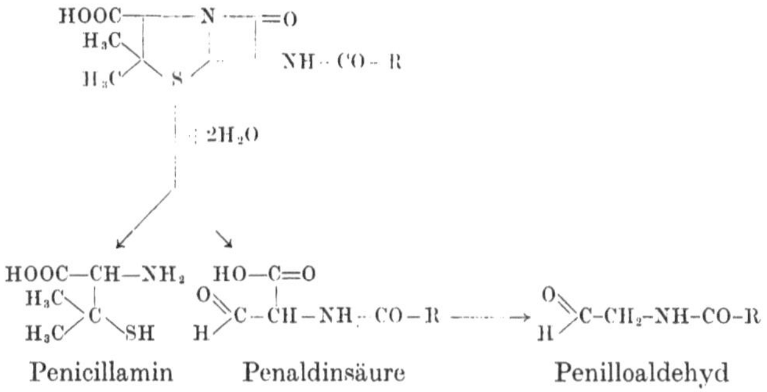

Die Instabilität der Penicillinsalze erfordert, daß man sie in Trockenampullen in den Handel bringt, die kühl aufbewahrt werden müssen. Benötigt man Lösungen, die einige Tage stabil bleiben sollen, so muß man diese ohne Erhitzen unter aseptischen Bedingungen bereiten, den günstigsten pH-Wert einstellen (pH 6,0—7,0), einen Komplexbildner wie Citronensäure zum Abbinden der Schwermetallionen zusetzen und ein Konservierungsmittel, wie z. B. p-Hydroxybenzoesäuremethylester, mit verarbeiten, um das Auftreten von Penicillinasebildnern zumindest zu verzögern.

Um die Wirkungsdauer der Penicilline zu verlängern, stellt man als Depot-Penicilline schwer lösliche Salze

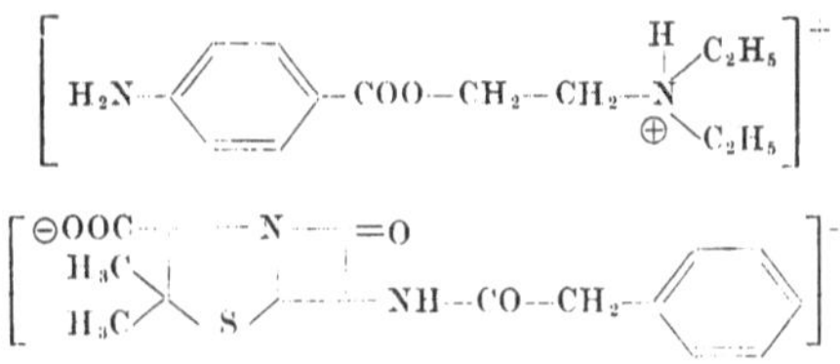

Procain-Penicillin

meist des Penicillins G mit aliphatischen Aminen her. Das bekannteste Depot-Penicillin ist das Procain-Penicillin (z. B. im Jenacillin• A und O, im Tablopen•, im Retacillin• A und O).

Da der N-Acylrest der Penicilline ihre Stabilität beeinflußt, hat man versucht, durch Veränderung der N-Acyl-Komponente zu Penicillinen mit einer größeren Stabilität gegenüber Säuren zu gelangen. Auf der Beobachtung aufbauend, daß der Zusatz von Phenylessigsäure zum Kulturmedium eines Pilzes, der an sich 2-Pentenylpenicillin (Penicillin F) produziert, zur Bildung von Benzylpenicillin (Penicillin G) führt, hat man den Kulturmedien auch andere Säuren zugesetzt und auf diese Weise biosynthetisch neue Penicilline gewinnen können. Aus diesen Versuchen sind das Penicillin V und das Penicillin O hervorgegangen. Zur Erzeugung von Penicillin O wird dem Kulturmedium Allylthioessigsäure, zur Erzeugung von Penicillin V Phenoxyessigsäure zugesetzt.

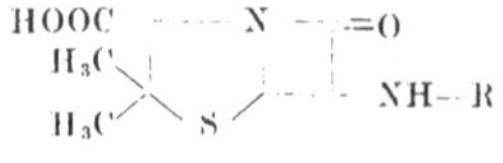

$R = -CO-CH_2-S-CH_2-CH=CH_2$ Penicillin O

$R = -CO-CH_2-O-$ 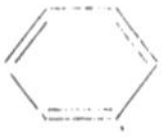 Penicillin V

Da das Phenoxymethylpenicillin* (Penicillin V) wesentlich säurestabiler als die natürlichen Penicilline ist, kann es auch erfolgreich oral appliziert werden. Die normale Darmflora soll durch Phenoxymethylpenicillin* nicht beeinflußt werden.

Nachdem die Darstellung der 6-Aminopenicillansäure (Penin) durch fermentative Spaltung des Penicillins G mit Hilfe von Fermentpräparaten aus Colibakterien möglich geworden war, konnten durch Acylierung der 6-Aminopenicillansäure neue Penicilline auch auf partialsynthetischem Wege dargestellt werden. Das durch Umsetzung der 6-Aminopenicillansäure mit α-Phenoxypropionsäurechlorid zu erhaltende N-α-Phenoxypropionylpenin ist als Kaliumsalz unter dem Namen Penethicillin-Kalium* (Oralopen, Syncillin) bekannt und stellt das Racemat der sich im Acylanteil unterscheidenden optischen Isomeren dar. Penethicillin* ist noch stabiler gegenüber der Einwirkung von Säuren und auch weniger peni-

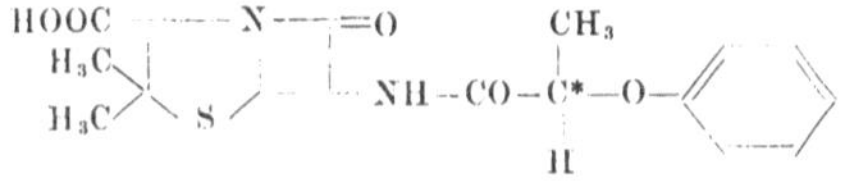

Penethicillin*

cillinaseempfindlich als Penicillin V. Nach oraler Applikation des Oralopen erfolgt rasche Resorption im oberen Darmabschnitt, und die gleiche Serumkonzentration wie bei der intramuskulären Injektion einer gleichen Menge Penicillin-G-Natrium wird erreicht.

Die Penicilline sind vor allen Dingen wirksam bei Infektionen durch grampositive Bakterien, dagegen wenig oder gar nicht wirksam gegen gramnegative Bakterien.

Penicilline geben beim Einwirken von Hydroxylaminhydrochlorid und Kalilauge unter Aufspaltung des Lactamringes eine Hydroxamsäure, die nach Ansäuern der Lösung mit Eisen(III)-ionen einen roten Komplex bildet.

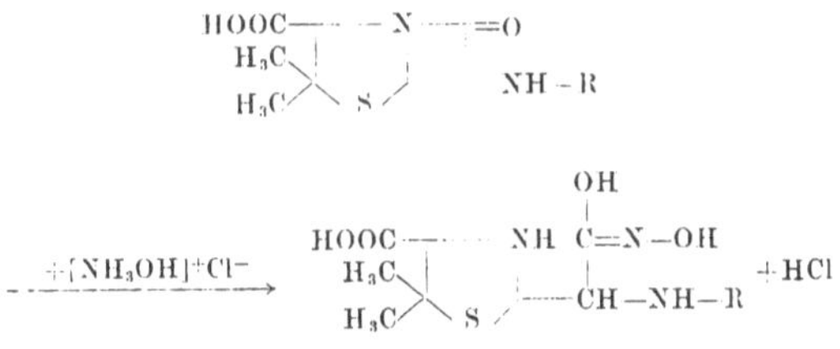

Diese Umsetzung bildet die Grundlage eines Verfahrens zur kolorimetrischen Bestimmung der Penicilline. Um nach diesem Verfahren brauchbare Werte zu erhalten, muß man den entstandenen Eisen(III)-Komplex mit n-Butanol ausschütteln und damit vom überschüssigen Hydroxylamin abtrennen.

Neben der biologischen Wertbestimmung wird zur quantitativen Bestimmung von reinen Penicillinen auch ein konventionelles jodometrisches Verfahren angewendet. Benzylpenicillin kann mit 1-Äthylpiperidin als Salz gefällt und auf diese Weise gravimetrisch bestimmt werden.

Bei der Prüfung einer großen Anzahl von Streptomyces-Arten auf antibiotisch wirksame Substanzen wurde von WAKSMAN das Streptomycin*• als Stoffwechselprodukt von *Streptomyces griseus* aufgefunden. Die häufig als Strahlenpilze bezeichneten Streptomyceten sind Bakterien und keine echten Pilze. Das Streptomycin* (genauer als Streptomycin A zu bezeichnen) kann hydrolytisch primär in das Aglykon Streptidin (1,3-Diguanidino-2,4,5,6-tetrahydroxycyclohexan) und das Disaccharid Streptobiosamin zerlegt werden. Das Streptobiosamin wird bei der Einwirkung stärkerer Säuren in das eine Aldehydgruppe enthaltende Monosaccharid Streptose und N-Methyl-L-glucosamin aufgespalten. Das Streptidin besitzt die gleiche Konfiguration wie der Mesoinosit.

Streptomyces griseus produziert in geringer Menge auch das Streptomycin B, das an den N-Methyl-L-glucosamin-Anteil des Streptomycins* noch ein Molekül Mannose gebunden enthält. Streptomycin B besitzt nur ca. ein Viertel der biologischen Wirkung des Streptomycins A und kann beim Reinigen des Streptomycins* leicht entfernt werden. Therapeutisch wird hauptsächlich das Streptomycinsulfat mit der Summenformel $(C_{21}H_{39}O_{12}N_7)_2 \cdot 3\,H_2SO_4$ verwendet. Streptomycin* ist eine dreisäurige Base. Im Streptomycinsulfat ist jeweils das N-Atom der Iminogruppe der beiden Guanidinreste und das N-Atom im N-Methyl-L-glucosamin-Anteil Träger einer positiven Ladung.

Durch katalytische Reduktion der Aldehydgruppe des Streptomycins* zu einer Alkoholgruppe wird das Dihydrostreptomycin* erhalten, das stabiler ist und ebenfalls

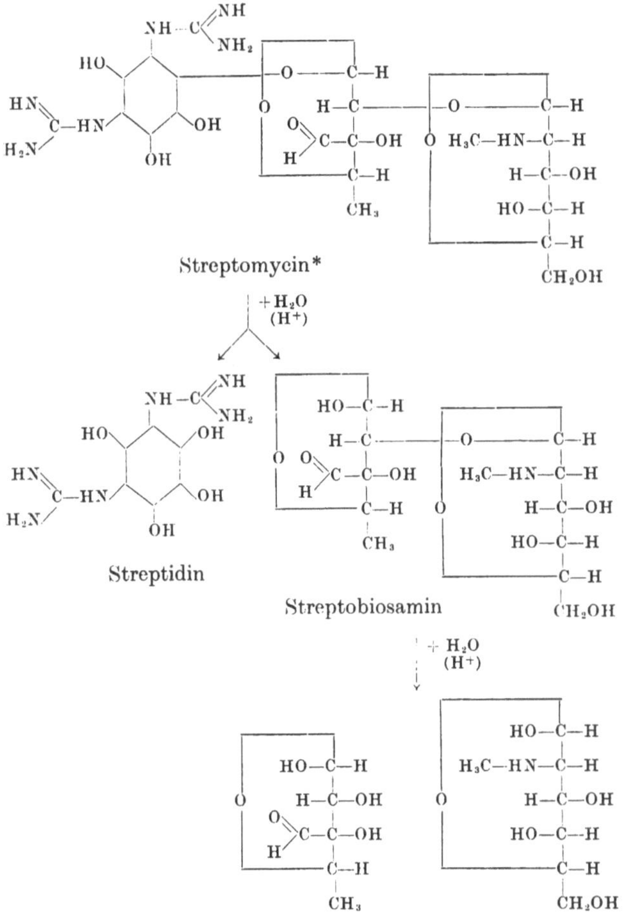

Streptose N-Methyl-*L*-glucosamin

als Sulfat in den Handel gelangt. Streptomycin* und Dihydrostreptomycin* wirken bei Infektionen durch grampositive Keime schlechter als die Penicilline, sind aber wirksamer gegen gramnegative Keime. Die Streptomycine werden hauptsächlich bei verschiedenen Formen der Tuberkulose angewendet. Die Streptomycine sind erheblich toxischer als die Penicilline. Als Nebenwirkungen können Gleichgewichts- und Hörstörungen auftreten.

Bei Einwirkung von Laugen auf Streptomycin* entsteht aus dem Streptose-Anteil das Maltol, das als Enol im sauren Milieu mit Eisen(III)-Ionen eine Rotfärbung ergibt. Dieses Nachweisverfahren ist zu einer quantitativen kolorimetrischen Methode zur Streptomycinbestimmung ausgebaut worden. Diese Umsetzung ist bei dem

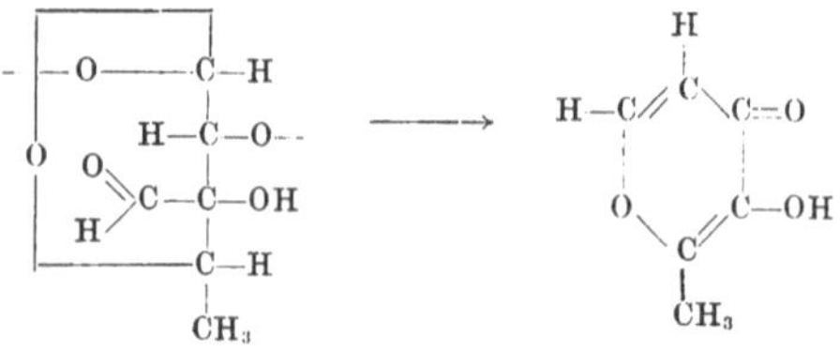

Maltol

Dihydrostreptomycin*, das keine Aldehydgruppe enthält, nicht möglich.

Als Tuberkulostaticum aus der Antibiotica-Reihe wird bisweilen auch das Cycloserin* benutzt, das zunächst als Stoffwechselprodukt von *Streptomyces orchidaceus* aufgefunden wurde, heute aber auch synthetisch hergestellt werden kann. Cycloserin* ist ein *D*-4-Amino-3-isoxazolidinon und damit wie das Penicillin aus einer *D*-konfigurierten Aminosäure aufgebaut.

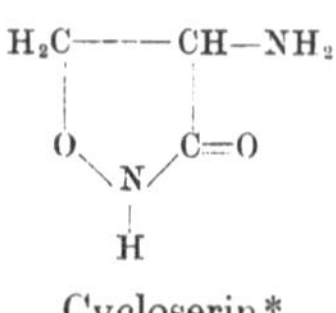

Cycloserin*

Ein Antibioticum, das nur noch synthetisch hergestellt wird, ist das Chloramphenicol* (Chloronitrin•, Chloromycetin). Chloramphenicol* wurde erstmals als Stoffwechselprodukt aus *Streptomyces venezuelae* gewonnen. *Streptomyces venezuelae* wurde aus einer aus Venezuela stammenden Bodenprobe im Rahmen einer breit angelegten Suche nach antibioticaführenden Mikroorganismen gezüchtet.

Das Chloramphenicol* ist ein *D*-(—)-threo-1-(p-Nitrophenyl)-2-dichloracetamino-propandiol-(1,3) und damit die erste in der Natur aufgefundene Nitroverbindung und das erste natürlich vorkommende Derivat der Dichloressigsäure. Das Chloramphenicol* enthält zwei asymmetrische Kohlenstoffatome und gehört der sich von der Threose ableitenden threo-Reihe an (s. S. 82).

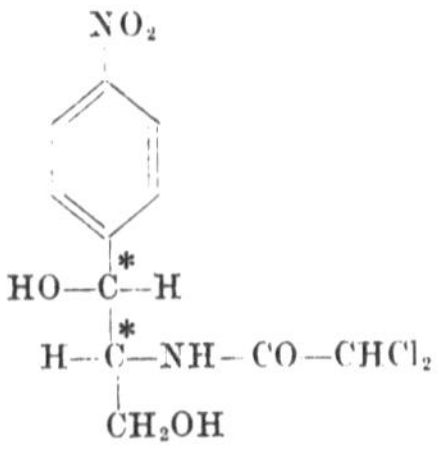

Chloramphenicol*

Zur Darstellung des Chloramphenicols* können ver-verschiedene Wege beschritten werden. Man kann z. B. vom p-Nitroacetophenon (I) ausgehen und durch Bromierung unter geeigneten Bedingungen das ω-Brom-p-nitroacetophenon (II) gewinnen. Durch Umsetzung mit Hexamethylentetramin und anschließende Acetylierung wird daraus das ω-Acetylamino-p-nitroacetophenon (III) erhalten, dessen Kohlenstoffkette durch Addition von Formaldehyd unter Bildung des 3-(p-Nitrophenyl)-2-acetamino-propanol-(1)-on-(3) (IV) verlängert werden kann. Nach Abspaltung des Acylrestes und Reduktion mit Aluminiumisopropylat entstehen verschiedene optische Isomere des 3-(p-Nitrophenyl)-2-amino-propandiol-(1,3) (V). Aus diesem Gemisch muß die Verbindung mit der *D*-threo-Konfiguration abgetrennt werden. Durch Acylierung dieser Verbindung mit Dichloracetylchlorid wird das Chloramphenicol* (VI) erhalten.

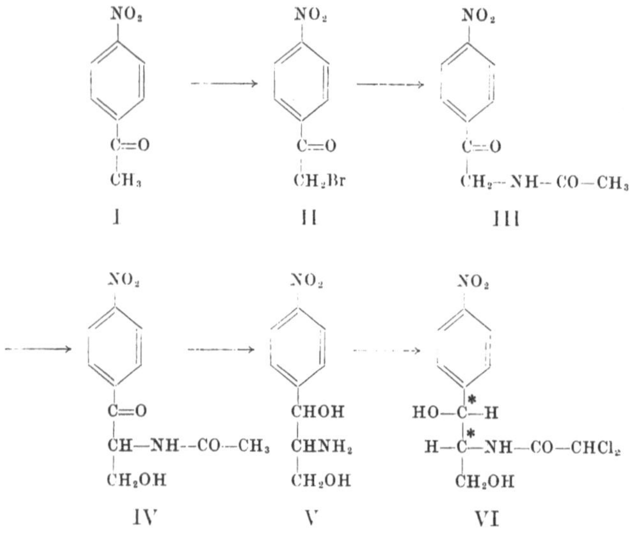

Chloramphenicol* ist wesentlich stabiler als die bisher behandelten Antibiotica. Zur Identifizierung des Chloramphenicols* kann eine alkalische Hydrolyse durchgeführt werden. Dabei bilden sich verschiedene Azofarbstoffe, die die Lösung gelb färben. Eine quantitative Bestimmung basiert auf der Titration der nach vollständiger Zerstörung der Substanz vorliegenden Chloridionen nach VOLHARD.

Chloramphenicol* ist vor allen Dingen gegen gramnegative Bakterien stark wirksam, wirkt aber auch – allerdings schwächer – gegen grampositive Bakterien.

Eine wichtige Gruppe der Antibiotica sind die Tetracycline, die ein tetracyclisches Grundgerüst besitzen. Die bekanntesten Vertreter der Tetracyclinreihe sind das Chlortetracyclin* (Aureomycin) und das Oxytetracyclin*

(Terramycin). Chlortetracyclin* wird von *Streptomyces aureofaciens* und Oxytetracyclin von *Streptomyces rimosus* gebildet. Durch reduktive Enthalogenierung von Chlortetracyclin* mit Hilfe von Wasserstoff unter der katalytischen Einwirkung von Palladium kann das Tetracyclin* (Achromycin) erhalten werden.

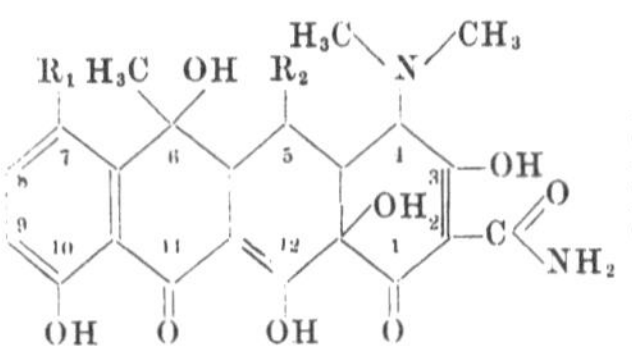

R_1 = Cl; R_2 = H: Chlortetracyclin*
R_1 = H; R_2 = OH: Oxytetracyclin*•
R_1 = H; R_2 = H: Tetracyclin*

Die Tetracycline sind amphotere Verbindungen. Sie verhalten sich einerseits wie zweibasische Säuren. Die stärkere Acidität besitzt die phenolische Hydroxylgruppe am $C_{(10)}$, die geringere Acidität die enolische Hydroxylgruppe am $C_{(12)}$. Bedingt durch die basische Dimethylaminogruppe können die Tetracycline andererseits als einsäurige Basen reagieren und mit Mineralsäuren Salze bilden. Die Hydrochloride der Tetracycline hydrolysieren in wäßriger Lösung in beträchtlichem Maße. Diese Lösungen reagieren stark sauer (pH 1,5—3,0) und sind für die Injektion schlecht geeignet. Die Lösungen der Natriumsalze der Tetracycline reagieren alkalisch (pH ca. 8,5—9,5). Im alkalischen Milieu sind die Tetracycline aber außerordentlich leicht zersetzlich. Um eine Injektion der Alkalisalze vornehmen zu können, bringt man die Tetracycline zusammen mit einem Glykokoll/NaOH-Puffer in Trockenampullen in den Handel. Die für die Injektion bestimmte Lösung darf erst kurz vor dem Gebrauch hergestellt werden. Der pH-Wert dieser Lösungen liegt zwischen 9,0 und 9,3.

Die Tetracycline besitzen einen intensiv bitteren Geschmack. Bei ihrer Verarbeitung zu Arzneien, die für die orale Applikation bestimmt sind, muß man durch Anwendung von Sirupen und Schleimen den bitteren

Geschmack zu überdecken versuchen. Häufig werden auch in derartigen Arzneien die Calciumsalze der Tetracycline verarbeitet, die praktisch unlöslich und aus diesem Grunde auch geschmacklos sind.

Zu einem leichter löslichen und besser injizierbaren Tetracyclin ist man durch die Einführung einer Pyrrolidin-methyl-Gruppe gelangt. Eine entsprechende Verbindung ist unter dem Namen Rolitetracyclinum* (Reverin) bekannt. Im löslichen Tetran□ befindet sich zusätzlich am $C_{(5)}$ wie im Oxytetracyclin eine Hydroxylgruppe.

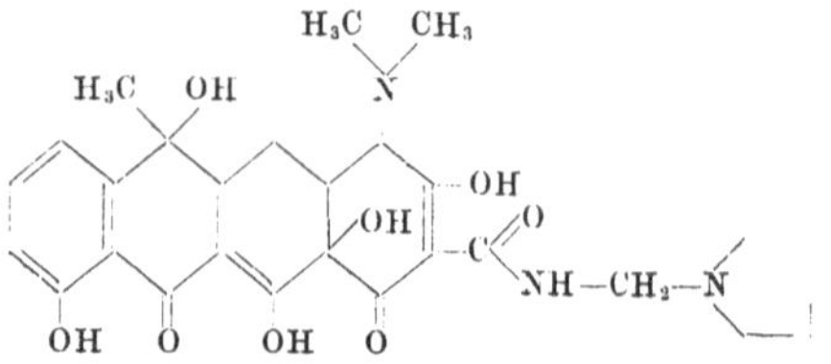

Rolitetracyclinum*

Das aus Submerskulturen von *Streptomyces niveus* und *Streptomyces spheroides* isolierte Novobiocin* (Inamycin) gehört wie auch das Penicillin zu den Peptidverbindungen. Novobiocin* enthält eine phenolische und eine enolische Hydroxylgruppe und bildet ein relativ stabiles, wasserlösliches Natriumsalz.

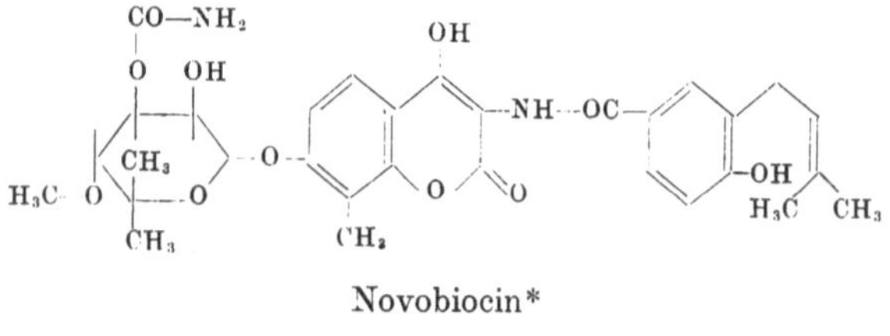

Novobiocin*

Von Mikroorganismen der Familie der Bacillaceen wurden verschiedene antibiotisch wirksame Polypeptide vom Molekulargewicht 1000 bis 2000 gewonnen. Die wichtigsten Antibiotica dieser Reihe sind das Bacitracin aus *Bacillus subtilis var. licheniformis*, das Polymyxin aus *Bacillus polymyxa* und das Tyrothricin aus *Bacillus brevis*. Die erwähnten Mikroorganismen bilden in der Regel mehrere Antibiotica, die in vielen Handelspräparaten nicht getrennt sind. Es gibt z. B. die Bacitracine A, B, und C und die Polymyxine A, B, C und D. Das Tyrothricin besteht zu 2/3 aus Gramicidin (Mol.-Gew. ca. 1000) und zu 1/3 aus Tyrocidin (Mol.-Gew. ca. 2000). Die einzelnen Polypeptid-Antibiotica werden in verschiedener Weise aus den Kulturmedien der entsprechenden Mikroorganismen isoliert, so z. B. durch Extraktion mit n-Butanol (Bacitracin), durch Adsorption (Polymyxin) oder durch isoelektrische Ausfällung (Tyrothricin). Die Stabilität der erwähnten Polypeptid-Antibiotica ist sehr unterschiedlich. Während Bacitracin relativ stabil ist, ist Polymyxin alkaliempfindlich und Tyrothricin thermolabil. Außer den schon aufgeführten Verbindungen werden noch die Polypeptid-Antibiotica Subtilin aus *Bacillus subtilis* und Circulin aus *Bacillus circulans* bisweilen verwendet. Obwohl diese Antibiotica Peptide sind, werden sie von den Peptidasen des Verdauungstraktes nicht angegriffen und aus dem Magen-Darm-Kanal nur in unbedeutendem Umfang resorbiert. Die Polypeptid-Antibiotica sind aus diesem Grunde gut für die Behandlung bakterieller Infektionen im Darmgebiet geeignet. Zur Behandlung sonstiger Infektionen eignen sie sich wegen ihrer beträchtlichen Toxizität nach parenteraler Applikation nicht.

Einer Gruppe von Antibiotica mit breitem Wirkungsspektrum liegt ein vielgliedriges Ringsystem zugrunde. Solche Verbindungen werden als Makrolide bezeichnet. Zu den Makroliden gehören das Erythromycin* von *Streptomyces erythreus*, das Carbomycin* (Magnamycin) von *Streptomyces halstedii* und das Oleandomycin* von *Streptomyces antibioticus*. Alle diese Verbindungen besitzen einen vielgliedrigen Lactonring, der von Hydroxyfettsäuren gebildet wird. Über Sauerstoffatome sind seltene, sauerstoffarme Zucker mit dem Lactonring glykosidisch verbunden. Die erwähnten Verbindungen enthalten auch ein basisches Stickstoffatom. Als Beispiel ist die Formel des Erythromycins* wiedergegeben.

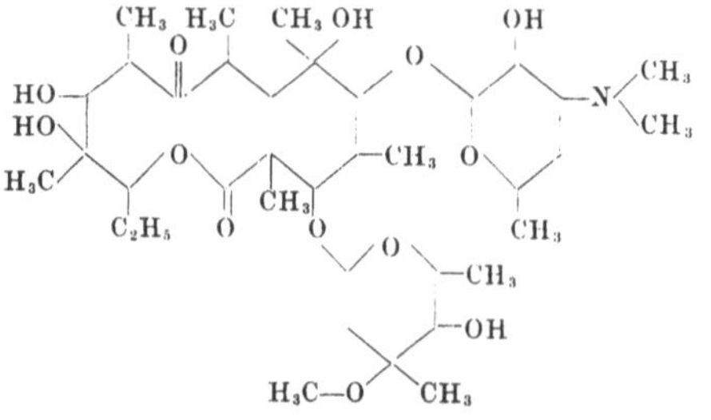

Erythromycin*

Als labiles Glykosid wird das Erythromycin* in sauren Lösungen schnell zerstört. Kühl aufbewahrte, neutral reagierende wäßrige Lösungen sind dagegen monatelang haltbar.

Aus verschiedenen Penicillium-Arten kann das fungicide Antibioticum Griseofulvin*• (Likuden) isoliert werden. Das Griseofulvin* ist bereits 1939 erstmals erhalten worden, wegen seiner beträchtlichen Toxizität aber unbeachtet geblieben. Nachdem man die antimykotische Wirkung des Griseofulvins* auf eine beträchtliche Anzahl hautpathogener Pilze festgestellt hatte, wurde diese Verbindung zur oralen Behandlung von Mykosen eingeführt. Mit der Anwendung des Griseofulvins* ist es zum ersten Male möglich geworden, die antimykotisch wirksame Substanz nach oraler Applikation auf dem Blutwege an das Stratum germinativum der Epidermis heranzuführen und damit eine bessere antimykotische Wirkung als bei der üblichen lokalen Behandlung mit den klassischen Antimykotica zu erreichen. Das Griseofulvin* ist zur Zeit noch sehr teuer. Die Synthese ist zwar gelungen, konnte aber bis jetzt noch nicht ökonomisch gestaltet werden.

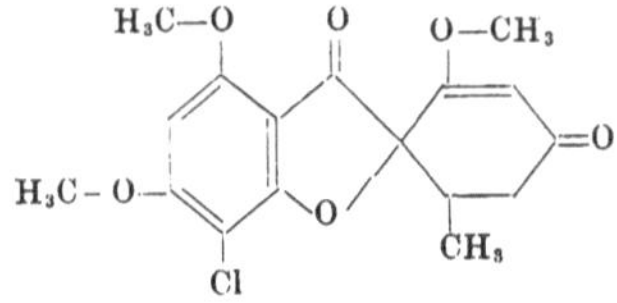

Griseofulvin*•

19. Vitamine

Vitamine sind lebensnotwendige organische Stoffe, die von Pflanzen oder Tieren in geringer Menge erzeugt und vom Organismus für den normalen Stoffwechsel benötigt werden. Ihr Fehlen führt zu Avitaminosen (Mangelkrankheiten) und schließlich zum Tode. Viele Vitamine sind Bestandteile von Fermenten.

Der Name „Vitamin" (vita = Leben) wurde von FUNK geprägt, der das aminartig reagierende Vitamin B_1 (Thiamin) als erstes näher untersuchte. Obwohl die meisten der heute bekannten Vitamine keinen aminartigen Charakter besitzen, hat sich der Name Vitamine international durchgesetzt.

Man teilt die Vitamine in zwei große Gruppen ein. Die erste Gruppe umfaßt die wasserunlöslichen Vitamine A, D, E und K. Zur zweiten Gruppe gehören die wasserlöslichen Vitamine der B-Reihe sowie die Vitamine C und P.

19.1. Wasserunlösliche Vitamine

Vitamin A, Axerophthol, findet sich als freier Alkohol oder verestert besonders reichlich im Leberöl bestimmter Fische. Daneben kommt es in Butter, Milch, Eigelb und in der Leber von Schlachttieren vor. Seine Struktur wurde von KARRER aufgeklärt. Danach ist Vitamin A all-trans-

3,7-Dimethyl-9-(2′,6′,6′-trimethyl-1′-cyclohexen-1′-yl)-2, 4,6,8-nonatetraen-1-ol.

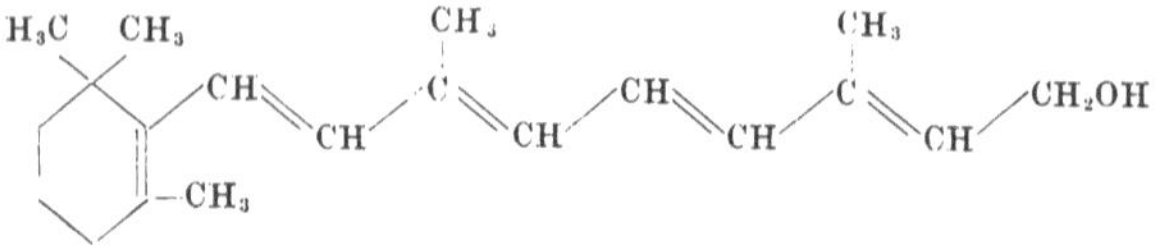

Vitamin A

Das Molekül besteht aus einem β-Jononring, an den sich eine aus zwei Isoprenresten aufgebaute Seitenkette mit vier Doppelbindungen und einer primären Hydroxylgruppe anschließt. Unter Vitamin A wird allgemein Vitamin A_1 verstanden, in dem an sämtlichen Doppelbindungen die trans-Konfiguration vorliegt.

Vitamin A ist in reiner Form ein viskoses, gelbliches Öl. Es ist unlöslich in Wasser, leicht löslich dagegen in organischen Lösungsmitteln wie Äther, Chloroform, Petroläther und fetten Ölen.

Vitamin A_2 hat eine zweite Doppelbindung im β-Jononring. Im Neovitamin A stehen die Substituenten an der letzten Doppelbindung vor der Hydroxylgruppe cis-ständig. Die Synthese des Vitamins A gelang R. Kuhn.

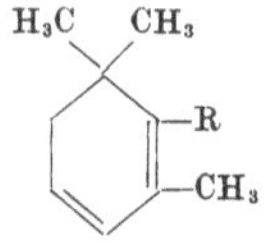

Vitamin A_2

β-Carotin ist das Provitamin des Vitamins A. Als Provitamine bezeichnet man Substanzen, die selbst keine Vitaminwirkung besitzen, im Organismus aber leicht in die eigentlichen Vitamine umgewandelt werden können. Das Carotin gehört zu der in der Natur weit verbreiteten Stoffklasse der orange bis rot gefärbten Carotinoide und wurde von Wackenroder zuerst aus Karotten isoliert.

Durch Adsorptionschromatographie konnte das Rohcarotin in drei Fraktionen aufgetrennt werden, die man als α-, β- und γ-Carotin bezeichnet. Das β-Carotin besitzt folgende Formel:

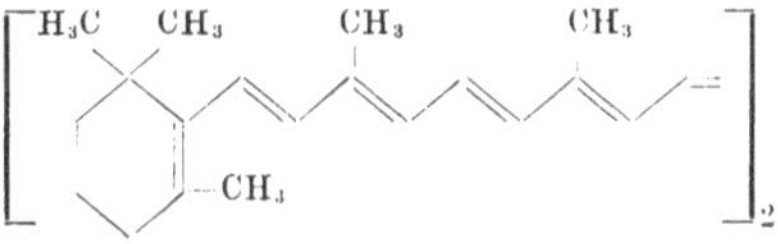

β-Carotin

Im Organismus kann das Molekül an der mittleren Doppelbindung oxydativ unter Bildung von zwei Molekülen Vitamin A aufgespalten werden.

Vitamin A kommt als Ester der Essigsäure oder einer anderen geeigneten Fettsäure (z. B. Palmitinsäure) in öliger Lösung in den Handel. Als Lösungsmittel hat sich gereinigtes, peroxidfreies Erdnußöl bewährt.

Vitamin A ist gegen Luftsauerstoff sehr empfindlich. Zur Stabilisierung werden den Handelspräparaten Antioxydantien, wie α-Tocopherol oder Butylhydroxyanisol (3-tert-Butyl-4-hydroxyanisol), zugesetzt. Vitamin A zersetzt sich unter Einwirkung von ultraviolettem Licht rasch. Die Lösungen müssen deshalb vor Licht geschützt aufbewahrt werden.

Der Gehalt der Zubereitungen wird in Internationalen Einheiten angegeben. 1 I. E. entspricht einem Gehalt von 0,300 μg Vitamin A oder 0,344 μg Vitamin-A-acetat.

Zum qualitativen Nachweis des Vitamins A kann die Carr-Price-Reaktion herangezogen werden. Eine Lösung des Vitamins A in wasserfreiem Chloroform zeigt auf Zusatz einer Lösung von Antimon(III)-chlorid in wasserfreiem Chloroform eine blaue, allmählich verblassende Farbe. Diese Reaktion wurde früher auch zur quantitativen Bestimmung benutzt. Heute führt man die quantitativen Bestimmungen besser spektrophotometrisch aus.

Vitamin A wird unter anderem bei Wachstumsstörungen, bei Epithelschäden, gegen Nachtblindheit und gegen Xerophthalmie verwendet.

Vitamin D, antirachitisches Vitamin, kommt in der Natur in Leberölen verschiedener Fische vor. Besonders reich an Vitamin D sind Heilbutt- und Dorschleberöle. In Nahrungsmitteln wie Butter, Eigelb, Käse und verschiedenen Speisepilzen sind hauptsächlich die Provitamine D, Ergosterin und 7-Dehydrocholesterin anzutreffen. Von den bisher bekannten Vitaminen der D-Reihe, die sich in ihrer Struktur meist nur wenig voneinander unterscheiden, werden nur die Vitamine D_2 (Calciferol*, Ergocalciferol) und D_3 (Cholecalciferol) therapeutisch verwendet.

Vitamin D_2 entsteht aus dem im Pflanzenreich weit verbreiteten Ergosterin durch Bestrahlung mit ultraviolettem Licht. Auf diese Weise wurde es auch 1932 von WINDAUS erstmalig dargestellt. Das vorher isolierte Vitamin D_1 erwies sich als eine Molekülverbindung aus Lumisterin und Vitamin D_2. Die Strukturaufklärung gelang WIN-

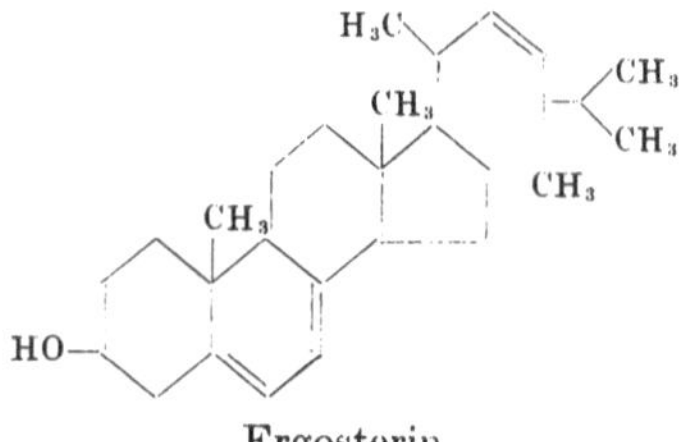

Ergosterin

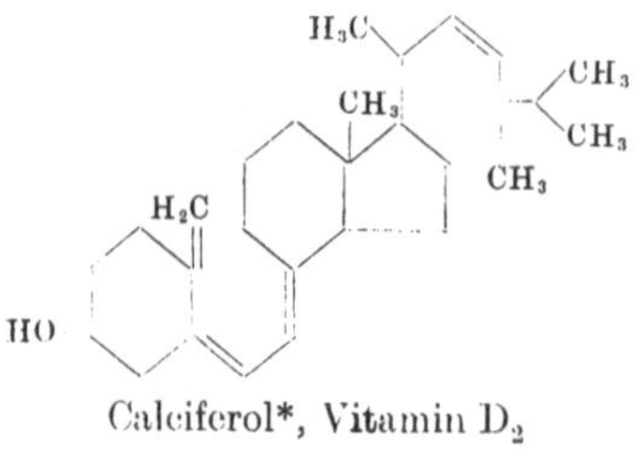

Calciferol*, Vitamin D_2

DAUS und HEILBRON. Calciferol* und Ergosterin sind isomere Substanzen.

Bei der Bestrahlung des Ergosterins mit ultraviolettem Licht bildet sich primär das Praecalciferol, das durch weitere Lichteinwirkung in $Lumisterin_2$ und $Tachysterin_2$ umgewandelt wird[2]). Diese Verbindungen stehen mit dem Praecalciferol im Gleichgewicht. In einer thermischen Isomerisierungsreaktion entsteht aus dem Praecalciferol das gewünschte Calciferol*.

Bei längerer Bestrahlungsdauer entstehen die sog. Überbestrahlungsprodukte, die als Suprasterine I und II und als $Toxisterin_2$ bezeichnet werden und keine antirachitische Wirkung besitzen.

Bei der technischen Gewinnung des Vitamins D_2 wird Ergosterin in äthanolischer, ätherischer oder benzolischer Lösung mit Kohlebogenlampen oder Quecksilberdampflampen bestrahlt. Wenn noch etwa 4% Ergosterin vorhanden sind, wird die Reaktion abgebrochen und das Calciferol nach Abtrennung des unumgesetzten Ergosterins und der Nebenprodukte als 3,5-Dinitrobenzoesäureester isoliert und nach Hydrolyse durch Umkristallisieren gereinigt.

Calciferol* bildet farblose Kristalle oder ein weißes, kristallines Pulver. Die Substanz ist in Äther, Chloroform oder Aceton leicht löslich, wenig löslich in fetten Ölen, praktisch unlöslich in Wasser und gegen die Einwirkung von Wärme relativ beständig. Von oxydierenden Substanzen und Säuren wird es zersetzt.

Vitamin D_3 wurde von BROCKMANN aus Thunfischlebertran isoliert. Es entsteht durch Ultraviolettbestrahlung von 7-Dehydrocholesterin und unterscheidet sich von Vitamin D_2 durch das Fehlen einer Methylgruppe und einer Doppelbindung in der Seitenkette.

Zum Nachweis des Calciferols* werden neben der Bestimmung des Schmelzpunktes des 3,5-Dinitrobenzoe-

---

[2]) Die Bestrahlungsprodukte tragen den gleichen Index wie das entsprechende Vitamin, hier also „2".

säureesters Farbreaktionen herangezogen. Nach LIEBERMAN/BURCHARD gibt eine Lösung der Substanz nach Zusatz von Essigsäureanhydrid und einem Tropfen Schwefelsäure eine Rotfärbung, die schnell über Violett und Blau nach Grün umschlägt. Diese Reaktion geben auch Ergosterin, Cholesterin und andere Sterine. Nach BROCKMANN und CHEN entsteht bei Zusatz einer Antimon(III)-chloridlösung zur Substanzlösung eine orangegelbe Färbung. Als Lösungsmittel wird absolutes Chloroform verwendet. Diese Reaktion ist auch zur quantitativen Bestimmung des Calciferols* geeignet.

Im Organismus werden die Provitamine in der Haut gespeichert und hier durch Einwirkung des Sonnenlichtes in die Vitamine umgewandelt. Die Vitamine der D-Reihe greifen vornehmlich in den Calcium- und Phosphatstoffwechsel ein. Sie werden hauptsächlich zur Prophylaxe und Therapie der Rachitis verwendet.

Vitamin E (Tocopherol) ist in tierischen und pflanzlichen Geweben weit verbreitet. Besonders reichlich findet es sich in Weizenkeimlingen, in einigen Samenölen, z. B. in Maisöl und Sojaöl, in verschiedenen Gemüsearten, wie Kopfsalat, und in Butter. Von EVANS wurden vier Wirkstoffe der Vitamin-E-Reihe isoliert, die Tocopherole α, β, γ und δ. Um die Konstitutionsaufklärung haben sich FERNHOLZ, JOHN, KARRER und TODD verdient gemacht. Die Tocopherole sind Abkömmlinge des Chromans mit einer aus Isoprenresten aufgebauten Seitenkette. Im Chromanringsystem sind ein Benzolring und ein Pyranring miteinander kondensiert.

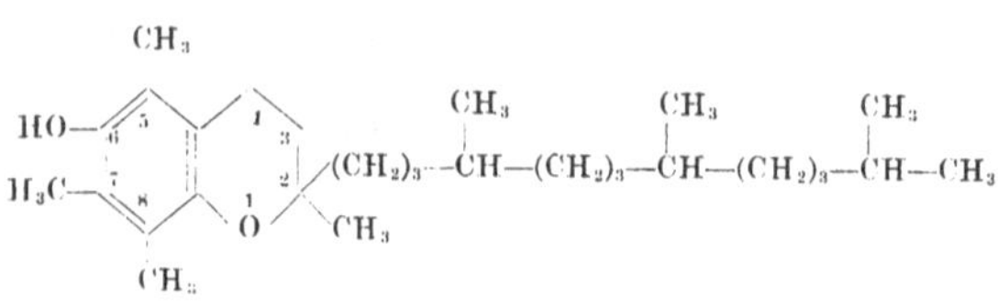

α-Tocopherol

Beim β-Tocopherol fehlt die Methylgruppe in 7-Stellung und beim γ-Tocopherol in 5-Stellung. Im δ-Tocopherol befindet sich nur noch eine Methylgruppe in 8-Stellung. Die Synthese des α-Tocopherols gelang KARRER im Jahre 1938.

α-Tocopherol ist ein gelbes Öl, das sich unter Lichteinwirkung rasch dunkel färbt. Es löst sich leicht in fetten Ölen und in organischen Lösungsmitteln wie Äther, Petroläther und Chloroform. In Wasser ist es unlöslich. α-Tocopherol ist gegen Säuren, Alkalien und Hitze relativ beständig. Von Oxydationsmitteln wird es sofort zerstört. Die zur Herstellung der Lösungen verwendeten Öle müssen deshalb peroxidfrei sein. Auf seiner leichten Oxydierbarkeit beruht die Verwendung des α-Tocopherols als Antioxydans zum Schutze anderer oxydationsempfindlicher Arzneistoffe. Therapeutisch wird das stabilere Tocopherolacetat verwendet.

Vitamin E wird als Antisterilitätsvitamin bezeichnet und ist für die normale Entwicklung der Frucht unentbehrlich. Es wird bei Fertilitätsstörungen, Dysmenorrhoe, klimakterischen Beschwerden und verschiedenen anderen Indikationen gegeben.

Als „*Vitamin F*" werden vielfach essentielle, stark ungesättigte Fettsäuren, wie Linol-, Linolen- und Arachidonsäure, bezeichnet. Da diese Substanzen aber zu den Hauptnährstoffen gehören und integrierende Bestandteile unserer Körpersubstanz sind, sollten sie besser nicht als Vitamine bezeichnet werden.

Vitamin K findet sich vorwiegend in grünen Pflanzen. Bisher sind in der Natur zwei Wirkstoffe aufgefunden worden, die als Vitamin K_1 (α-Phyllochinon) und Vitamin K_2 (β-Phyllochinon, Farnochinon) bezeichnet werden. Vitamin K_1 wurde von KARRER 1939 erstmalig aus Alfalfa-Gras isoliert. Konstitutionsaufklärung und Synthese wurden im gleichen Jahr von DOISY und FIESER durchgeführt. Vitamin K_1 ist das 2-Methyl-3-phytyl-1,4-naphthochinon. Vitamin K_2 trägt an Stelle des Phytylrestes eine längere Seitenkette und kommt in Bakterien vor.

Neben diesen natürlichen Wirkstoffen gibt es eine Reihe synthetischer Derivate des Naphthochinons mit Vitamin-K-Wirkung, von denen das als Vitamin K_3 bezeichnete 2-Methyl-1,4-naphthochinon (Menadion*) therapeutisch allgemein angewendet wird. Menadion* ist ein hellgelbes

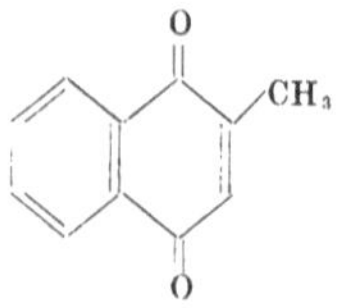

Menadion*, Vitamin K_3

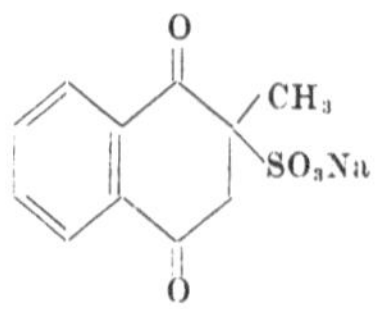

Menadion-Natriumbisulfit*

bis grüngelbes, kristallines Pulver von schwachem, eigentümlichem Geruch, das die Haut und die Schleimhäute reizt. Menadion* ist in Wasser fast unlöslich, wenig löslich in Äthanol, Chloroform und fetten Ölen, leicht löslich in Benzol. Gut wasserlöslich ist dagegen die Natriumbisulfitverbindung, das Menadion-Natriumbisulfit*. Der Bisulfitrest ist nicht, wie man erwarten könnte, an eine der beiden Carbonylgruppen addiert, sondern befindet sich am Kohlenstoffatom 2 des Naphthochinonringes.

Menadion* wird synthetisch durch Oxydation des 2-Methylnaphthalins mit Chromsäureanhydrid in Eisessiglösung gewonnen. Durch Einwirkung von Alkalien, starken Säuren, reduzierenden Substanzen und Licht wird es zerstört.

Vitamin K greift im Körper in den Mechanismus der Blutgerinnung ein. Es katalysiert die Bildung des Prothrombins in der Leber. Das von Coli-Bakterien im Dickdarm synthetisierte Vitamin K reicht im allgemeinen zur Versorgung des Organismus aus. Wird die Darmflora durch Salicylate, Sulfonamide oder Antibiotica geschädigt, kann es zu Vitamin-K-Mangel kommen. Fehlen des Vitamins führt zu verstärkter Blutungsneigung und zu einer Verlängerung der Blutgerinnungszeit.

19.2. Wasserlösliche Vitamine

Zur Reihe der B-Vitamine rechnet man eine Gruppe wasserlöslicher Vitamine, die chemisch verschiedenen Stoffklassen angehören und in der Natur häufig vergesellschaftet vorkommen. Man spricht deshalb auch von einem Vitamin-B-Komplex. Reine Avitaminosen einzelner B-Vitamine sind daher selten. Im Organismus sind diese Vitamine, meist an Phosphorsäure gebunden, als Co-Fermente am Aufbau lebenswichtiger Stoffwechselfermente beteiligt.

Zum Vitamin-B-Komplex gehören:
Vitamin B_1 (Thiamin*, Aneurin), Vitamin B_2 (Riboflavin*), Vitamin B_6 (Pyridoxin*), Vitamin B_{12} (Cyanocobalamin*) sowie die Vitamin-B-Faktoren Biotin*, Pantothensäure, Folsäure* und p-Aminobenzoesäure. Die Existenz weiterer Vitamine der B-Reihe (B_3, B_5, B_7, B_{13}, B_{14}) ist zweifelhaft.

Vitamin B_1 findet sich in fast allen pflanzlichen und tierischen Geweben, relativ reichlich in Hefe, Getreidekeimen, Kartoffeln, Gemüse, Früchten und Reiskleie. 1926 wurde es erstmalig von JANSEN und DONATH aus Reiskleie isoliert. Die Konstitution konnten WILLIAMS und WINDAUS aufklären. Im Vitamin-B_1-Molekül sind ein Pyrimidin- und ein Thiazolring über eine CH_2-Gruppe miteinander verknüpft.

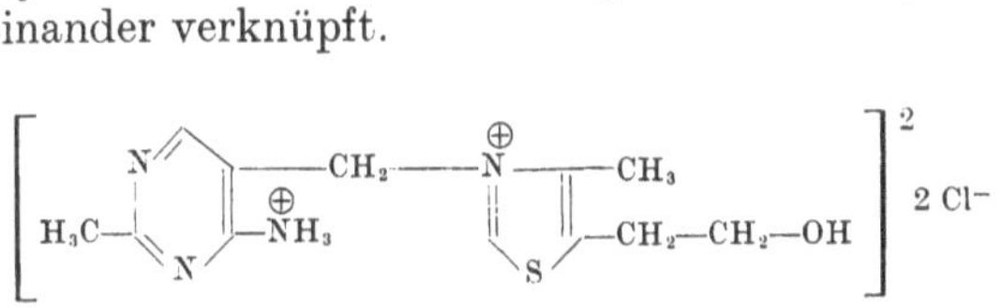

Vitamin B_1

Der Thiazolring wurde hier erstmalig in einem Naturstoff aufgefunden. Vitamin B_1 wird heute ausschließlich synthetisch gewonnen. Das salzsaure Salz bildet farblose Nadeln. Die wäßrigen Lösungen reagieren sauer und können in der Hitze sterilisiert werden. Gegen Luftsauerstoff und gegen Säuren ist Thiamin* beständig. Im alkalischen Milieu zersetzt es sich rasch, wobei zuerst der Thiazolring geöffnet wird. Thiamin* besitzt einen spezifischen, hefeartigen Geruch.

Zum Nachweis des Thiamins* kann die Thiochromreaktion herangezogen werden. Eine wäßrige Substanzlösung wird durch Natronlauge gelb gefärbt. Nach Zugabe von Kaliumhexacyanoferrat(III)-lösung zu dieser wäßrig-alkalischen Lösung und Schütteln mit Isobutanol tritt in der Isobutanolschicht eine kräftige blauviolette Fluoreszenz auf. Die Fluoreszenz verschwindet bei Zugabe von Salzsäure und tritt nach Zugabe von Natronlauge erneut auf. Das bei dieser Reaktion entstehende Thiochrom besitzt folgende Struktur:

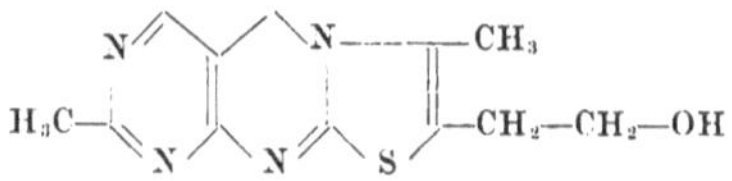

Thiochrom

Zur Gehaltsbestimmung wird eine genau gewogene Substanzmenge in Wasser gelöst und mit n/10 KOH gegen Bromthymolblau bis zum Farbumschlag titriert. 1 I.E. Vitamin B_1 entspricht einer Menge von 3 μg Aneurinhydrochlorid.

Die Symptome der Vitamin-B_1-Hypovitaminose sind sehr zahlreich. Vitamin B_1 wird gegen die ostasiatische Beri-Beri-Krankheit, bei Neuritiden, Neuralgien, Migräne, Schlaflosigkeit, Wachstums- und Entwicklungsstörungen, verschiedenen Herzbeschwerden, verschiedenen muskulären Symptomen, bei Magen- und Darmatonie, sowie bei Leberparenchymschäden gegeben.

Vitamin B_2 (Riboflavin*, Lactoflavin) kommt in fast allen pflanzlichen und tierischen Geweben vor. Besonders reichlich findet es sich in Hefe, Leber, Milch und Eiern. Mit Phosphorsäure verestert, ist Riboflavin* am Aufbau der Flavinenzyme beteiligt. Von R. Kuhn wurde es 1933 aus Molke erstmalig in kristallisierter Form erhalten. Um die Konstitutionsaufklärung haben sich KUHN und KARRER verdient gemacht. KARRER gelang auch die erste Totalsynthese. Riboflavin* ist 6,7-Dimethyl-9-(*D*-1′-ribityl)-isoalloxazin. Das Molekül besteht aus einem Isoalloxazinringsystem und einer zuckerähnlichen Seitenkette, dem *D*-Ribit. Das Isoalloxazin ist ein zusammengesetztes Ringsystem, in dem ein Benzol-, ein Pyrazin- und ein Pyrimidinring miteinander kondensiert sind.

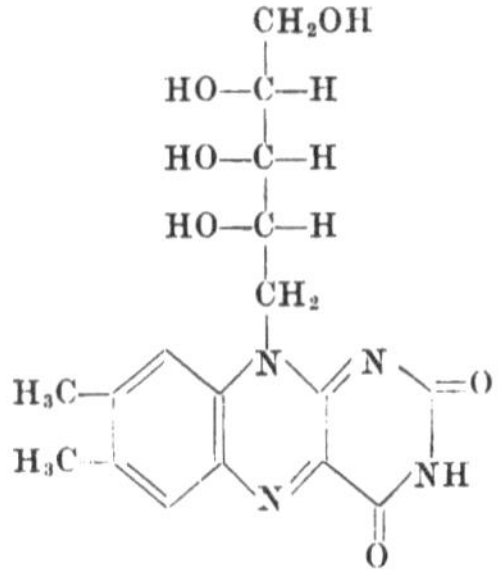

Vitamin B_2, Riboflavin*

Riboflavin* ist ein gelbes bis orangegelbes, kristallines Pulver von bitterem Geschmack. Es ist in Wasser schwer, in organischen Lösungsmitteln wie Äthanol, Äther, Chloroform usw. fast unlöslich. Ein gewisses Lösungsvermögen besitzt physiologische Kochsalzlösung. Riboflavin* löst sich leicht in verdünnten Alkalien. Die wäßrigen Lösungen des Riboflavins* reagieren neutral und zeigen eine intensive gelbgrüne Fluoreszenz, die auf Zusatz von Salzsäure oder Natronlauge verschwindet. Alkalische Lösungen des Riboflavins* drehen die Ebene des polarisierten Lichtes nach links. Riboflavin* ist in saurer Lösung hitzebeständig. Auffällig ist die starke Lichtempfindlichkeit des Vitamins. Bei Einwirkung von Licht auf die alkalische Lösung bildet sich unter Abspaltung des Ribitylrestes neben dem farblosen Lumichrom das gelbe Lumiflavin (6,7,9-Trimethyl-isoalloxazin).

Typische Vitamin-B_2-Avitaminosen sind nicht bekannt. Vitamin B_2 wird bei Schleimhautveränderungen, Hornhautentzündungen, rissigen Lippen, Blutarmut, Mattigkeit, Wachstumsstörungen bei Kindern und verschiedenen anderen Indikationen gegeben.

Vitamin B_6 (Pyridoxin*, Adermin) ist das Hydrochlorid des 2-Methyl-3-hydroxy-4,5-bis-(hydroxymethyl)-pyridins. Es kommt in allen pflanzlichen und tierischen Geweben vor. Besonders reich an diesem Wirkstoff sind Leber, Niere, Hefe, Gemüsepflanzen, Karotten, Bananen und Getreidekeime. Pyridoxin* wurde zuerst von R. KUHN aus Hefe isoliert. Die dem Pyridoxin* strukturell eng verwandten Verbindungen Pyridoxal und Pyridoxamin wirken in gleicher Weise und können im Organismus leicht ineinander übergehen. In der lebenden Zelle sind sie als

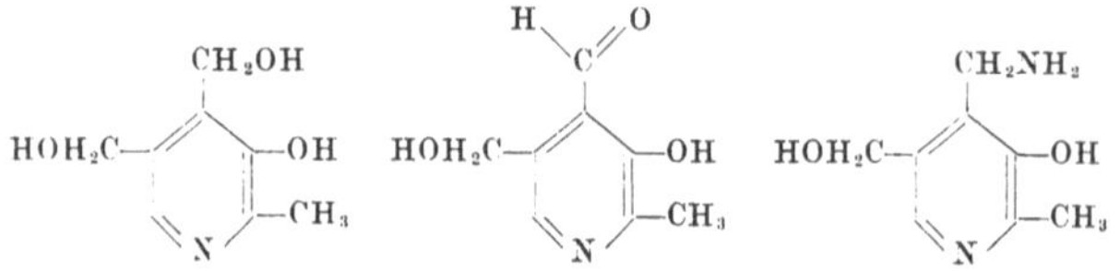

Pyridoxin* Pyridoxal Pyridoxamin

Phosphorsäureester, an Eiweiß gebunden, am Aufbau zahlreicher Enzyme des Eiweißstoffwechsels beteiligt.

Adermin wird heute ausschließlich synthetisch gewonnen und kommt als Hydrochlorid in den Handel. Das Salz ist gut wasserlöslich. Die wäßrigen Lösungen reagieren sauer (pH etwa 3). Aderminhydrochlorid ist gegen Hitze beständig. Auch gegen die Einwirkung von Säuren und Laugen ist es relativ widerstandsfähig. Durch Lichteinwirkung wird es relativ rasch zerstört.

Zum Nachweis des Adermins kann neben der Rotfärbung mit Eisen(III)-chloridlösung der Schmelzpunkt des Pikrates herangezogen werden. Die quantitative Bestimmung des Aderminhydrochlorides kann alkalimetrisch (gegen Methylrot als Indikator) oder argentometrisch (Chloridbestimmung) erfolgen.

Vitamin-B_6-Mangelerscheinungen äußern sich in Störungen des Eiweißstoffwechsels. Adermin wird bei toxischer Leukopenie, toxischen Neuritiden, seborrhoischer Dermatitis, neurologischen Symptomen der Pellagra, bei Hyperemesis verschiedener Genese und in neuerer Zeit zur Prophylaxe und Therapie der Reisekrankheiten gegeben.

Vitamin B_{12}, der komplizierteste Wirkstoff dieser Gruppe, wird Cyanocobalamin* genannt und ist identisch mit dem Antiperniciosafaktor, dem extrinsic-factor (CASTLE) und dem animal-protein-factor. 1948 wurde es erstmalig aus Leber in kristallisierter Form isoliert. Besonders reich an Vitamin B_{12} sind weiter Muskelfleisch und Milz. Größere Mengen Cyanocobalamin* lassen sich auch im Darminhalt und in den Faeces von Mensch und Tier nachweisen. Schließlich konnte es auch aus den Kulturflüssigkeiten des Pilzes *Streptomyces griseus* isoliert werden.

Das außerordentlich kompliziert gebaute Molekül hat die Summenformel $C_{63}H_{88}CoN_{14}O_{14}P$ und ein Molekulargewicht von 1.355,4. Die Struktur des Cyanocobalamins* konnte 1955 von HODGKIN und Mitarbeitern aufgeklärt werden. Cyanocobalamin* besitzt einen porphyrinähnlichen Grundkörper, in dessen Zentrum ein dreiwertiges Kobaltatom eingebaut ist. Dazu kommt noch ein Nucleotidrest, der aus dem 5,6-Dimethyl-benzimidazol, Ribose und Phosphorsäure besteht. An das zentrale Kobaltatom ist beim Cyanocobalamin* ein Cyanidrest koordinativ gebunden. An dieses Kobaltatom können auch andere Anionen gebunden sein. Man unterscheidet zwischen Hydroxo-, Nitrito-, Chloro-, Cyanato-, Thiocyanato- und Sulfatocobalamin. Diese Derivate kann man durch Einwirkung der entsprechenden Säuren auf Hydroxocobalamin erhalten. Die stärkste Antiperniziosawirkung zeigt Cyanocobalamin*. Hydroxocobalamin ist etwas schwächer wirksam, wird aber langsamer ausgeschieden und wirkt daher länger.

Vitamin B_{12} wird heute technisch aus Bakterienkulturen oder aus Belebtschlamm oder Faulschlamm, die bei der Abwasseraufbereitung in Kläranlagen anfallen, gewonnen.

Cyanocobalamin* bildet dunkelrote Kristalle oder ein dunkelrotes, kristallines Pulver. Es ist hygroskopisch und nimmt an der Luft bis zu 12% Wasser auf. Cyanocobalamin* ist in Wasser und Äthanol gut löslich, fast unlöslich in Aceton, Äther und Chloroform.

Neutrale bis schwach saure Lösungen des Cyanocobalamins* sind bei Zimmertemperatur beständig. Die wäßrigen Lösungen sind bei pH 4,5—5,0 auch hitzebeständig. Alkalien und starke Säuren sowie Lichteinwirkung führen zu einer Aktivitätsminderung. Das Ultraviolettabsorptionsspektrum einer wäßrigen Lösung zeigt drei charakteristische Maxima bei

$$\lambda = 278\,\mathrm{m}\mu; \quad \lambda = 361\,\mathrm{m}\mu; \quad \lambda = 550\,\mathrm{m}\mu.$$

Aus den Quotienten der unter definierten Bedingungen bei diesen Wellenlängen gemessenen Extinktionskoeffizienten lassen sich Aussagen über die Reinheit eines Präparates machen.

Vitamin B_{12} ist bei perniziöser Anaemie das Mittel der Wahl. Es vermag die früher verwendeten Leberpräparate zu ersetzen. Daneben wird es bei Wachstumsstörungen der Säuglinge, gegen Schulmüdigkeit und Konzentrationsschwäche sowie gegen verschiedene Arten von Neuralgie verwendet.

Vitamin P ist keine einheitliche Substanz. Die Vitamin-P-Wirkung kommt einer Reihe von Glykosiden zu, deren Aglykone Flavon-, Flavonol- bzw. Flavononderivate sind. Vitamin-P-Faktoren sind Rutin, Hesperidin, Eriodictin, Quercitrin, Cyanidinrutinosid und *d*-Epicatechin. Von diesen Verbindungen besitzt das Rutin (Rutosid*) die stärkste Vitamin-P-Wirkung. Die Vitamin-P-Substanzen finden sich in Citrusfrüchten, Paprika, Hagebutten, Buchweizen, Johannisbeeren usw. Rutin verdankt seinen Namen dem Vorkommen in der Weinraute (*Ruta graveolens L.*). Rutin ist das 5,7,3',4'-Tetrahydroxyflavonol-3-rutinosid,

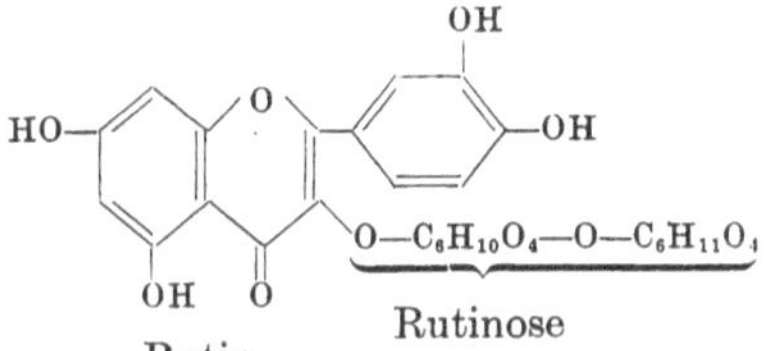

Rutin

Dem Molekül liegt das Flavonringsystem zugrunde. Die Rutinose liefert bei der sauren Hydrolyse *D*-Glucose und die Methylpentose *L*-Rhamnose. Rutinose ist als 6-Rhamnosido-$<1,5>$-*D*-glucose erkannt worden.

Rutin ist ein hellgelbes, mikrokristallines Pulver, das in kaltem Wasser schwer löslich, in heißem Wasser und in Äthanol leichter löslich ist. In organischen Lösungsmitteln, wie Äther oder Chloroform, ist es praktisch unlöslich. In verdünnten Alkalihydroxidlösungen und in Ammoniaklösung löst sich Rutin gut.

Rutin wird bei Blutungen verwendet, die durch erhöhte Kapillarpermeabilität und Gefäßbrüchigkeit bedingt sind.

Pantothensäure zählt zu den Vitaminen des B-Komplexes. Sie wird auch als Filtratfaktor oder als Anti-Graue-Haare-Faktor bezeichnet. Pantothensäure findet sich sowohl in freier als auch in gebundener Form im pflanzlichen und tierischen Gewebe. Besonders reich an Pantothensäure sind Hefe, Reiskleie, Eigelb und Leber. Pantothensäure ist Baustein des Coenzyms A, das beim Auf- und Abbau der Fette und im Citronensäurecyclus eine entscheidende Rolle spielt. In der Pantothensäure, die von WILLIAMS 1933 erstmals isoliert und 1938 in ihrer Struktur aufgeklärt wurde, ist die Dihydroxy-β,β-dimethylbuttersäure mit der in der Natur selten vorkommenden β-Aminosäure β-Alanin säureamidartig verknüpft.

Pantothensäure

Biologisch ist nur die rechtsdrehende *D*-Form wirksam. Pantothensäure kann aus α-Hydroxy-β,β-dimethyl-γ-butyrolacton und β-Alanin synthetisch dargestellt werden. Das anfallende Racemat wird über die Chininsalze getrennt.

Pantothensäure ist ein hellgelbes Öl, das bisher nicht zur Kristallisation gebracht werden konnte. Im Handel befindet sich das Calciumsalz. Calciumpantothenat bildet ein weißes, schwach hygroskopisches Pulver von bitterem Geschmack, das in Wasser und Glycerin gut, in Äthanol dagegen wenig löslich ist. Pantothensäure ist für viele Mikroorganismen ein wichtiger Wuchsstoff. Für viele Tiere besitzt sie Vitamincharakter. Ob sie für den Menschen unentbehrlich ist, ist noch umstritten. Gleiche Anwendung findet auch der der Pantothensäure entsprechende Alkohol Dexpanthenol* (Panthenol•, Bepanthen).

Die *Folsäure** (Pteroylglutaminsäure, Lactobacillus-caseii-Faktor, Vitamin B_{10}, Vitamin B_{11}) ist ein weiterer Wirkstoff der Vitamin-B-Reihe, der im Tier- und Pflanzenreich weit verbreitet ist. Ihre Isolierung gelang Mitchell, Snell und Williams 1941 aus Spinat. Daneben findet sich die Folsäure* besonders reichlich in Hefe, Leber, Ei und Niere. Auch aus Bakterienkulturen konnte sie isoliert werden. Die Konstitutionsaufklärung gelang 1946 Stokstad. Der Folsäure* liegt das Pteridingerüst zugrunde, das mit p-Aminobenzoesäure und Glutaminsäure verbunden ist. In der Natur kommen hauptsäch-

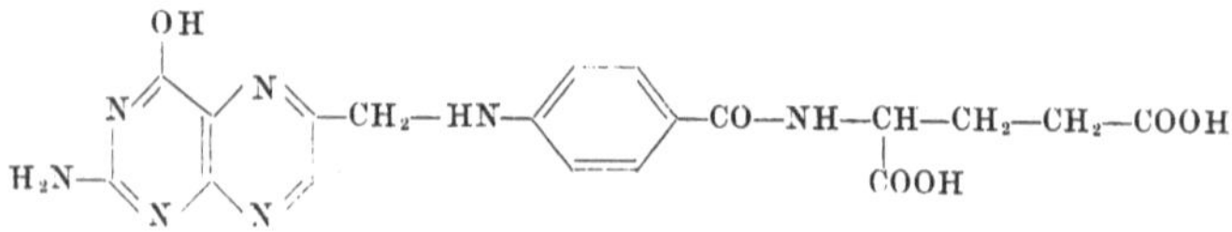

Folsäure*

lich Konjugate der Folsäure vor, in denen drei bis sieben Glutaminsäurereste säureamidartig an die Pteroinsäure gebunden sind. Im Pteridinringsystem ist ein Pyrimidinring mit einem Pyrazinring kondensiert.

Folsäure* bildet orangegelbe, dünne Nadeln, die in Wasser und organischen Lösungsmitteln nur wenig löslich sind. Als Ampholyt löst sich die Folsäure* in Säuren und Alkalihydroxidlösungen. Durch starke Mineralsäuren wird sie hydrolytisch gespalten. Folsäure wird durch starke Oxydations- und Reduktionsmittel zerstört. Unter Lichteinwirkung bilden sich stark fluoreszierende Zersetzungsprodukte.

In neuerer Zeit wurde die 5-Formyl-5,6,7,8-tetrahydrofolsäure als eigentlicher Wirkstoff im Organismus entdeckt. Diese Substanz wird als Folinsäure, Citrovorum-Faktor, Citrovorin oder Leucovorin* bezeichnet.

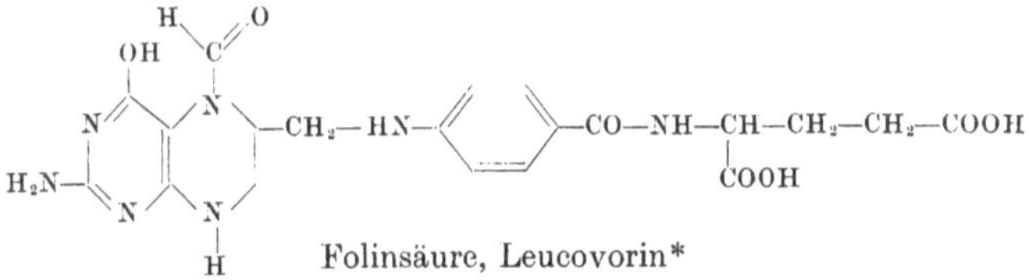

Folinsäure, Leucovorin*

Folsäure* wird in der Therapie der perniziösen Anaemie zur Unterstützung des Vitamins B_{12} eingesetzt. Der physiologische Bedarf des Menschen wird durch die Folsäuresynthese der Darmflora gedeckt. Bei Schädigung der Darmflora, z. B. durch Salicylate, Sulfonamide oder Antibiotica, muß Folsäure* zusätzlich dem Organismus zugeführt werden.

Nicotinsäureamid, Nicotinamid*, PP-Faktor (pellagrapreventiv-factor) ist im Pflanzen- und Tierreich weit verbreitet und kommt sowohl in freier als auch in gebundener Form vor. Besonders reich an Nicotinsäureamid sind Leber, Niere, Hefe und bestimmte Pilze. Nicotinsäureamid wurde 1937 von ELVEHJEM als Wirkstoff gegen die Schwarzzungenkrankheit der Hunde erkannt und später als Antipellagra-Faktor identifiziert. Dem Chemiker war die Substanz schon länger bekannt.

Nicotinsäureamid ist Pyridin-3-carbonsäureamid und kann synthetisch durch Umsetzung des Nicotinsäurechlorids oder des Nicotinsäuremethylesters mit Ammoniak erhalten werden. Nicotinsäure, die die gleiche Vitaminwirkung wie das Amid besitzt, kann durch Oxydation des β-Picolins (3-Methylpyridin) gewonnen werden.

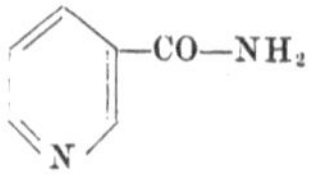

Nicotinsäureamid

Nicotinsäureamid bildet ein weißes, kristallines Pulver von bitterem Geschmack, das sich leicht in Wasser, Äthanol und Glycerin und weniger gut in Chloroform und Äther löst.

Nicotinsäureamid ist das Coferment der Codehydrasen I und II und verschiedener anderer Dehydrasen. Im Organismus entsteht es aus der Aminosäure Tryptophan.

Nicotinsäureamid wird zur Prophylaxe und Therapie der Pellagra, bei verschiedenen Erkrankungen des Zentralnervensystems und bei verschiedenen Dermatosen angewendet.

Vitamin H (Biotin*, antiseborrhoisches Vitamin) ist in geringer Konzentration in jeder lebenden Zelle zu finden. In tierischen Organen (Leber, Niere) liegt es hauptsächlich in gebundener, in Gemüsen, Reiskleie und Milch dagegen in freier Form vor.

Die Strukturaufklärung gelang DuVigneaud 1942, nachdem die Substanz ein Jahr vorher erstmalig in reiner Form erhalten worden war.

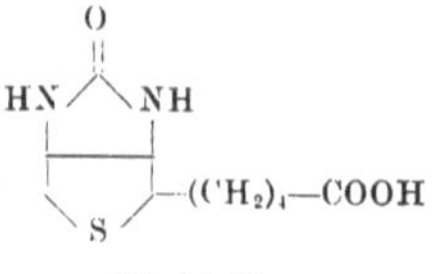

Biotin*

Biotin* bildet lange, farblose Nadeln, ist in kaltem Wasser nur wenig, in heißem Wasser dagegen besser löslich. In organischen Lösungsmitteln löst es sich nicht. Als Ampholyt ist es in Säuren und Alkalihydroxidlösungen löslich. Biotin* ist gegen Hitze stabil, wird aber von starken Säuren oder Alkalien, von Oxydationsmitteln und von ultraviolettem Licht zerstört.

Biotin* ist als Coenzym am Aufbau von Fermenten beteiligt, die die Übertragung von Wasserstoff und Kohlendioxid im Kohlenhydratstoffwechsel katalysieren.

Typische Mangelerscheinungen treten beim Menschen normalerweise nicht auf. Biotin wird bei Seborrhoe angewendet.

Vitamin C (*L*-Ascorbinsäure*) gehört zu den wasserlöslichen Vitaminen und wurde von SZENT-GYÖRGYI 1928 erstmals aus der Rinde der Nebenniere kristallin erhalten. Später konnte die Ascorbinsäure* auch aus Paprikaschoten, Kohl, Orangen, Zitronen und vielen anderen Früchten isoliert werden. Um die Aufklärung ihrer Konstitution haben sich vor allem HAWORTH, HIRST, KARRER und MICHEEL verdient gemacht. Ascorbinsäure* ist das γ-Lacton einer Ketohexonsäure, deren Ketogruppe in der Enolform vorliegt.

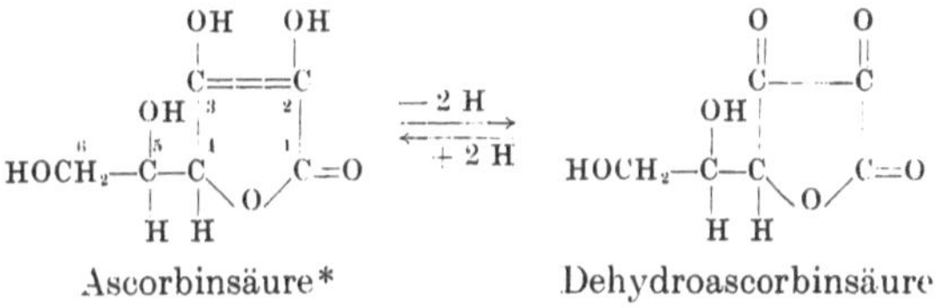

Die beiden enolischen Hydroxylgruppen im Ascorbinsäuremolekül bedingen die saure Reaktion und das starke Reduktionsvermögen. Die Ascorbinsäure* bildet neutral reagierende Monoalkalisalze, wobei das H-Atom der Hydroxylgruppe am $C_{(3)}$ als Proton abdissoziiert ist. Ascorbinsäure* kann schon durch schwache Oxydationsmittel zur Dehydroascorbinsäure oxydiert werden.

Ascorbinsäure* wird heute fast ausschließlich synthetisch gewonnen. Ausgangsmaterial für die technische Synthese ist die *D*-Glucose, die durch katalytische Hydrierung in *D*-Sorbit übergeführt wird. Durch biochemische Oxydation dieses 6-wertigen Alkohols mittels *Acetobacter suboxydans* wird die *L*-Sorbose erhalten. Die sek. Hydroxylgruppe am ehemaligen C-Atom 5 der Glucose wird zur Ketogruppe oxydiert. *L*-Sorbose wird in die Diacetonverbindung übergeführt und mit Kaliumpermanganat oxydiert. Anschließend werden die Acetonreste

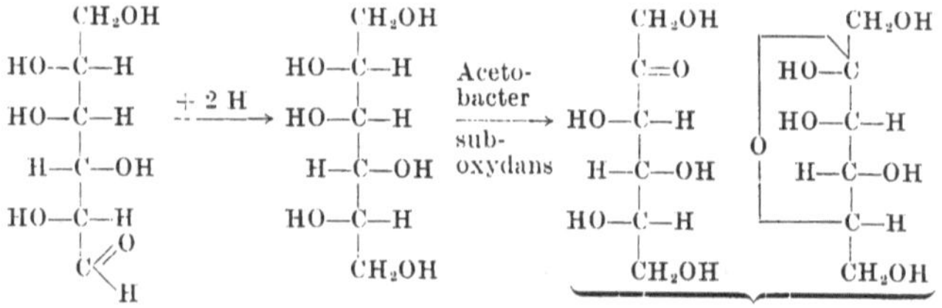

D-Glucose *D*-Sorbit *L*-Sorbose

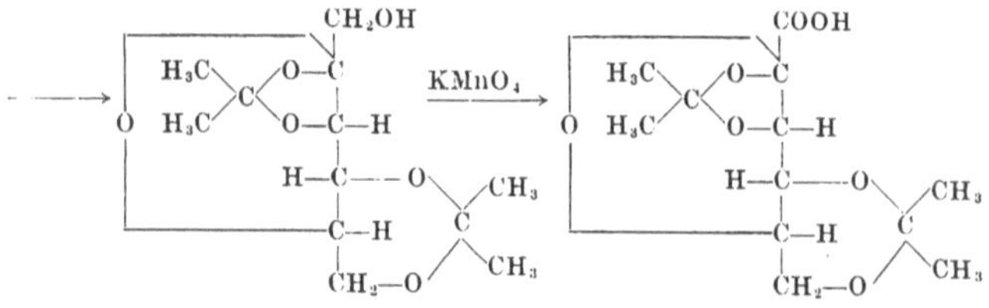

Diaceton-*L*-sorbose

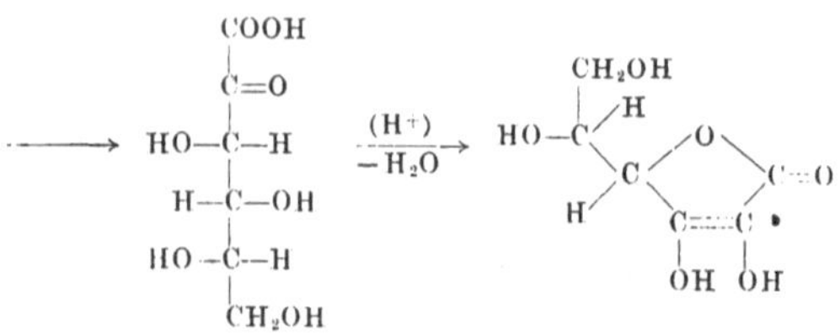

2-Keto-*L*-gulonsäure *L*-Ascorbinsäure

durch saure Hydrolyse wieder abgespalten. Man erhält so die 2-Keto-*L*-gulonsäure, die durch Kochen mit verdünnten Säuren in ihr Lacton übergeht, das mit der *L*-Ascorbinsäure tautomer ist.

Ascorbinsäure* bildet ein weißes, kristallines Pulver von saurem Geschmack, ist leicht löslich in Wasser, löslich in Methanol und Äthanol und fast unlöslich in Äther, Chloroform und fetten Ölen. Die wäßrigen Lösungen reagieren sauer. Der pH-Wert einer 5proz. Lösung liegt bei 2,0. Ammoniakalische Silbernitratlösung und Fehlingsche Lösung werden schon bei Zimmertemperatur reduziert.

Zum Nachweis der Ascorbinsäure* können papierchromatographische Verfahren herangezogen werden. Die quantitativen Bestimmungsmethoden beruhen meistens auf der leichten Oxydierbarkeit der Ascorbinsäure*. Es sind maßanalytische (z. B. jodometrische) und photometrische Verfahren bekannt.

Vitamin C ist eines der empfindlichsten Vitamine. Alkalien und Oxydationsmittel zerstören das Molekül. Spuren von Schwermetallen katalysieren die Oxydation.

Vitamin C wird gegen Scorbut und praescorbutische Symptome, wie Haut- und Zahnfleischblutungen, leichte Ermüdbarkeit und Muskel- und Herzschwäche eingesetzt. Vitamin C erhöht die Abwehrbereitschaft des Körpers gegen Infektionskrankheiten.

19.3. Antikoagulantia

Antikoagulantien hemmen die Blutgerinnung und werden zur Verhütung und Behandlung von Thrombosen und bei Bluttransfusionen gebraucht.

Die erste Substanz dieser Reihe war das von McLean 1916 aus der Leber und dem Herzen isolierte Heparin, das als ein mit Schwefelsäure verestertes Polysaccharid erkannt wurde. Nach diesem Vorbild stellte man später halbsynthetisch weitere Polyschwefelsäureester von Polysacchariden dar und führte sie zum Teil in die Therapie ein.

Später wurde in Süßklee eine blutgerinnungshemmende Substanz gefunden und als 3,3'-Methylen-bis-(4-hydroxycumarin) (Dicumarol, Dicumarin) identifiziert (CAMPBELL, LINK 1941).

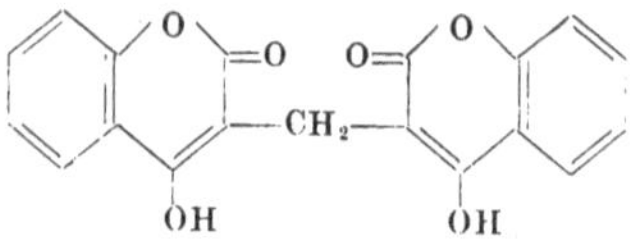

Dicumarol

Nach diesem Vorbild wurden zahlreiche Cumarinderivate synthetisiert und geprüft, von denen hier das mit dem Dicumarol nahe verwandte Tromexan (Pelentan□) genannt sei. Tromexan ist der Bis-[4-hydroxy-cumarinyl-(3)]-essigsäureäthylester.

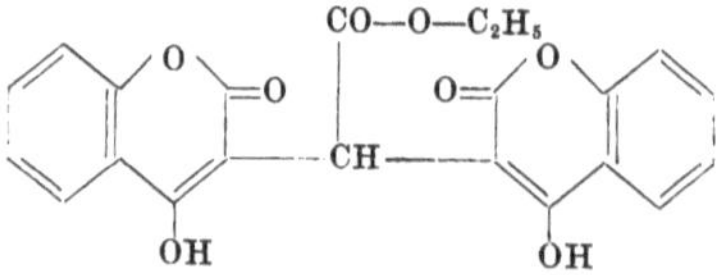

Tromexan

Eines der zur Zeit wertvollsten Antikoagulantien ist das Phenprocoumarol* (Falithrom•, Marcumar). Es gehört zu den Monocumarolen und ist das 3-(1'-Phenylpropyl)-4-hydroxycumarin. Die gleiche blutgerinnungshemmende

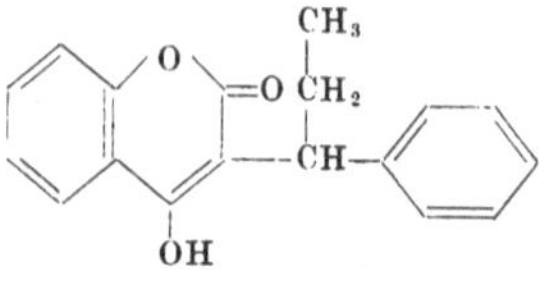

Phenprocoumarol*

Wirkung wie die Cumarinderivate besitzen verschiedene Indandione, die nur noch eine entfernte Verwandtschaft mit den Cumarinen zeigen.

Als Vertreter dieser Verbindungsklasse seien das Phenindion (Athrombon•, Thromasal), 2-Phenyl-1,3-indandion und das Anisindion* (Miradon), 2-(p-Methoxyphenyl)-1,3-indandion genannt. Durch Einführung von Halogen, z. B.

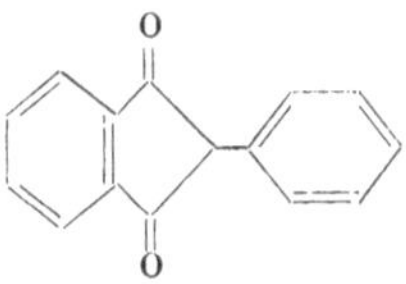

Phenindion

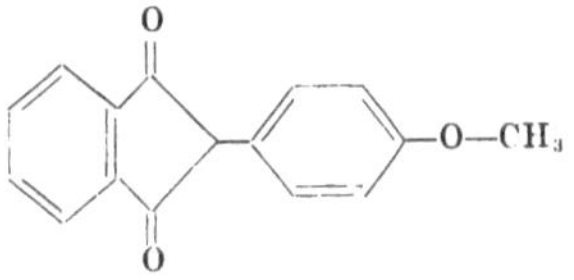

Anisindion*

Chlor an Stelle der Methoxylgruppe im Anisindion*, kann die gerinnungshemmende Wirkung erheblich gesteigert werden (z. B. Indaliton).

Die Wirkung der Cumarin- und Indandionderivate beruht auf einer Verdrängung des Vitamins K, das in der Leber für die Bildung des Prothrombins erforderlich ist.

20. Hormone

Unter dem Begriff Hormone faßt man Verbindungen zusammen, die im Körper gebildet werden, sich durch eine hochspezifische biologische Wirkung auszeichnen und bis auf die Gewebshormone auf dem Blut- bzw. Lymphwege an den Ort ihrer Wirkung gelangen. Die von endokrinen Drüsen gebildeten Hormone werden als klassische Hormone bezeichnet. An ihre Seite sind die von Geweben produzierten Hormone, wie z. B. das Histamin, getreten. Die in diesem Kapitel zu behandelnden klassischen Hormone werden, geordnet nach den Drüsen, in denen sie gebildet werden, besprochen.

20.1. Schilddrüsenhormone

Die Schilddrüse (Thyreoidea) ist das Zentrum des Jodstoffwechsels. Sowohl Hypo- als auch Hyperfunktion der Schilddrüse bewirken ernsthafte Störungen im Organismus. Eine Hypofunktion mit Abnahme der Stoffwechselleistung und der Herzfrequenz, mit der Hemmung des Wachstums und mit körperlicher und psychischer Trägheit tritt uns im Krankheitsbild des Myxödems entgegen. Bei einer Hyperfunktion der Schilddrüse, wie z. B. der BASEDOWschen Krankheit, beobachtet man dagegen eine Erhöhung der Stoffwechselleistung und der Herzfrequenz, Zunahme der Körpertemperatur und der Schweißabsonderung, Abmagerung und den für das Krankheitsbild typischen Exophthalmus. Von der Schilddrüse werden jodhaltige Hormone gebildet, bei deren Unter- bzw. Überproduktion die erwähnten Krankheitsbilder auftreten.

Als erstes jodhaltiges Hormon der Schilddrüse wurde das Thyroxin 1919 von KENDALL rein dargestellt. Die Konstitution dieser Verbindung wurde 1926 von HARINGTON aufgeklärt. Bereits ein Jahr später gelang HARINGTON und BARGER erstmals die Synthese des Thyroxins. Erst 1952 wurde von GROSS und PITT-RIVERS das 3,3′5-Trijodthyronin isoliert, das im Organismus vermutlich noch eine größere Rolle als das Thyroxin spielt. Beide Hormone sind Abkömmlinge des p-Hydroxyphenyläthers des Tyrosins, den man als Thyronin bezeichnet.

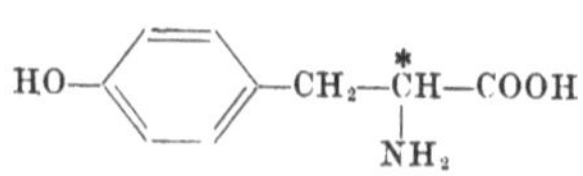

Tyrosin

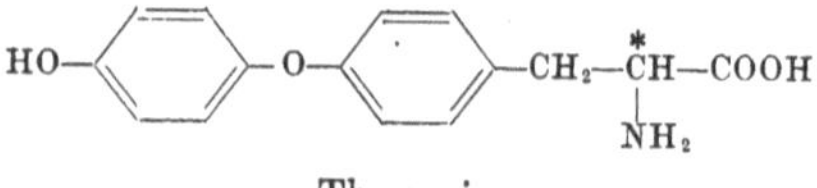

Thyronin

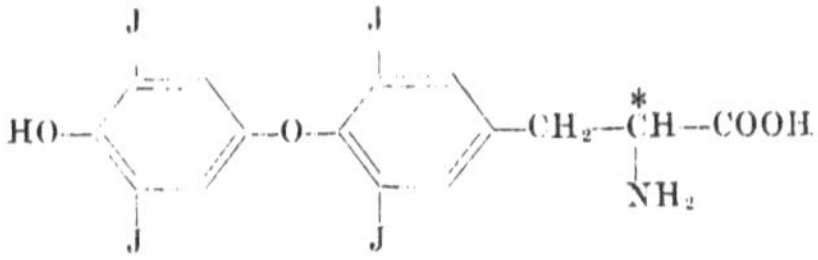

Thyroxin
(Levothyroxin*)

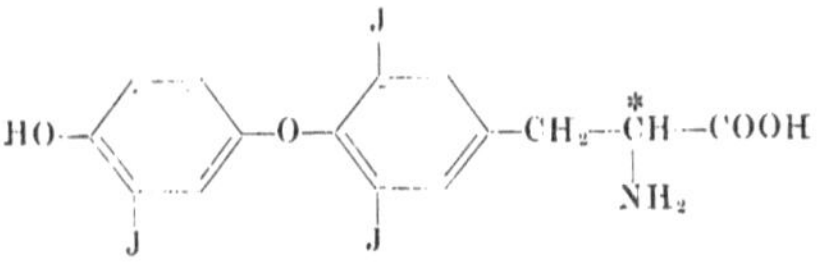

3,3′,5-Trijodthyronin

Bei den Hormonen 3,3′,5-Trijodthyronin und 3,3′,5,5′-Tetrajodthyronin (Thyroxin) sind Wasserstoffatome der Benzolringe in angegebener Weise durch Jod substituiert. Da sich Thyroxin und 3,3′,5-Trijodthyronin aus dem *L*-Tyrosin bilden, kommt ihnen ebenfalls *L*-Konfiguration zu. Das bei der Synthese des Thyroxins mitentstehende *D*-Thyroxin besitzt nur ca. $^1/_{10}$ der Wirkung des *L*-Thyroxins. Die jodierten Thyronine sind in der Schilddrüse größtenteils an Globuline gebunden.

Therapeutisch kann bei einer Schilddrüsenunterfunktion die von Bindegewebe und von Fett befreite, gereinigte, getrocknete und gepulverte Schilddrüse von Haustieren in entsprechender Dosierung verwendet werden. Ein entsprechendes Präparat ist als „Glandulae Thyreoideae siccatae" im DAB 6 aufgeführt. Von den Glandulae Thyreoideae siccatae wird gefordert, daß sie mind. 0,18% organisch gebundenes Jod enthalten und frei von anorganischem Jod sind. Zur Ermittlung des Gehaltes an organisch gebundenem Jod wird das organische Material zunächst oxydativ zerstört und das Jod dabei in Jodat übergeführt. Nach Zusatz einer überschüssigen Menge Kaliumjodid kann das in saurem Milieu gebildete Jod mit Natriumthiosulfat maßanalytisch bestimmt werden.

Meist werden Schilddrüsenpräparate jedoch biologisch eingestellt.

Auch Thyroxin wird therapeutisch verwendet. Von diesem wird im Nachtrag 1954 zum DAB 6 gefordert, daß es 64,0–65,8% organisch gebundenes Jod enthält. Das Jod wird nach oxydativer Zerstörung der organischen Substanz und anschließender Reduktion mit Natriummetabisulfitlösung zu Jodid nach dem Jodcyanidverfahren von LANG bestimmt.

20.2. Thyreostatica

In der Schilddrüse findet sich auch das 3,5-Dijodtyrosin als Zwischenprodukt der Thyroxinsynthese. Dijodtyrosin wirkt in der Weise regulierend auf die Schilddrüsentätigkeit ein, daß es bei einer Unterfunktion der Schilddrüse die Thyroxinsynthese fördert, bei einer Überfunktion der Schilddrüse aber die Ausschüttung des thyreotropen Hormons und damit auch den Grundumsatz herabsetzt. Bei der häufig auftretenden Schilddrüsenüberfunktion werden heute hauptsächlich synthetische organische Verbindungen angewendet, die sich vom Thio-

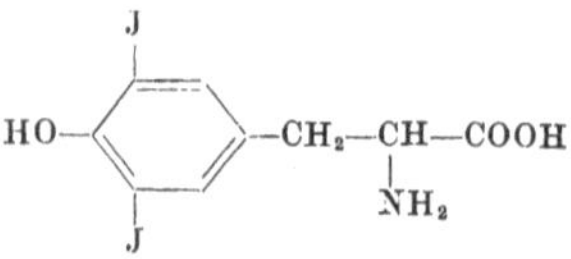

3,5-Dijodtyrosin

harnstoff ableiten. Die zunächst als Thyreostatica benutzten Verbindungen, wie z. B. 2-Mercapto-4-hydroxypyrimidin und 5,5-Diäthylthiobarbitursäure, wurden von den besser verträglichen Substanzen Methylthiouracil* (MTU), Propylthiouracil* und Thiamazol* (Methimazol•, Favistan) verdrängt. Thiamazol* wirkt 10- bis 15mal stärker als die Thiouracile.

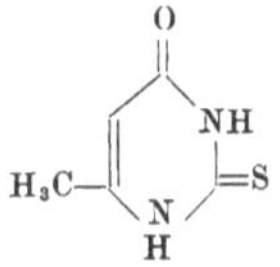

Methylthiouracil*

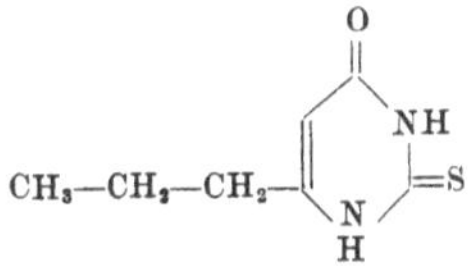

Propylthiouracil*

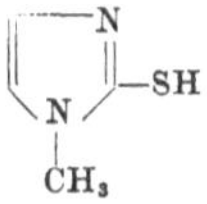

Thiamazol*

Die erwähnten Verbindungen hemmen die Synthese des Thyroxins in der Schilddrüse. Methylthiouracil* kann leicht durch Kondensation von Thioharnstoff mit Acetessigester dargestellt werden.

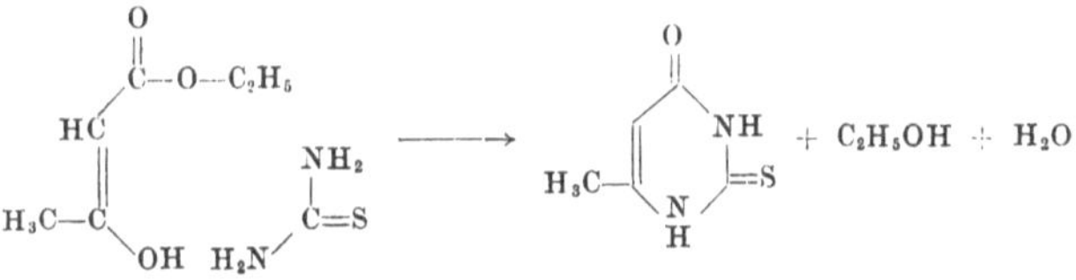

Neben den Thioharnstoffderivaten werden bisweilen noch Tyrosinantimetaboliten als Thyreostatica angewendet. Die Tyrosinantimetaboliten verdrängen auf Grund ihrer ähnlichen Struktur das für die Thyroxinsynthese notwendige Tyrosin. Als Tyrosinantimetaboliten werden vor allen Dingen fluorierte Verbindungen, wie das 3-Fluortyrosin (Pardinon) und die 3-Fluor-4-hydroxyphenylessigsäure (Capacin) eingesetzt.

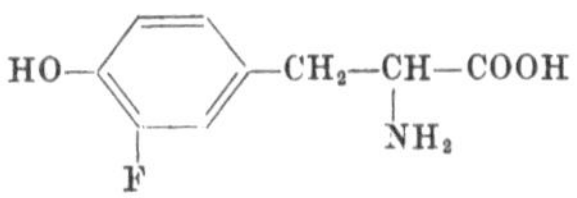

Pardinon

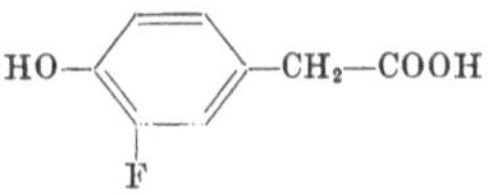

Capacin

Die als Thyreostatica verwendeten Rhodanide und Perchlorate wirken in der Weise, daß sie die für die Thyroxinsynthese in der Schilddrüse benötigten Jodidionen verdrängen. Therapeutisch verwendet werden hauptsächlich Kaliumperchlorat und Kaliumrhodanid.

Abschließend soll noch das Radio-Jod (^{131}J) erwähnt werden. ^{131}J ist ein künstliches Isotop des natürlich vorkommenden ^{127}J und wird in Form des Natriumjodids angewendet. Das $^{131}J^-$ wird wie das $^{127}J^-$ in der Schilddrüse angereichert. ^{131}J ist ein instabiles Isotop, das unter Aussendung von β- und γ-Strahlen in Xenon übergeht.

$$^{131}_{53}J \rightarrow ^{131}_{54}Xe + \beta^- + \gamma$$

^{131}J zerfällt relativ schnell, die Halbwertzeit beträgt 8,14 Tage. Die bei der Umwandlung des ^{131}J entstehende Strahlung wirkt wie Röntgenstrahlen zerstörend auf das Schilddrüsengewebe ein und senkt auf diese Weise die Thyroxinproduktion.

20.3. Sexualhormone

Die Sexualhormone sind Verbindungen der Sterinreihe und besitzen daher ein Cyclopentanophenanthren-Grundgerüst, wie es auch den Herzgiftglykosiden eigen ist. Zum Unterschied von den Herzgiftglykosiden sind aber die Ringe B/C und C/D immer transverknüpft. Die Art der Verknüpfung der Ringe A/B spielt keine Rolle, weil Ring A bei den therapeutisch verwendeten Verbindungen entweder aromatischer Natur sein kann oder Doppelbindungen enthält, an denen eines der beiden die Verbindung der Ringe A/B vermittelnden Kohlenstoffatome beteiligt ist. Bei dem vorliegenden hydroaromatischen Ringsystem können bei dem Eintritt eines neuen Substituenten zwei stereoisomere Verbindungen entstehen. Liegt der Substituent vor der Ringebene der Projektionsformel, so

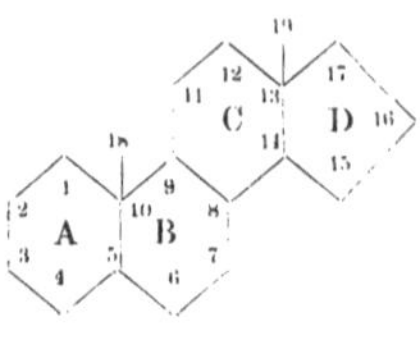

wird er mit einem Strich mit dem Ring verbunden und als β-ständig bezeichnet, liegt er hinter der Ringebene, so wird er mit einer punktierten Linie mit dem Ring verbunden und als α-ständig bezeichnet.

Von den *männlichen Sexualhormonen*, die die Ausprägung der sekundären Geschlechtsmerkmale bewirken, aber auch z. B. den Eiweiß- und den Calciumstoffwechsel beeinflussende extragenitale Wirkungen besitzen, ist das Androsteron 1931 von BUTENANDT aus Männerharn isoliert worden. Das wesentlich stärker wirkende Testosteron isolierte LAQUEUR 1935 aus Stierhoden. Androsteron und Testosteron sind Abkömmlinge des Androstans, bei dem die Ringe A/B trans-verknüpft sind. Das

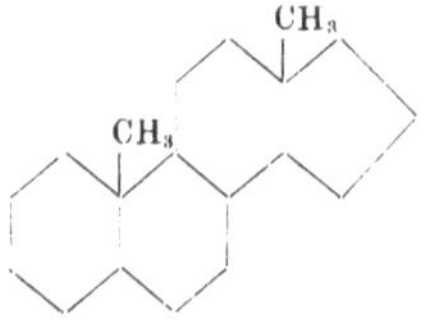

Androstan

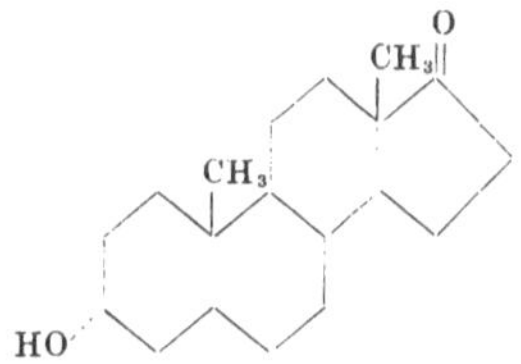

Androsteron (Androstanolon*)

Testosteron*• ist exakt als Δ^4-Androsten-17β-ol-3-on zu bezeichnen. Auf Grund der geringen androgenen Aktivität des Androsterons muß das therapeutisch verwendete Testosteron* auf die Anwesenheit von Androsteron geprüft werden. Testosteron* kann auch aus Cholesterin

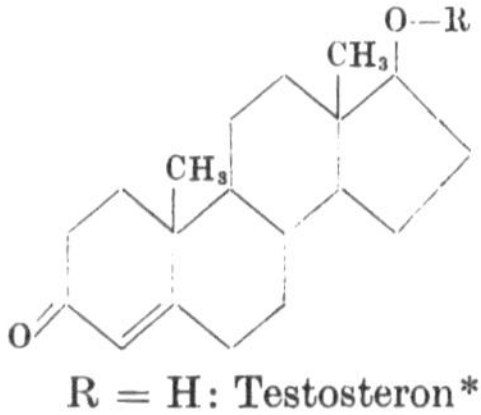

R = H: Testosteron*•
R = $-OC-CH_2-CH_3$:
Testosteronpropionat

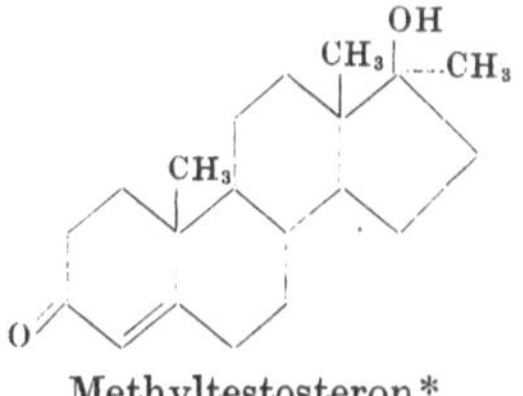

Methyltestosteron*

synthetisch dargestellt werden. Um die Testosteronwirkung zu steigern, werden Ester des Testosterons mit niederen Carbonsäuren, z. B. Testosteronpropionat, dargestellt und eingesetzt. Bereits im Jahre 1935 wurde das auch oral gut wirksame Methyltestosteron* (17 α-Methyl-Δ^4-androsten-17 β-ol-3-on) synthetisch dargestellt. Methyltestosteron* kann sowohl aus dem Cholesterin als auch aus dem Saponin Diosgenin gewonnen werden.

Dem Testosteron* kommt neben der androgenen auch eine anabolische Wirkung zu. Unter Anabolismus versteht man den Substanzaufbau im Stoffwechsel der Körperzellen, d. h. den Aufbau des körpereigenen Eiweißes. Diese anabolische Wirkung hat man durch geringfügiges Verändern des Testosteronmoleküls unter gleichzeitiger Herabsetzung der androgenen Aktivität verstärken können. Von den therapeutisch verwendeten, ausgesprochen anabolisch wirkenden Verbindungen sollen hier nur das 4-Chlortestosteronacetat (Turinabol•, Steranabol) und das 17 α-Methyl-Δ^5-androstendiol-(3 β,17 β) (Methandriol* Notandron) erwähnt werden.

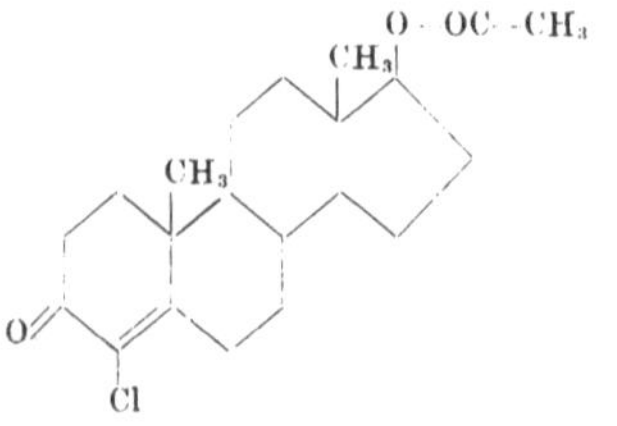

Steranabol

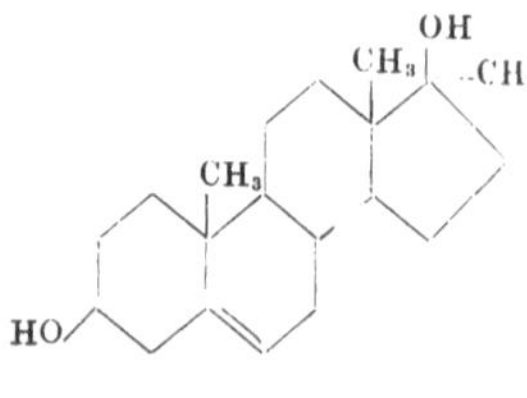

Methandriol*

Bei den *weiblichen Sexualhormonen* unterscheidet man zwischen den Follikelhormonen und dem Gelbkörperhormon. Die Follikelhormone sind verantwortlich für die Ausbildung der sekundären Geschlechtsmerkmale und regeln zusammen mit dem Gelbkörperhormon den Ablauf des Menstruationscyclus. Von den extragenitalen Wirkungen der Follikelhormone soll die von ihnen verursachte bessere Durchblutung peripherer Gebiete erwähnt werden.

Eine oestrogene Wirkung besitzt das 1929 einerseits von DOISY und andererseits von BUTENANDT aus Schwangerenharn isolierte Oestron* (Oestrobion•). Das Oestron* ($\Delta^{1,3,5(10)}$-Oestratrien-3-ol-17-on) kann aus dem Harn trächtiger Stuten, in dem es als Schwefelsäureester vorliegt, nach Säurehydrolyse gewonnen werden. Günstiger gestaltet sich die partialsynthetische Herstellung aus $\Delta^{1,4}$-Androstadien-3,17-dion. Das Oestron* ist das Stoffwechselprodukt des natürlichen Follikelhormons Oestradiol* ($\Delta^{1,3,5(10)}$-Oestratrien-3,17β-diol). Oestradiol* wurde bereits 1933 durch Hydrierung von Oestron* dargestellt, ehe es 1935 von DOISY aus Ovarien isoliert werden konnte. Oestradiol* kann auf verschiedenen Wegen partialsynthetisch hergestellt werden. Eine protrahierte oestrogene Wirkung besitzt das Oestradiolbenzoat*, eine häufige Anwendungsform des Oestradiols*. Bei dem Oestradiolbenzoat* ist die phenolische Hydroxylgruppe am $C_{(3)}$ mit Benzoesäure verestert.

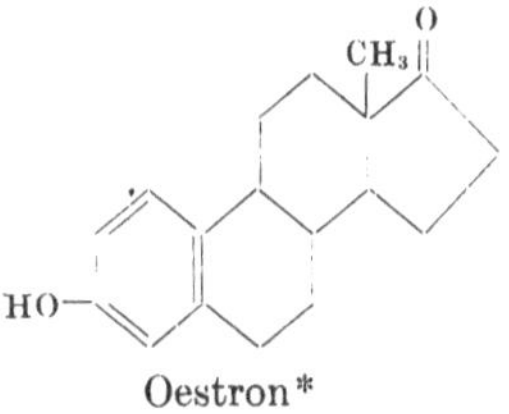

Oestron*

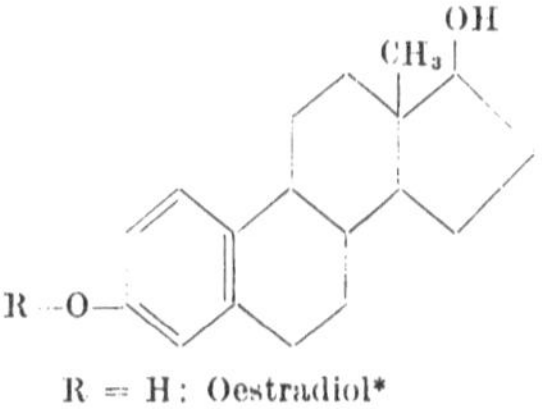

R = H: Oestradiol*
R = C_6H_5CO—: Oestradiolbenzoat*

Wesentlich stärker oestrogen wirksam als die bisher erwähnten Verbindungen ist das Äthinyloestradiol* (Ethinyloestradiol*, Progynon C), das 17α-Äthinyl-$\Delta^{1,3,5(10)}$-oestratrien-3,17β-diol. Äthinyloestradiol* enthält einen Acetylenrest, durch den der Abbau der Verbindung im Organismus stark verzögert wird. Äthinyloestradiol* ist 100mal stärker oestrogen wirksam als Oestron*.

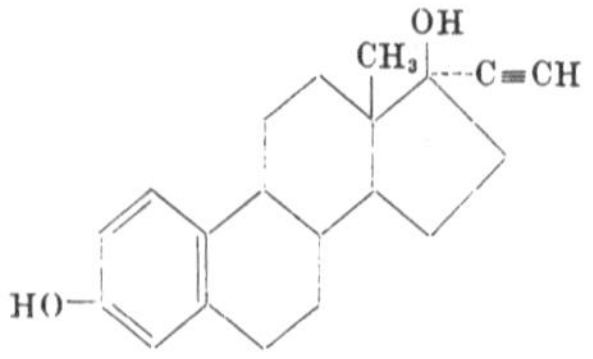

Äthinyloestradiol*

Auch eine Reihe von synthetischen Stilbenverbindungen, bei denen die chemische Verwandtschaft mit den Oestronderivaten nicht erkennbar ist, zeichnen sich durch eine starke oestrogene Wirkung aus. Als erste Verbindung dieser Reihe wurde das in den 30er Jahren dargestellte 4,4'-Dihydroxy-α,β-diäthylstilben (Diäthylstilboestrol*, Cyren A) in die Therapie eingeführt. Im Diäthylstilboestrol* stehen die beiden Äthylgruppen transständig. Die Entfernung zwischen den beiden Hydroxylgruppen beträgt wie auch bei dem Oestradiol* 8,55 Å. Wird dieser Abstand vergrößert oder verkleinert, so sinkt die oestrogene Wirksamkeit ab.

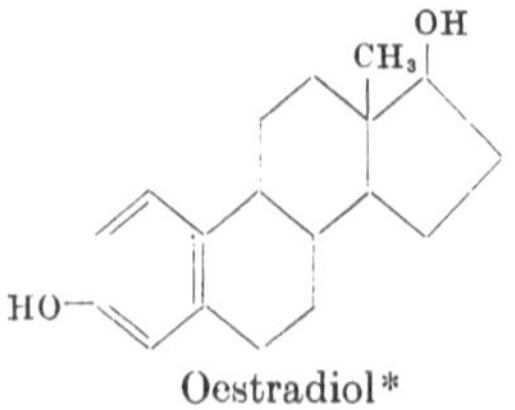

Oestradiol*

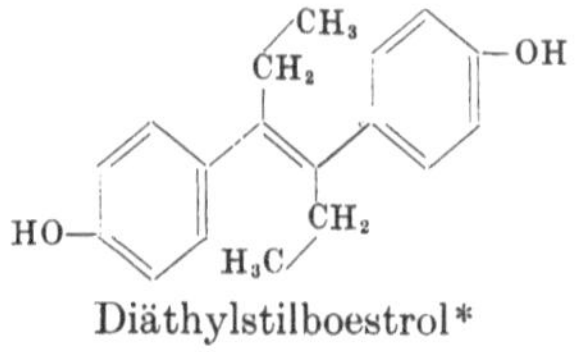

Diäthylstilboestrol*

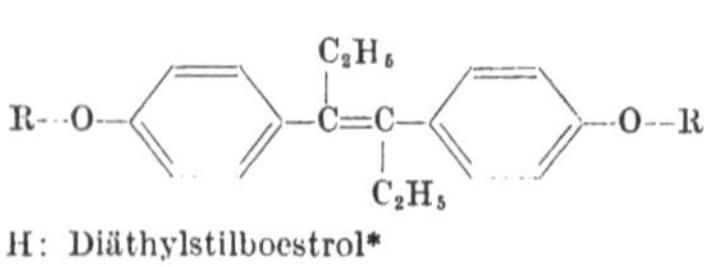

R = H: Diäthylstilboestrol*

R = CH_3-CH_2-CO-: Diäthylstilboestroldipropionat

R = CH_3: Dimethoxydiäthylstilboestrol

Zur Darstellung des Diäthylstilboestrols unterwirft man Anisaldehyd (I) zunächst einer Benzoinkondensation und gewinnt auf diese Weise Anisoin (II). Anisoin wird mit Zinkstaub zu Desoxyanisoin (III) reduziert, aus dem dann durch Alkylierung α-Äthyl-desoxyanisoin (IV) gewonnen wird. Durch Grignardierung von IV mit Äthylmagnesiumbromid und anschließende Wasserabspaltung kommt man zum 4,4'-Dimethoxy-α,β-diäthylstilben (VI), das durch Behandeln mit Bromwasserstoffsäure in das Diäthylstilboestrol* (VII) übergeführt wird.

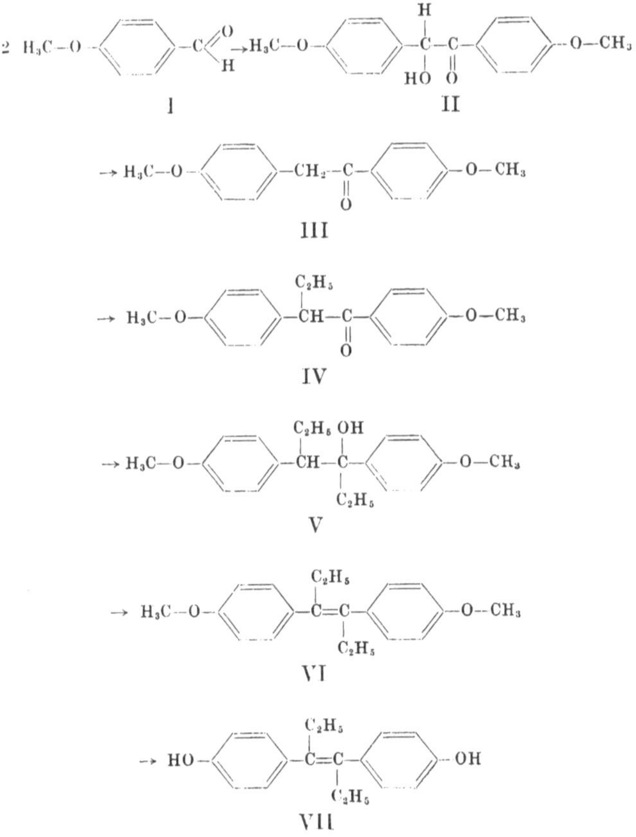

Therapeutisch verwendet werden auch andere Stilbenderivate, wie z. B. das Diäthylstilboestroldipropionat und das wegen seiner sehr geringen Wasserlöslichkeit als Depot-Oestrogen einsetzbare Dimethoxydiäthylstilboestrol (Oestrastilben D•, Depot-Cyren).

Nachdem sich herausgestellt hatte, daß die Doppelbindung zwischen den beiden Benzolringen für eine oestrogene Wirkung nicht notwendig ist, wurden Hexoestrol*, Dienoestrol* und Dienoestroldiacetat (Oestrasid•) in den Arzneischatz eingeführt.

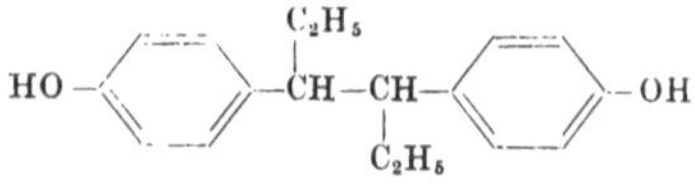

Hexoestrol*

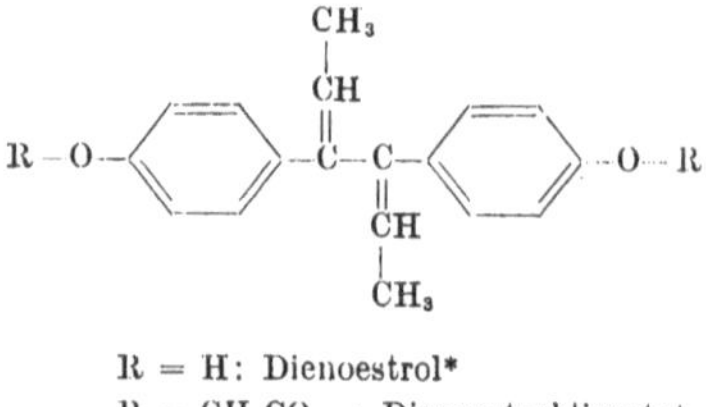

R = H: Dienoestrol*
R = CH_3CO–: Dienoestroldiacetat

Das Gelbkörperhormon (Corpus-luteum-Hormon) wurde 1934 von verschiedenen Forschern fast gleichzeitig aus den Gelbkörpern in kristalliner Form gewonnen. Das sowohl für den Ablauf des Menstruationscyclus als auch für die Aufrechterhaltung der Schwangerschaft wichtige und unter dem Namen Progesteron*• (Proluton) bekannt gewordene Gelbkörperhormon besitzt die Struktur eines Δ^4-Pregnen-3,20-dions. Als Ausgangsprodukte für die synthetische Darstellung des Progesterons stehen z. B. das Saponin Diosgenin und die Schweinegalle zur Verfügung.

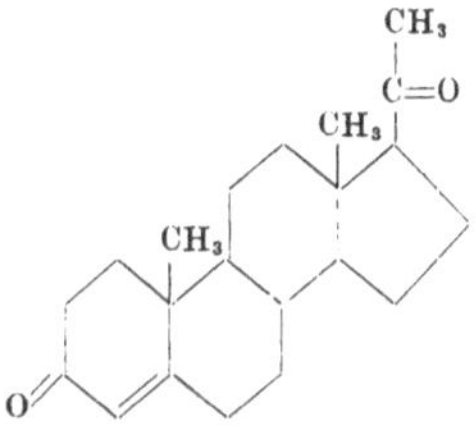

Progesteron*

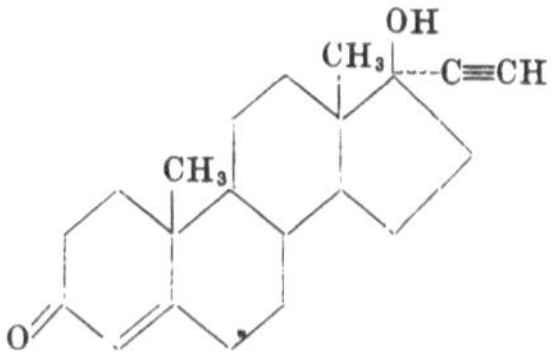

Aethisteron*

Durch Umsetzung des Δ^4-Androsten-3,17-dions mit Acetylen kann man das Aethisteron* (Pregneninolon, Proluton C) erhalten, das in gleicher Weise wie das Progesteron wirkt, dessen Wirkungsstärke gegenüber dem Progesteron bei parenteraler Applikation geringer, bei peroraler Applikation dagegen größer ist.

20.4. Nebennierenrindenhormone

Da die Hormone des Nebennierenmarks, Adrenalin und Noradrenalin, bereits bei den Sympathicomimetica besprochen wurden, sollen in diesem Kapitel nur die Hormone der Nebennierenrinde abgehandelt werden.

Nachdem bereits seit 1928 gereinigte Nebennierenrindenextrakte zur Behandlung der ADDISONschen Krankheit eingesetzt worden waren, gelang es 1936, das erste Nebennierenrindenhormon zu isolieren, das Corticosteron, dessen Konstitution auch bald aufgeklärt werden konnte. In der Folgezeit sind ca. 40 hormonartig wirkende Stoffe aus der Nebennierenrinde isoliert worden, von denen aber nur wenige physiologisch von Bedeutung zu sein scheinen. Die Nebennierenrindenhormone sind ebenfalls Steroide. Sie können nach ihrer Hauptwirkung in Mineralocorticoide und Glucocorticoide eingeteilt werden. Die Mineralocorticoide beeinflussen in der Hauptsache den Mineralstoffwechsel und die Glucocorticoide den Kohlenhydratstoffwechsel. Die Unterschiede in der Wirkung der

Vertreter der beiden Gruppen sind meist nur quantitativer Art.

Ein therapeutisch gebräuchliches Mineralocorticoid ist das Δ^4-Pregnen-21-ol-3,20-dion-acetat (Desoxycorticosteronacetat). Diese Verbindung wurde bereits vor ihrer Isolierung aus der Nebennierenrinde partialsynthetisch dargestellt.

Ein wichtiges natürliches Glucocorticoid ist das Cortison* (Δ^4-Pregnen-17 α,21-diol-3,11,20-trion), das bereits 1936 von verschiedenen Arbeitskreisen aus der Nebennierenrinde isoliert werden konnte, dessen Synthese in sehr umständlicher Weise aber erst 1946 gelang. Seitdem

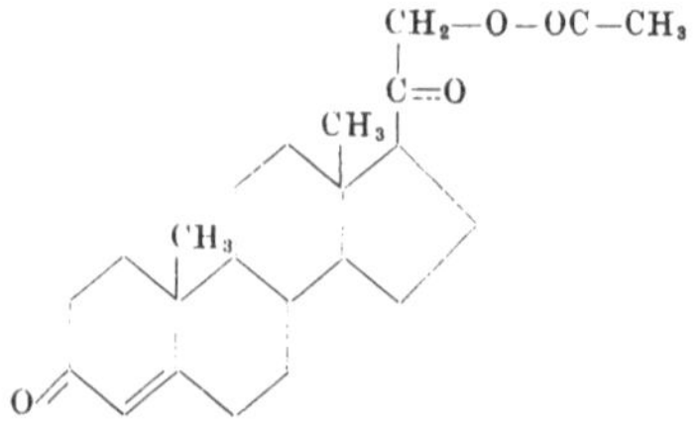

Desoxycorticosteronacetat

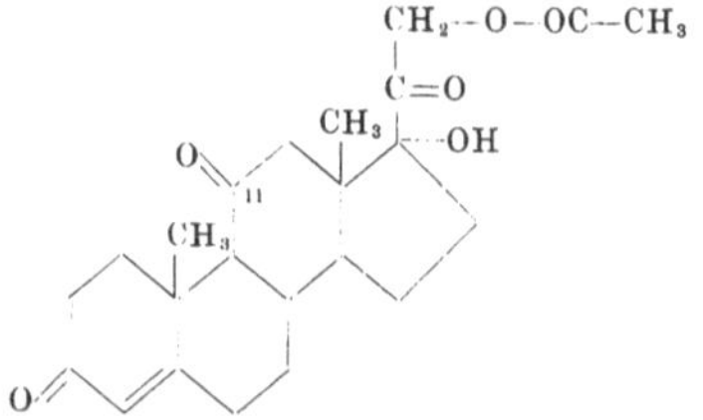

Cortisonacetat*
(Cortison*)

wurden verschiedene neue Syntheseverfahren ausgearbeitet, bei denen verschiedene Sapogenine (Sarmentogenin, Botogenin, Hecogenin) oder die Schweinegalle als Ausgangsmaterialien benutzt werden. Besondere Schwierigkeiten bereitete die Einführung einer Hydroxylgruppe am $C_{(11)}$, die aber auf biochemischem Wege mit Hilfe von Mikroorganismen (z. B. *Cunninghamella blakesleeana*) gelingt. Cortison* wird hauptsächlich in Form seines 21-Acetats, des Cortisonacetats*, angewendet. Cortison* ist maßgeblich an der Reaktion des Organismus auf außergewöhnliche Beanspruchung (stress) beteiligt. Es hemmt gleichzeitig entzündliche und allergische Vorgänge im Körper. Seine Anwendung z. B. bei rheumatischer Arthritis zeitigt gute Erfolge.

Die nur den Glucocorticoiden eigene entzündungswidrige Wirkung kann sowohl durch lokale als auch durch nichtlokale Applikation von Cortisonpräparaten ausgenutzt werden. Das Hydrocortison*, das wichtigste körpereigene Glucocorticoid, wird bevorzugt in Form von Salben lokal angewendet. Wegen seiner noch beträchtlichen Mineralocorticoidaktivität ist es bei der nichtlokalen Therapie entzündlicher Prozesse von dem 1,2-Dehydrocortison (Prednison*•) und dem 1,2-Dehydrohydro-

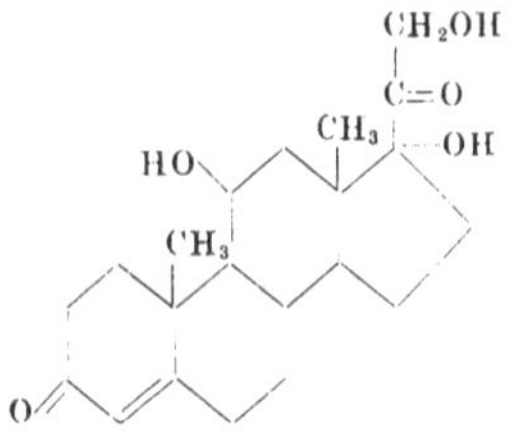

Hydrocortison*

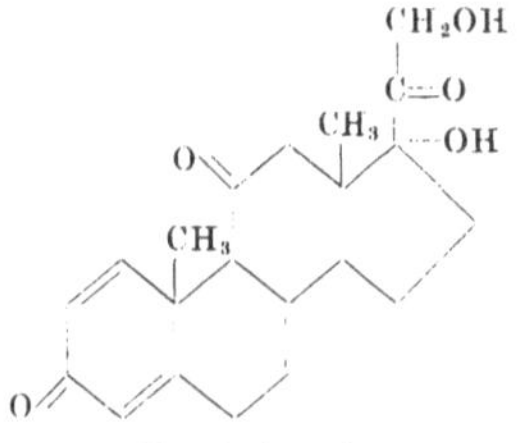

Prednison*

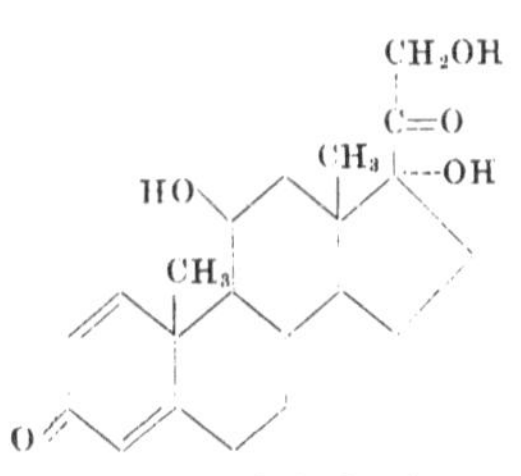

Prednisolon*

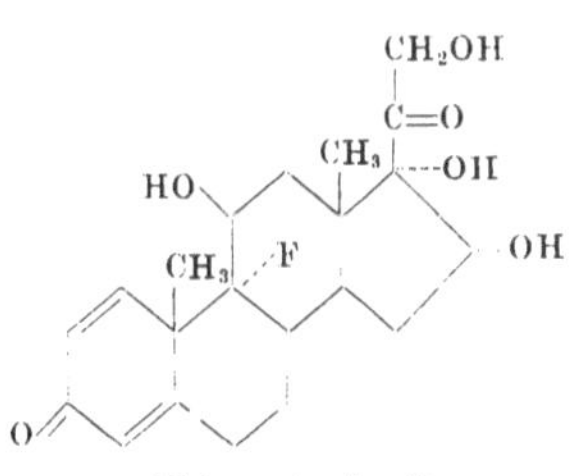

Triamcinolon*

cortison (Prednisolon*•) verdrängt worden. Für den gleichen Zweck lassen sich auch fluorhaltige Verbindungen, wie z. B. das Triamcinolon* (9α-Fluor-16α-hydroxyprednisolon) einsetzen. Das Triamcinolon* ist etwa 10mal stärker wirksam als Hydrocortison*.

20.5. Hormone der Bauchspeicheldrüse

Das wichtigste Hormon der Bauchspeicheldrüse ist das Insulin, das in den β-Zellen der LANGERHANSschen Inseln gebildet wird und als zentrales Stoffwechselhormon vielfältige Wirkungen ausübt. Am bekanntesten ist die blutzuckersenkende Wirkung des Insulins. Das in den α-Zellen der LANGERHANSschen Inseln gebildete Hormon Glucagon bewirkt dagegen unter anderem einen Anstieg des Blutzuckergehaltes und kann so als Antagonist des Insulins angesprochen werden. Das Insulin wird hauptsächlich im Sinne einer Substitutionstherapie bei zu geringer Insulinproduktion (Diabetes mellitus) angewendet. Seltener wird es auch zu Mastkuren und zur Erzeugung des Insulinschocks angewendet.

Das Proteohormon Insulin wurde 1921 von BANTING und BEST entdeckt und in bahnbrechenden Arbeiten von SANGER 1955 in seiner Konstitution aufgeklärt. Die kleinste Insulineinheit besteht aus 51 Aminosäuren und hat ein Molekulargewicht von ca. 6000. Die peptidartig miteinander verbundenen Aminosäuren sind in zwei Ketten angeordnet, die über zwei Disulfidbrücken miteinander verbunden sind. Die Sequenz der einzelnen Aminosäuren ist in der Formel des Insulins vom Rind wiedergegeben. Die Insuline vom Schaf und vom Schwein unterscheiden sich vom Insulin des Rindes dadurch, daß eine bzw. zwei Aminosäuren durch andere ersetzt sind.

Die kleinste Einheit des Insulinmoleküls liegt bei pH 2,0 vor. Das kristallisierte Insulin ist eine Verbindung mit dem sechsfachen Molekulargewicht der kleinsten Einheit. Das in der Bauchspeicheldrüse vorhandene Insulin enthält Zink, das wahrscheinlich an die Histidinbausteine gebunden ist und die Löslichkeit des Insulins herabsetzt. Die Kristallisation des isolierten Insulins wird in Gegenwart von Zinksalzen vorgenommen. Das Insulin enthält aus diesem Grunde auch immer eine bestimmte Menge (0,4—1,0%) Zink. Zur Identifizierung der Insuline wird eine Prüfung auf Zink, z. B. mit dem empfindlichen Schwermetallreagens Dithizon, vorgenommen, die auch zu einem quantitativen Verfahren ausgebaut worden ist.

Das Insulin wird auf Internationale Einheiten (I. E.) eingestellt. 1 I. E. ist diejenige Menge Insulin, die auf den Blutzuckerspiegel eines hungernden Kaninchens ebenso wirkt wie 0,04082 mg des zur Zeit (1960) verwendeten 3. internationalen Standardpräparates von 1952 (1 mg dieses Standardpräparates = 24,4 I. E.). 1 mg des Insulins soll laut Nachtrag 1959 zum DAB 6 mindestens die Wirksamkeit von 22 I. E. besitzen. Da die Fermente des Magen-Darm-Kanals das Insulin aufspalten, kann das Hormon nur parenteral appliziert werden.

Außer dem gewöhnlichen Insulin (auch Alt-Insulin genannt), dessen Wirkung relativ schnell abklingt, werden häufig länger wirkende Insulinpräparate angewendet, die bei subkutaner bzw. intramuskulärer Injektion ein Depot bilden. Depot-Insuline entstehen z. B. durch die Reaktion des Insulins mit basischen Substanzen, wobei sich salzartige Produkte bilden. Als basische Substanzen werden vor allem aus Fischsperma gewonnene Protamine verwendet. Weniger schwer löslich als dieses Protamin-Insulin und deshalb von geringerer Depot-Wirkung ist eine Verbindung des Insulins mit dem aus Rinderhämoglobin gewonnenen Globin. Wie bereits erwähnt, setzt ein erhöhter Zinkgehalt die Löslichkeit des Insulins ebenfalls herab und verlängert damit die Wirkung. Als Depot-Insulin wird deshalb das Protamin-Zink-Insulin therapeutisch verwendet. Die Wirkungsdauer des Globin-Zink-Insulins liegt zwischen derjenigen des Protamin-Zink-Insulins und der des Alt-Insulins.

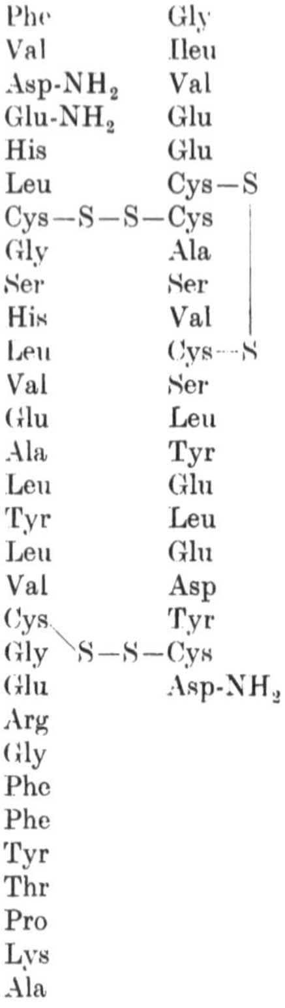

Formel des Insulins vom Rind

Erklärung der Abkürzungen

Gly	=	Glycin
Ileu	=	Isoleucin
Val	=	Valin
Glu	=	Glutaminsäure
Cys	=	Cystein
Ala	=	Alanin
Ser	=	Serin
Leu	=	Leucin
Tyr	=	Tyrosin
Asp	=	Asparaginsäure
Phe	=	Phenylalanin
His	=	Histidin
Arg	=	Arginin
Thr	=	Threonin
Pro	=	Prolin
Lys	=	Lysin

20.6. Hypophysenhormone

Viele Hormone werden von der Hypophyse gebildet. Makroskopisch und histologisch kann man beim Menschen zwischen einem Hypophysenvorderlappen und einem Hypophysenhinterlappen unterscheiden. Ein Zwischenlappen ist beim Menschen nur angedeutet. Der Hypophysenvorderlappen besteht aus drüsenartig angeordneten Zellen, der Hypophysenhinterlappen dagegen vorwiegend aus nervenähnlichem Gewebe. Vom Hypophysenvorderlappen wird eine Vielzahl von Hormonen produziert, die andere innersekretorische Drüsen stimulieren. Als chemisch gesichert können folgende Hypophysenvorderlappenhormone gelten:

1. das Wachstumshormon (Somatotropes Hormon; STH),
2. die Gonadotropen Hormone,
3. das Adrenocorticotrope Hormon (ACTH) und
4. das Thyreotrope Hormon (ThTH).

Chemisch nicht eindeutig gesichert sind ein Pankreatropes Hormon, ein Adrenalotropes Hormon und ein Kontrainsulares Hormon. Die Hypophysenvorderlappenhormone sind höhermolekulare Proteine mit Molekulargewichten von 40000 bis 100000. Häufig enthalten diese Proteine noch Zucker, wie z. B. Mannose, und sind dann als Glykoproteide zu bezeichnen. Als Proteide werden die Hypophysenhormone fermentativ leicht zerstört.

Von den Hypophysenvorderlappenhormonen wird das Adrenocorticotrope Hormon (ACTH), dessen Reindarstellung 1943 Li aus Schafshypophysen und Sayers aus Schweinehypophysen gelang, therapeutisch verwendet. Das ACTH ist ein zentrales Stoffwechselhormon, das die Nebennierenrinde zur Ausschüttung von Nebennierenrindenhormonen anregt und als zentraler Regulator des Kohlenhydrat- und Mineralstoffwechsels angesehen werden kann.

Schon 1931 wurden von Fevold und Hisaw im Hypophysenextrakt zwei Stoffe mit verschiedener gonadotroper Wirkung gefunden, nämlich einmal ein follikelstimulierendes Hormon (Thylakentrin, FSH, Folistiman•), das für das Wachstum der Follikel bzw. die Spermiogenese wichtig ist, und zum anderen ein Interstitialzellen stimulierendes Hormon (Metakentrin; ICSH). Das Metakentrin bewirkt im weiblichen Organismus die Umwandlung der Follikel in Gelbkörper und im männlichen Organismus die vermehrte Bildung von Testosteron*. Metakentrin bewirkt weiterhin eine Vergrößerung der sekundären Geschlechtsmerkmale, wobei vor allen Dingen ein Wachstum des Zwischengewebes erfolgt. Gonadotrope Hormone werden während der Schwangerschaft auch in den Placentarzotten gebildet und im Harn ausgeschieden. Die Gewinnung gonadotroper Hormone aus dem Harn läßt sich technisch einfacher durchführen als die Isolierung aus der Hypophyse. Ein derartiges in Placentarzotten gebildetes gonadotropes Hormon wird als Choriongonadotropin (HCG) bezeichnet und therapeutisch verwendet (z. B. Gonabion-Ampullen•).

Aus dem Hypophysenhinterlappen wurden von DuVigneaud zwei Hormone, das Oxytocin (Ocytocin*, Oxystin•) und das Vasopressin, in reiner Form gewonnen, in ihrer Konstitution aufgeklärt und schließlich auch synthetisiert. Das Oxytocin wirkt wehenfördernd auf den hochschwangeren Uterus ein. Das Vasopressin bewirkt über eine Kontraktion der Blutgefäße eine Blutdruckerhöhung, hemmt daneben noch die Diurese und fördert die Dünn- und Dickdarmperistaltik. Oxytocin und Vasopressin sind cyclische, niedermolekulare Peptide, deren Molekulargewicht bei ungefähr 1000 liegt. Oxytocin ist aus den Aminosäuren

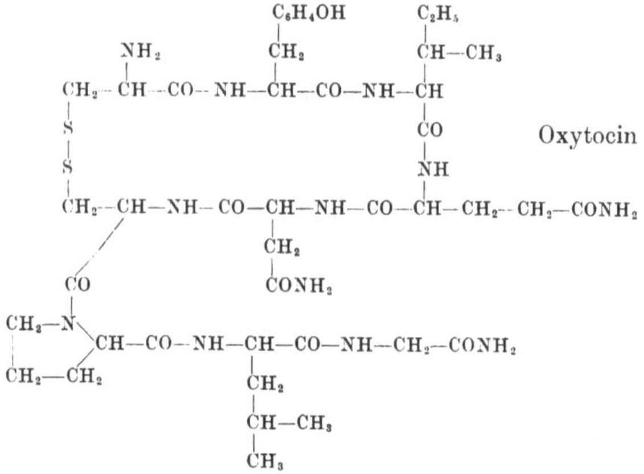

Oxytocin

Isoleucin, Tyrosin, Cystin, Asparagin, Glutamin, Glycinamid, Leucin und Prolin aufgebaut. Dem Vasopressin kommt im wesentlichen die gleiche Struktur wie dem Oxytocin zu, lediglich die Aminosäuren Leucin und Isoleucin sind durch Phenylalanin und Arginin (bei dem Vasopressin vom Rind) bzw. durch Phenylalanin und Lysin (beim Vasopressin vom Schwein) ersetzt.

21. Emulgatoren, Salbengrundlagen und Suppositoriengrundlagen

21.1. Emulgatoren

Emulsionen sind disperse Systeme aus zwei miteinander nicht mischbaren Flüssigkeiten. Bei den pharmazeutisch gebräuchlichen Emulsionen ist die eine Phase wäßriger Natur, während die andere Phase meist von Ölen bzw. Fetten gebildet wird. Es sind zwei Typen von Emulsionen zu unterscheiden, die Wasser-in-Öl-Emulsionen (W/Ö-Emulsionen) und die Öl-in-Wasser-Emulsionen (Ö/W-Emulsionen). Bei den W/Ö-Emulsionen bildet das Wasser die innere Phase und ist im Öl, das die äußere Phase bildet, dispergiert. Um die Emulgierung zu erreichen und eine genügende Stabilität der gebildeten Emulsionen garantieren zu können, werden oberflächenaktive Stoffe verwendet, die man als Emulgatoren bezeichnet. Die Emulgatoren enthalten einen lipophilen und einen hydrophilen Molekülteil und sind in der Emulsion mit dem hydrophilen Molekülteil in der wäßrigen Phase und mit dem lipophilen Molekülteil in der Öl- bzw. Fettphase gelöst. Sie bilden auf diese Weise eine monomolekulare Grenzschicht zwischen den beiden Phasen. Die einzelnen Emulgatoren bilden entweder Ö/W- oder W/Ö-Emulsionen, wobei als Regel angesehen werden kann, daß dann, wenn die hydrophilen Eigenschaften im Emulgatormolekül überwiegen, Ö/W-Emulsionen, und wenn die lipophilen Eigenschaften überwiegen, W/Ö-Emulsionen gebildet werden.

Die heute gebräuchlichen Emulgatoren kann man in folgende drei Gruppen einteilen:

1. anionenaktive Emulgatoren,
2. kationenaktive Emulgatoren,
3. nichtionogene Emulgatoren.

Bei den *anionenaktiven Emulgatoren* ist das Anion Träger der oberflächenaktiven Wirkung. Die bekanntesten anionenaktiven Emulgatoren sind die Alkaliseifen und die Fettalkylsulfate. Bei den dissoziierenden Alkaliseifen ist der Alkylrest der lipophile und das Carboxylatanion der hydrophile Molekülteil. Die gleichsinnig geladenen Carboxylatanionen stoßen sich ab und sind deshalb bestrebt, einen möglichst großen Raum einzunehmen. Sie ordnen sich in der äußeren Phase der Ö/W-Emulsionen an. Alkaliseifen können zur Bereitung von Emulsionen benutzt werden, die für den äußeren Gebrauch bestimmt sind, z. B. die Linimente. Da die Alkaliseifen alkalisch reagieren, können sie nur selten zur Bereitung von Emulsionen herangezogen werden, die Träger von Arzneistoffen sein sollen. Im sauren Milieu liegen die weitgehend undissoziierten Fettsäuren vor, denen praktisch keine emulgierende Wirkung mehr zukommt.

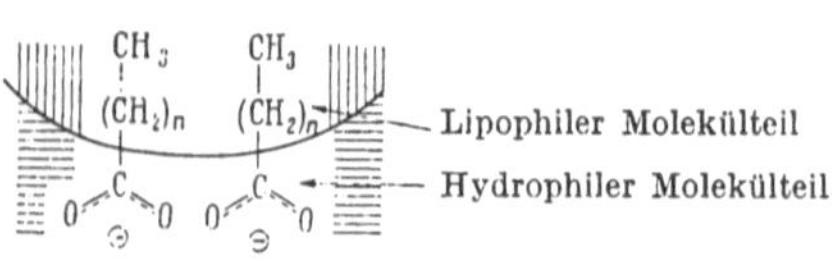

Die Alkaliseifen bilden mit Calcium- und Magnesiumionen unlösliche Calcium- und Magnesiumseifen. Diese Kalk- bzw. Magnesiumseifen sind keine Ö/W-Emulgatoren mehr, sondern wirken wie schwache W/Ö-Emulgatoren. Bei diesen unlöslichen Seifen sind keine Carboxylatanionen vorhanden, die sich abstoßen. Zwei Carboxylgruppen werden durch ein Calcium- bzw. Magnesiumatom zusammengehalten. Von der emulgierenden Wirkung der Kalkseife macht man bei der Herstellung des Kalkliniments (Linimentum Calcariae) aus Leinöl und Kalkwasser Gebrauch. Das Kalkliniment ist eine W/Ö-Emulsion.

Die aufgeführten Nachteile der Alkaliseifen als Emulgatoren können teilweise beseitigt werden, wenn in das Seifenmolekül gleichzeitig $-O-SO_3H-$ bzw. $-SO_3H$-Gruppen eingeführt werden. Die Schwefelsäurehalbester und die Sulfonsäuren bilden lösliche Erdalkalisalze und liegen auch im sauren Milieu dissoziiert vor. Sie behalten im sauren Milieu und in Gegenwart von Erdalkaliionen ihre Emulgatoreigenschaften bei.

Wirkt Schwefelsäure auf Hydroxyfettsäuren, wie z. B. Ricinolsäure, ein, entstehen Schwefelsäurehalbester, die mit Alkalien die entsprechenden Salze bilden.

$$\begin{array}{l} CH_3-(CH_2)_5-\underset{\displaystyle O-SO_3Na}{\underset{|}{CH}}-CH_2-CH{=}CH-(CH_2)_7-COONa \end{array}$$

Dinatriumsalz des Ricinolsäureschwefelsäurehalbesters

Von den zahlreichen bekannten Emulgatoren mit einer Carboxyl- und einer Sulfonsäuregruppe im Molekül sollen hier nur die stark oberflächenaktiven Verbindungen des folgenden Typs aufgeführt werden.

$$CH_3-(CH_2)_n-\underset{\displaystyle SO_3Na}{\underset{|}{CH}}-CH_2-COONa$$

Alle diese Verbindungen, die eine Carboxylgruppe enthalten, besitzen noch in abgeschwächter Form die Nachteile der Seifen. Durch Veresterung der Carboxylgruppe erhielt man schließlich Verbindungen, die diese Nachteile der Seifen nicht mehr besitzen. Als Beispiel für diese Emulgatorgruppe soll das Natriumsalz der Bernsteinsäuredioctylestersulfonsäure erwähnt werden.

$$\begin{array}{l} NaO_3S{-}CH{-}CO{-}O{-}C_8H_{17} \\ \qquad\quad\;| \\ \qquad\quad CH_2{-}CO{-}O{-}C_8H_{17} \end{array}$$

Die größte Bedeutung erlangten aber die Fettalkylsulfate, die im Rahmen der aus ihnen darstellbaren Komplexemulgatorsalben besprochen werden sollen.

Bei den *kationenaktiven Emulgatoren* ist das Kation Träger der Oberflächenaktivität. Kationenaktive Emulgatoren sind quartäre Ammoniumverbindungen. Sie werden auch als Invertseifen bezeichnet und besitzen gleichzeitig eine gute desinfizierende Wirkung. Da sie hauptsächlich als Desinfektionsmittel eingesetzt und kaum zur Bereitung von Emulsionen herangezogen werden, sind sie bereits bei den Desinfektionsmitteln abgehandelt worden.

Die bedeutendste Gruppe der Emulgatoren wird von den nichtionogenen Verbindungen gebildet. Zu den *nichtionogenen Emulgatoren* sind z. B. die Alkohole des Wollwachses zu rechnen, die für die Wasseraufnahmefähigkeit des Wollwachses verantwortlich sind. Diese emulgierenden Wollwachsalkohole und andere Fettalkohole werden bei den Lipogelsalben besprochen.

Nichtionogene Verbindungen sind dann gute Emulgatoren, wenn sich die lipophilen und die hydrophilen Eigenschaften des Moleküls annähernd ausgleichen. Herrschen bei derartigen Substanzen die lipophilen Eigenschaften vor, so werden von ihnen W/Ö-Emulsionen gebildet, überwiegen dagegen die hydrophilen Eigenschaften, so können diese Verbindungen als Ö/W-Emulgatoren eingesetzt werden. Bei dem Glycerinmonostearat überwiegen stark die lipophilen Eigenschaften des Fettsäurerestes. Glycerinmonostearat ist aus diesem Grunde nur ein schwacher W/Ö-Emulgator, kann aber gut als Stabilisator für W/Ö-Emulsionen verwendet werden. Bei dem Mannitmonooleat ist der hydrophile Molekülteil wesentlich größer. Die hydrophilen Eigenschaften sind verstärkt, überwiegen allerdings noch nicht die lipophilen Eigenschaften. Mannitmonooleat ist ein aktiver W/Ö-Emulgator.

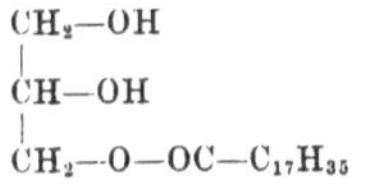

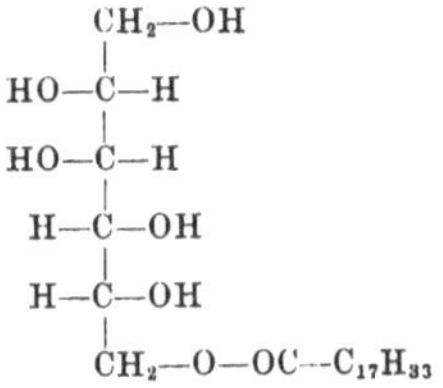

Glycerinmonostearat Mannitmonooleat

Große Bedeutung als synthetische, nichtionogene W/Ö-Emulgatoren besitzen die Sorbitanfettsäureester, die unter dem Namen Spans bekannt geworden sind. Durch Anhydridbildung entsteht aus dem sechswertigen Alko-

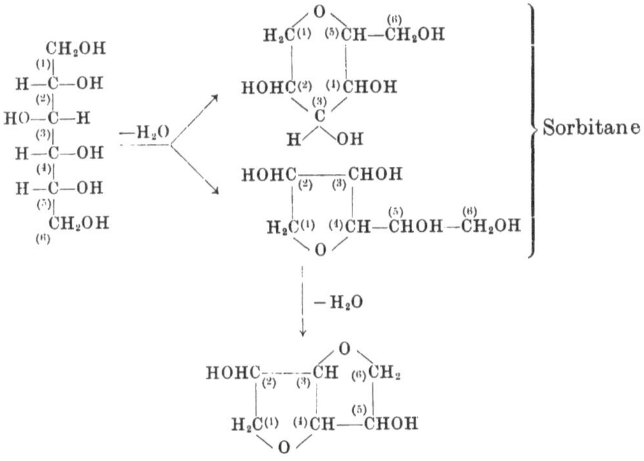

Sorbid

hol Sorbit ein Gemisch aus einer 5- und einer 6-gliedrigen monocyclischen und einer 8-gliedrigen bicyclischen Verbindung. Diese Sorbitanhydride bezeichnet man als Sorbitane (Monocyclen) und Sorbide (Bicyclen). Das Gemisch dieser verschiedenen Sorbitanhydride kann mit Fettsäuren verestert werden. Dabei kann die Veresterung so gelenkt werden, daß ein Gemisch von Verbindungen entsteht, bei denen durchschnittlich auf einen Sorbitanrest entweder ein oder drei Fettsäurereste kommen. Die wichtigsten Spans sind in der folgenden Zusammenstellung aufgeführt. Die Spans sind W/Ö-Emulgatoren.

Spans, Sorbitanfettsäureester

Kurzbezeichnung	Chemische Bezeichnung
Span 20	Sorbitan-monolaurat
Span 40	Sorbitan-monopalmitat
Span 60	Sorbitan-monostearat
Span 65	Sorbitan-tristearat
Span 80	Sorbitan-monooleat
Span 85	Sorbitan-trioleat

Durch Verätherung der noch freien Hydroxylgruppen der Spans mit Polyäthylenglykolen werden die Tweens erhalten. Die Tweens sind wie die Spans Gemische verschiedener Substanzen ähnlicher Struktur mit gleichem Fettsäurerest. Durch unterschiedliche Länge der Polyäthylenglykolketten sind bei den Tweens weitere Variationsmöglichkeiten gegeben. Infolge der vorhandenen Polyäthylenglykolketten sind die Tweens wesentlich hydrophiler als die Spans. Tweens sind gute Lösungsvermittler und geben mit Spans gemischt gute Ö/W-Emulgatoren. Die wichtigsten Tweens sind in der folgenden Aufstellung wiedergegeben.

Tweens

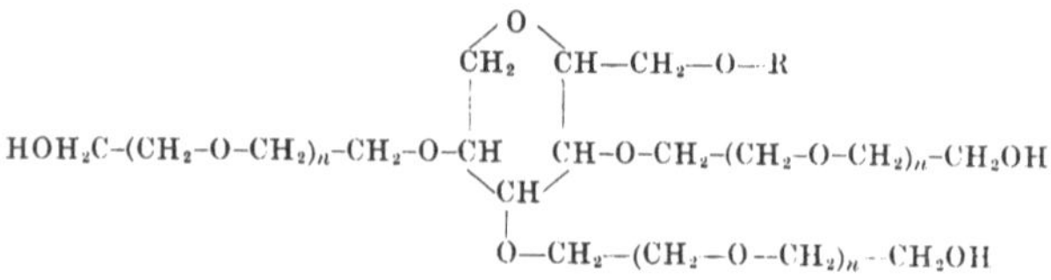

Bezeichnung	R	n
Tween 20	Laurinsäurerest	ca. 6
Tween 40	Palmitinsäurerest	ca. 6
Tween 60	Stearinsäurerest	ca. 6
Tween 61	Stearinsäurerest	ca. 2
Tween 80	Ölsäurerest	ca. 6
Tween 81	Ölsäurerest	ca. 2

Bei Tween 85 sind drei Ölsäurereste esterartig mit dem Sorbitan verbunden. Die frei bleibende Hydroxylgruppe ist mit einer Polyäthylenglykolkette von *n* ca. 6 veräthert.

Durch Verätherung bzw. Veresterung höherer aliphatischer Alkohole bzw. Fettsäuren mit Polyäthylenglykolen erhält man ebenfalls gute Emulgatoren. Wenn bei diesen Verbindungen die hydrophilen Eigenschaften überwiegen, lassen sie sich als Ö/W-Emulgatoren einsetzen. Das ist der Fall, wenn die Polyäthylenglykolkette aus ca. 8 Äthylenoxideinheiten besteht.

Die Äther aus höheren Alkoholen und Polyäthylenglykolen sind unter den Namen Cetomacrogol, Brij und Chremophor A bekannt geworden. „Chremophor A fest" ist ein Äther aus Stearylalkohol und einem Polyäthylenglykol von durchschnittlich 8 Äthylenoxideinheiten. „Chremophor A flüssig" enthält an Stelle der Stearylalkohol- die Oleylalkohol-Komponente.

Unter den Namen Macrogol, Myrj und Chremophor AP sind Ester aus Fettsäuren und Polyäthylenglykolen bekannt geworden. Die Chremophore AP enthalten ebenfalls eine Polyäthylenglykolkette aus 8 Äthylenoxideinheiten. „Chremophor AP fest" besitzt als Säurekomponente den Stearinsäurerest und „Chremophor AP flüssig" den Ölsäurerest. Als Ester sind die Chremophore AP alkaliempfindlich.

$$CH_3-(CH_2)_{16}-CH_2-(O-CH_2-CH_2)_8-OH$$

Chremophor A fest

$$CH_3-(CH_2)_7-CH=CH-(CH_2)_8-(O-CH_2-CH_2)_8-OH$$

Chremophor A flüssig

$$CH_3-(CH_2)_{16}-CO-(O-CH_2-CH_2)_8-OH$$

Chremophor AP fest

$$CH_3-(CH_2)_7-CH=CH-(CH_2)_7-CO-(O-CH_2-CH_2)_8-OH$$

Chremophor AP flüssig

Von den natürlich vorkommenden Emulgatoren soll hier lediglich das Lecithin besprochen werden, das in vielen Nahrungsmitteln, unter anderem besonders reichlich im Eidotter und in den Sojabohnen vorkommt. Lecithin ist keine einheitliche Verbindung. Die an den Glycerinrest esterartig gebundenen Fettsäuren können variieren. Bei dem α-Lecithin ist der Cholinphosphorsäureester mit einer der beiden primären Hydroxylgruppen, bei dem β-Lecithin mit der sekundären Hydroxylgruppe des Glycerins verestert.

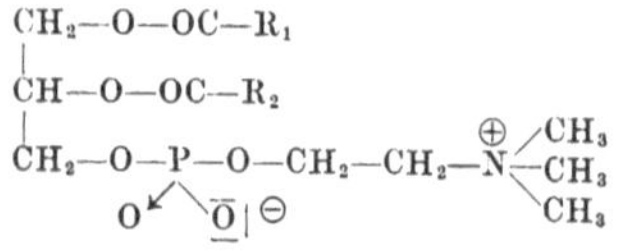

α-Lecithin

(R_1; R_2 = Fettalkylreste)

Lecithin ist ein Ö/W-Emulgator. Lecithin ist wenig stabil und soll möglichst nur zusammen mit Antioxydantien verarbeitet werden.

21.2. Salbengrundlagen

Nach einer Definition von MÜNZEL sind Salben plastische Gele zur kutanen Applikation. Gele sind formbeständige, leicht deformierbare, disperse Systeme aus gerüstbildenden, festen und eingelagerten, flüssigen Bestandteilen. Da die Gelstruktur der Salben sehr leicht thermisch und mechanisch zerstört werden kann, sind die Salben zu den Nebenvalenzgelen zu rechnen, bei denen die Gerüstbestandteile durch VAN-DER-WAALsche bzw. durch COULOMBsche Kräfte miteinander verbunden sind. Die Gelstruktur ist keineswegs bei allen Salben nachgewiesen worden, so daß die Allgemeingültigkeit der Definition von MÜNZEL noch nicht eindeutig gesichert ist. Eine allgemeinere Definition für Salben besagt, daß Salben für die äußerliche Anwendung von Arzneistoffen und zur Behandlung von Hautschäden bestimmt sind und daß sie eine Konsistenz besitzen müssen, die ein Aufstreichen auf die Haut ermöglicht. Nach MÜNZEL können die Salben nach chemischen Gesichtspunkten in folgende fünf Hauptgruppen eingeteilt werden:

1. Kohlenwasserstoffgele,
2. Lipogele,
3. Silicongele,
4. Carbowaxgele,
5. Hydrogele.

Die Besprechung der Salbengrundlagen und der wichtigsten aus ihnen zu bereitenden Salben soll im wesentlichen dieser Einteilung folgen.

Die klassischen *Kohlenwasserstoff-Salbengrundlagen* sind die Vaselinen. Vaselin wurde 1871 von dem Amerikaner CHESEBROUGH als beständige Salbengrundlage empfohlen und verdrängte bald auch in Europa weitgehend die bis dahin angewendeten Fettgrundlagen. In Gebrauch sind gelbes Vaselin (Vaselinum flavum) und das daraus durch Bleichen bereitete weiße Vaselin (Vaselinum album). Nach der Art ihrer Gewinnung können die heute gebräuchlichen Vaselinen in Naturvaselinen, Gatschvaselinen und Kunstvaselinen eingeteilt werden. Nur die Eigenschaften der Natur- und der Gatschvaselinen rechtfertigen die Anwendung zu pharmazeutischen Zwecken. Aus diesem Grunde werden Natur- und Gatschvaselinen auch unter dem Begriff pharmazeutische Vaselinen zusammengefaßt und den Kunstvaselinen gegenübergestellt. Die Naturvaselinen fallen als Residuen bei der Erdöldestillation an. Zur Gewinnung der Gatschvaselinen werden Erdöldestillationsprodukte bzw. Produkte der Braunkohlenverarbeitung groben chemischen Eingriffen unterworfen. Kunstvaselinen werden durch Zusammenschmelzen von festen und flüssigen Paraffinen gewonnen.

Vaselinen bestehen aus langkettigen, gesättigten Kohlenwasserstoffen mit unverzweigter (n-Paraffine) und verzweigter Kette (Isoparaffine). Daneben können noch cyclische Kohlenwasserstoffe vorhanden sein. Die Anzahl der Kohlenstoffatome dieser Paraffine liegt zwischen 24 und 35. Die Seitenketten der im amerikanischen Vaselin vorkommenden Isoparaffine enthalten durchschnittlich drei Kohlenstoffatome. Die Paraffine, vor allen Dingen die Isoparaffine, bilden ein netzartiges, dreidimensionales Gerüst. Diese Gerüststrukturen können im polarisierten Licht als Kristallnädelchen erkannt werden, die man als Trichite bezeichnet. In dieses Gerüst sollen im amerikanischen Vaselin flüssige, langkettige Kohlenwasserstoffe mit zwei Doppelbindungen eingelagert sein. Amerikanisches Vaselin enthält neben einer kleineren Menge von n-Paraffinen (durchschnittlich 10%) hauptsächlich Iso- und Ringparaffine. Die aus europäischen Mineralölen bereiteten Vaselinen haben in der Regel einen höheren n-Paraffin-Gehalt und dadurch ein gröberes Gefüge und einen höheren Schmelzpunkt.

Vaselinen sind strukturviskose, halbfeste Gemische, deren Pseudoviskositätswerte unter dem Einfluß von Schubspannungen herabgesetzt werden, wie sie z. B. durch Rühren mit dem Pistill bzw. durch Einwirkung der Walzen der Salbenmaschine entstehen. Beim Lagern dieser bearbeiteten Vaselinen steigen die Pseudoviskositätswerte wieder an, da sich zwischen den einzelnen Gerüstketten wieder Haftpunkte ausbilden. Die Erscheinung, daß die Viskosität unter Einwirkung mechanischer Kräfte sinkt und beim Lagern wieder ansteigt, wird als Thixotropie bezeichnet.

Pharmazeutische Vaselinen sollen keine beigemischten Mineralöle enthalten, und ihr Schmelzpunkt soll zwischen 38 und 50° liegen (Steigschmelzpunkt des DAB 6).

Aus den Vaselinsalben werden die Arzneistoffe sehr schwer abgegeben, so daß die Vaselinen als Arzneistoffträger wenig geeignet sind. Vaselinen sollten nur noch zur Bereitung von Decksalben benutzt oder zu Emulsionssalben verarbeitet werden.

Unter den *Lipogelen* finden sich die als Salbengrundlagen verwendeten Fette und Wachse. Das Schweinefett (Adeps suillus), auch als Schweineschmalz bezeichnet, wird aus dem frischen, ungesalzenen, gewaschenen Zellgewebe des Netzes und der Nierenumhüllung gesunder Schweine ausgeschmolzen und vom Wasser befreit. Schweineschmalz wird auch von Ekzemhäuten gut vertragen, ist gut streichfähig und kann relativ leicht abgewaschen werden. Diesen vorteilhaften Eigenschaften des Schweineschmalzes stehen einige ungünstige Eigenschaften, wie z. B. seine geringe chemische Stabilität und seine geringe Strukturstabilität gegenüber. Zu stabileren, salbenartigen Produkten auf Fettbasis gelangte man durch partielle Hydrierung von Ölen, z. B. von Erdnußöl. Bei dieser nach dem NORMANNschen Prinzip der Fetthärtung mit Wasserstoff unter der katalytischen Einwirkung von RANEY-Nickel erfolgenden Hydrierung wird ein geringer Teil des Öles unter Bildung von Glycerinmono- und Glycerindifettsäureestern aufgespalten. Von diesen partiell acylierten Glycerinderivaten wirken die Glycerinmonofettsäureester als schwache Emulgatoren, die den partiell hydrierten Ölen die Aufnahme von Wasser bis zu 75% des Eigengewichtes unter Bildung einer W/Ö-Emulsion ermöglichen.

Zu den Lipogelen sind auch das Wollfett (Adeps Lanae anhydricus) und die verschiedenen Wollfettzubereitungen (z. B. Lanolin) zu rechnen. Im Wollfett finden sich keine Ester des Glycerins. Aus diesem Grunde ist die Bezeichnung Fett irreführend und besser durch die Bezeichnung Wachs zu ersetzen. Das Wollwachs ist das gereinigte, wasserfreie Wachs der Schafwolle. Bei der Verseifung des Wollwachses erhält man die Wollwachssäuren und die Wollwachsalkohole. Die Wollwachssäuren sind gerad- und verzweigtkettige Fettsäuren mit 10 bis 30 C-Atomen. Die verzweigtkettigen Wollwachssäuren tragen Methylgruppen entweder am vorletzten (Isosäuren) oder am drittletzten (Anteisosäuren) C-Atom der Kohlenstoffkette. Daneben sind in geringem Umfang noch Hydroxysäuren vorhanden. Unter den Alkoholen finden sich die aliphatischen Wollwachsalkohole, die in der Struktur der Kohlenstoffkette den Wollwachssäuren entsprechen. Daneben sind Alkohole cyclischer Kohlenwasserstoffe der Sterinreihe vorhanden, von denen mengenmäßig das Cholesterin überwiegt. Das Wollwachs wird auch als Absorptionsbase bezeichnet, denn es ist einmal Salbengrundlage und enthält zum anderen Emulgatoren, die für die Aufnahme von Wasser unter Bildung einer W/Ö-Emulsion verantwortlich sind. Die Emulgatorwirkung kommt den im Unverseifbaren anfallenden aliphatischen Wollwachsalkoholen und in stärkerem Maße den Sterinen zu. Die Nachteile des Wollwachses sind seine Klebrigkeit und sein eigenartiger Geruch. Diese Nachteile können beseitigt werden, indem man die aliphatischen und cyclischen Alkohole des Wollwachses isoliert und mit Kohlenwasserstoffgelen verarbeitet. Aus den Wollwachsalkoholen (Alcoholes Lanae) wird auf diese Weise die Wollwachsalkoholsalbe (Unguentum Alcoholum Lanae) erhalten, die wie das wasserfreie Wollwachs Wasser unter Bildung einer W/Ö-Emulsion aufnehmen kann. Eine Zubereitung aus gleichen Teilen Wollwachsalkoholsalbe und Wasser ist die „Wasserhaltige Salbe" (Unguentum aquosum) des Nachtrages 1959 zum DAB 6.

Aliphatische gesättigte Alkohole mit 16 bzw. 18 Kohlenstoffatomen (Cetylalkohol bzw. Stearylalkohol) sind schwache W/Ö-Emulgatoren. Von Betrachtungen am Cholesterin ausgehend, das die hydrophile Hydroxylgruppe an einem raumfüllenden cyclischen Kohlenwasserstoff gebunden enthält und sehr gute Emulgatoreigenschaften besitzt, hat man auch einen raumfüllenden Typ aliphatischer Alkohole geschaffen. Durch alkalische Kondensation gesättigter Fettalkohole können β-ständig verzweigte primäre Alkohole erhalten werden. Bei der Kondensation von 2 Mol. Cetylalkohol erfolgt z. B. folgende Umsetzung:

$$2\,C_{16}H_{33}OH \rightarrow \begin{matrix} C_{14}H_{29} \\ C_{16}H_{33} \end{matrix}\!\!>\!CH-CH_2OH + H_2O$$

Ein Produkt aus verzweigtkettigen Alkoholen des wiedergegebenen Typs ist z. B. unter dem Namen Fealan• im Handel. Für diese verzweigtkettigen Alkohole wurde die lateinische Bezeichnung Alcoholes pseudolanae vorgeschlagen. Fealan• ist ein stärkerer W/Ö-Emulgator als Cetylalkohol. Ein 10% Fealan• enthaltendes Vaselin kann bis zur doppelten Menge des Eigengewichts an Wasser aufnehmen.

In Salben und Emulsionen wird häufig ein Gemisch von Verbindungen wachsartiger Struktur und flüssigen Aggregatzustandes verarbeitet. Dieses „Flüssige Wachs" (Cera liquida) — auch unter dem Namen Cetiolan• bekannt — ist ein Gemisch von Estern von gesättigten und ungesättigten, aus pflanzlichen und tierischen Rohstoffen gewonnenen Fettsäuren von 16 bis 22 C-Atomen mit einwertigen, gesättigten Alkoholen von 6 bis 9 C-Atomen.

Als Salbengrundlagen werden neuerdings auch *Silicone* benutzt, die wie die Kohlenwasserstoffe ausgeprägt hydrophobe Eigenschaften besitzen, aber von der Haut besser vertragen werden sollen. Zu Siliconsalben werden Siliconöle verarbeitet. Siliconöle sind kettenförmige Methylpolysiloxane, die aus wenig Trimethylchlorsilan und viel Dimethyldichlorsilan hergestellt werden können. Die bei der Hydrolyse der Alkylchlorsilane sich primär bildenden Alkylsilanole sind nicht beständig und kondensieren sofort zu den Methylpolysiloxanen. Dabei bildet das Trimethylsilanol (auch als Monostopper bezeichnet) die Kettenenden und das Dimethylsilandiol (auch Kettenbildner genannt) die Kettenglieder.

$$H_3C-\underset{CH_3}{\overset{CH_3}{Si}}-O-\left[-\underset{CH_3}{\overset{CH_3}{Si}}-O-\right]_n-\underset{CH_3}{\overset{CH_3}{Si}}-CH_3$$

Siliconöl

Die Zusammensetzung des Alkylchlorsilangemisches beeinflußt die Kettenlänge und damit das Molekulargewicht der entstehenden Verbindungen in der Weise, daß mit steigendem Dimethylsilandiol- und sinkendem Trimethylsilanolgehalt längerkettige und damit höhermolekulare Verbindungen entstehen. Die als Siliconöle bekannten und zu Salben verarbeiteten Linearpolymere des Methylpolysiloxans können ein Molekulargewicht bis zu 100000 ($n \sim 2000$) haben. Siliconöle sind nicht toxisch.

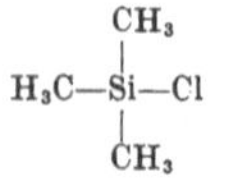

Trimethylchlorsilan

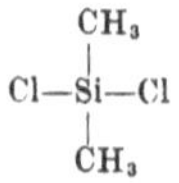

Dimethyldichlorsilan

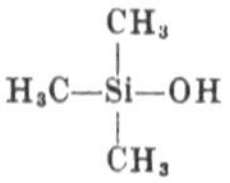

Trimethylsilanol

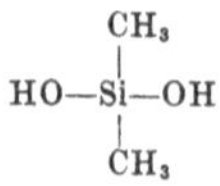

Dimethylsilandiol

Zur Bereitung von Salben können die Siliconöle entweder mit Aerosil, einem hochdispersen Siliciumdioxid, zu pastenartigen Produkten oder mit Hilfe von Emulgatoren, wie z. B. den später zu besprechenden Fettalkylsulfaten, zu Emulsionssalben verarbeitet werden.

Ausgesprochen hydrophil sind die *Polyäthylenglykole*, die im angelsächsischen Sprachbereich als *Carbowaxe* bezeichnet werden. Polyäthylenglykole sind Polymerisationsprodukte des Äthylenoxids. Äthylenoxid ist eine giftige Substanz mit einem Siedepunkt von 10°. Die Polymerisation des Äthylenoxids kann bei höheren Temperaturen unter der katalytischen Einwirkung von Alkalihydroxiden, Alkalimethylaten oder Zinn(IV)-chlorid vorgenommen werden. Die endständigen Hydroxylgruppen werden dabei durch Zerfall einer bestimmten Menge Äthylenoxid gebildet. Äthylenoxid kann auch zunächst in Äthylenglykol übergeführt werden, das dann unter Druck zu den Polyäthylenglykolen kondensiert werden kann. Die Polymerisation bzw. Kondensation kann so gesteuert werden, daß man Gemische von Homologen

$$\underset{\text{O}}{\text{CH}_2-\text{CH}_2}$$

Äthylenoxid

$$HO-CH_2-CH_2-(O-CH_2-CH_2)_n-O-CH_2-CH_2-OH$$

Polyäthylenglykol

mit annähernd gleicher Kettenlänge erhält. Polyäthylenglykole mit Molekulargewichten bis zu 600 sind nahezu farblose, klare, viskose Flüssigkeiten. Produkte, bei denen das durchschnittliche Molekulargewicht der Verbindungen höher liegt, sind wachsartige Massen, deren Schmelzpunkt mit steigendem Molekulargewicht ansteigt. Die Kennzeichnung der Polyäthylenglykole kann entweder nach dem Molekulargewicht oder dem Polymerisationsgrad erfolgen. Als Regel kann gelten, daß Zahlen unter 200 den Polymerisationsgrad, bezogen auf Äthylenoxideinheiten, und Zahlen über 200 das mittlere Molekulargewicht wiedergeben. Die gute Wasserlöslichkeit aller Polyäthylenglykole ist darauf zurückzuführen, daß der Äthersauerstoff Wasserstoffbrücken zu Wassermolekülen ausbilden kann. Die Polyäthylenglykolsalben werden in der Regel durch Mischen eines flüssigen Polyäthylenglykols vom mittleren Molekulargewicht 300 bis 400 und eines festen Polyäthylenglykols vom mittleren Molekulargewicht 3000 bis 4000 bereitet. Die gute Wasserlöslichkeit der Polyäthylenglykole ermöglicht es, die Salben leicht abzuwaschen.

Zu den *Hydrogelsalben* gehören eine Reihe von Ö/W-Emulsionen. Die größte Bedeutung besitzen die mit Hilfe von Fettalkylsulfaten bereiteten Emulsionssalben. Die Fettalkylsulfate — auch als Alipholsulfate bezeichnet — können durch Veresterung von Fettalkoholen mit Schwefelsäure hergestellt werden. Die gebildeten Schwefelsäurehalbester geben mit Alkalien neutral reagierende Salze, von denen vor allem das Natriumsalz verwendet wird. Diese Fettalkylsulfate sind starke Ö/W-Emulgatoren und besitzen gegenüber den ähnlich gebauten Seifen den Vorteil, daß sie neutral reagieren, auch im sauren

Milieu wirksam sind und keine unlöslichen Erdalkalisalze bilden.

Die Fettalkylsulfate (hauptsächlich Natriumstearylsulfat) sind zu 6 bis 10% in den „emulgierenden Alkoholen" (Alcoholes emulsificantes, Lanettewachs) vorhanden. Der Hauptbestandteil der emulgierenden Alkohole sind gesättigte, höhere, aliphatische Alkohole (im wesentlichen Stearylalkohol).

$CH_3-(CH_2)_{17}-OH$	$CH_3-(CH_2)_{17}-O-SO_3Na$
Stearylalkohol	Natriumstearylsulfat

Mit gelbem Vaselin und flüssigem Paraffin bzw. flüssigem Wachs verarbeitet geben die emulgierenden Alkohole die „emulgierende Salbe" (Unguentum emulsificans). Aus den emulgierenden Alkoholen wird mit Wasser, flüssigem Wachs, Glycerin und geringen Mengen von p-Hydroxybenzoesäuremethylester und -propylester die „wasserhaltige emulgierende Salbe" (Unguentum emulsificans aquosum) bereitet.

Die emulgierenden Alkohole werden auch als Komplexemulgatoren und die aus ihnen hergestellten Emulsionssalben als Komplexemulgatorsalben bezeichnet. In einer derartigen Komplexemulgatorsalbe sind die Fettalkylsulfate und die Fettalkohole in der aufgezeichneten Weise an den Grenzflächen angeordnet. Die Alkylreste der Fettalkohole und der Fettalkylsulfate werden durch VAN-DER-WAALsche-Kräfte zusammengehalten. Ein Ersatz der Fettalkohole durch Paraffine setzt die Stabilität der Emulsion beträchtlich herab. Die in den Komplexemulgatorsalben verarbeiteten lipophilen Bestandteile wie Vaselin, Paraf-

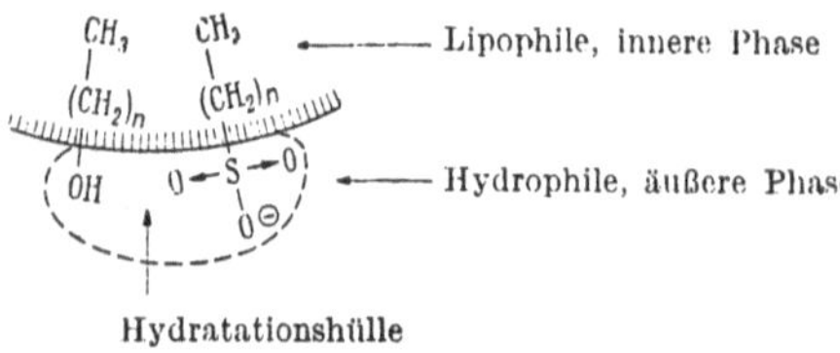

finöle oder flüssiges Wachs werden in die lipophilen Micellen der Ö/W-Emulsion eingelagert.

In ähnlicher Weise wie die Emulsionssalben der emulgierenden Alkohole sind die bevorzugt für kosmetische Zwecke eingesetzten und als Tagescremes benutzten Stearatsalben aufgebaut. Stearatcremes werden aus Seifen (Natrium-, Kalium-, Ammonium- und Triäthanolammoniumseifen), Stearinsäure und Wasser meist unter Verwendung von Glycerin bereitet. An der Grenzfläche zwischen der lipophilen inneren Phase und der hydrophilen äußeren Phase sind Stearat- und Stearinsäuremoleküle in ähnlicher Weise wie Fettalkohol- und Fettalkylsulfatmoleküle angeordnet. Wegen der alkalischen Reaktion der äußeren Phase können die Stearatcremes nur in seltenen Fällen als Arzneistoffträger eingesetzt werden.

Hydrogele werden von einer Reihe natürlicher und partialsynthetisch hergestellter Kohlenhydrate gebildet. Daß der aus *Astragalus*-Arten zu gewinnende Traganth als Hydrogelbildner angewendet wird, beruht auf der Anwesenheit von mit Wasser stark quellenden Kohlenhydraten. Die zu gleichem Zwecke verwendeten Pektine sind Gemische von Polygalakturonsäuren und Polygalakturonsäuremethylestern und werden aus Äpfel- und Rübenpreßrückständen gewonnen. Die bevorzugt in Form ihrer Natriumsalze eingesetzten Alginsäuren sind Polymerisate der *D*-Mannuronsäure und werden, wie schon der Name andeutet, aus Algen, in Europa hauptsächlich aus Laminaria-Arten, gewonnen. Die aus den erwähnten natürlichen Kohlenhydraten hergestellten Hydrogele können leicht bakteriell zersetzt werden. Ausgesprochen magere Bakterienböden sind dagegen die partialsynthetischen Gelbildner. Als partialsynthetische Gelbildner sind alkylierte Cellulosen (Methylcellulosen, Hydroxyäthylcellulosen), Carboxymethylcellulosen und Carboxymethylamylopektine in Gebrauch. Methylcellulosen (Adulsion, Tylose) und Hydroxyäthylcellulosen (Äthoxose•) sind verschieden stark verätherte Cellulosen mit $-O-CH_3$- bzw. $-O-C_2H_4OH$-Gruppen. Werden die Wasserstoffatome einiger Hydroxylgruppen der Cellulose durch Alkylreste ersetzt, bilden sich weniger intra- bzw. intermolekulare Wasserstoffbrücken aus, und zwischen die kettenförmigen Alkylcellulosemoleküle kann unter Quellung Wasser eingelagert werden.

Die Carboxymethylcellulosen und die Carboxymethylamylopektine enthalten im Molekül $-O-CH_2-COOH$-Gruppen, die man sich durch Verätherung von Hydroxylgruppen mit Glykolsäure entstanden denken kann. Diese Verbindungen sind Carbonsäuren und werden in Form ihrer Natriumsalze als Natrium-cellulose-glykolate und Natrium-amylopektin-glykolate angewendet. Während die Natrium-amylopektin-glykolate vor allen Dingen für die Herstellung von Emulsionen und als Tablettenhilfsstoffe benutzt werden, wird Natrium-cellulose-glykolat auch für die Bereitung von Gelen verwendet, die als Arzneistoffträger z. B. für Sulfonamidsalze fungieren und für die kutane Applikation bestimmt sind.

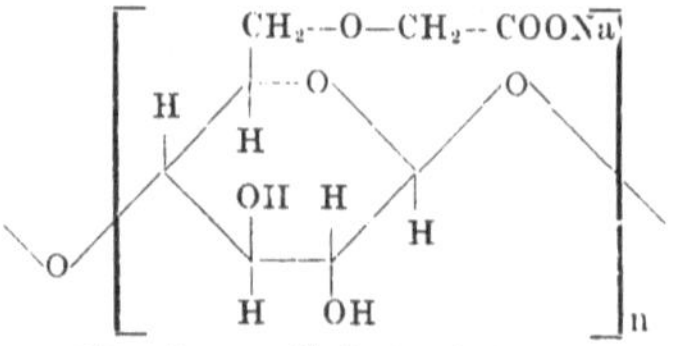

Natrium-cellulose-glykolat

Anorganische Hydrogelbildner sind die Bentonite. Bentonite sind kolloidale Aluminiumsilicate, die noch Erdalkali- und Alkaliionen gebunden enthalten. Ein wichtiges Bentonitmineral ist Montmorillonit. Für pharmazeutische Zwecke werden Natriumbentonite verwendet, die mit Wasser gut quellen und ein Gel bilden, dessen Konsistenz je nach der angewendeten Bentonitmenge z. B. dem Glycerin oder dem Wollwachs entsprechen kann. Bentonitgele zeigen stark thixotrope Eigenschaften, können durch starkes Schütteln verflüssigt werden und beim Stehenlassen ihre ursprüngliche Konsistenz wiedergewinnen.

21.3. Suppositoriengrundlagen

Als Grundmassen für die Herstellung von Suppositorien werden Fette bzw. fettähnliche Massen benutzt, die bei Zimmertemperatur fest sind und bei Körpertemperatur schmelzen. Als natürliche Suppositoriengrundlage wird die aus den Samen von *Theobroma cacao L.* gewonnene Kakaobutter (Oleum cacao) benutzt. Kakaobutter besteht aus einem Gemisch verschiedener Fettsäuretriglyceride, wie z. B. 2-Palmitooleostearin, 2-Oleodistearin, 2-Oleodipalmitin und 2-Palmitodiolein. Wie bei fast allen Fetten liegt auch bei der Kakaobutter eine Polymorphie vor. Es existieren mindestens drei schmelzpunktverschiedene Formen, die sich ineinander umwandeln können. Das Auftreten instabiler Modifikationen, die relativ geringe Haltbarkeit, die geringe Wasseraufnahmefähigkeit und andere Nachteile der Kakaobutter veranlaßten die Suche nach anderen bei Körpertemperatur schmelzenden Fetten bzw. fettähnlichen Produkten und ihre Erprobung als Suppositoriengrundlagen. So wurden z. B. entsprechende Fraktionen des Palmkernfettes, die sogenannten Palmkernstearine als Suppositoriengrundlagen in den Handel gebracht. Die weitaus größte Anzahl der heute gebräuchlichen Suppositoriengrundlagen auf Fettbasis wird durch partielle Hydrierung von Ölen gewonnen. Aber auch synthetische Produkte, wie z. B. Phthalsäureester verschiedener höherer Fettalkohole (Lasupol•), werden zur Herstellung schmelzender Suppositoriengrundlagen verwendet.

An die Seite der schmelzenden sind die wasserlöslichen Suppositoriengrundlagen vom Polyäthylenglykoltyp getreten. Diese Produkte (wie z. B. Suppopharm•, Suppobasin und Postonal) besitzen einen höheren Schmelzpunkt (50–60°). Da sich diese Suppositoriengrundlagen im Darm nur schwer auflösen, sind sie nur als Träger lokal wirkender Arzneistoffe geeignet.

22. Vertiefende Literatur

[1] Beyer, H., Lehrbuch der organischen Chemie, S. Hirzel-Verlag, Leipzig 1961
[2] Karrer, P., Lehrbuch der organischen Chemie, Georg-Thieme-Verlag, Stuttgart 1959
[3] Rosenmund, K., Vogt, H., Grundzüge der pharmazeutischen und medizinischen Chemie, Verlag von Theodor Steinkopff, Dresden und Leipzig 1960
[4] Hückel, W., Pharmazeutische Chemie und Arzneimittelsynthese, Ferdinand-Enke-Verlag, Stuttgart 1953
[5] Kaufmann, H. P., Arzneimittelsynthese Springer-Verlag, Berlin/Göttingen/Heidelberg 1953
[6] Buděšinský, Z., Protiva, M., Synthetische Arzneimittel, Akademie-Verlag, Berlin 1961
[7] Hagers Handbuch der pharmazeutischen Praxis, Verlag von Julius Springer, Berlin 1930;
—, zweiter Ergänzungsband, Springer-Verlag, Berlin/Göttingen/Heidelberg 1958
[8] Deutsches Arzneibuch, 6. Ausgabe, Neudruck 1953, Verlag Volk und Gesundheit, Berlin 1961;
—, Nachtrag 1954, Akademie-Verlag, Berlin;
—, Nachtrag 1959, Akademie-Verlag, Berlin;
Deutsches Arzneibuch, 6. Ausgabe, 3. Nachtrag 1959, Wissenschaftliche Verlagsgesellschaft mbH Stuttgart, Govi-Verlag GmbH, Frankfurt/M.
[9] Hauschild, F., Pharmakologie und Grundlagen der Toxikologie, VEB Georg Thieme, Leipzig 1960
[10] Jucker, E., Fortschritte der Arzneimittelforschung 1—4, Birkhäuser-Verlag, Basel und Stuttgart 1959
[11] Negwer, M., Organisch-chemische Arzneimittel und ihre Synonyma, Akademie-Verlag, Berlin 1961
[12] Auterhoff, H., Lehrbuch der Pharmazeutischen Chemie, Wissenschaftliche Verlagsgesellschaft mbH Stuttgart 1962

23. Stichwortverzeichnis

Die Verfasser geben in dieser Ausgabe

- **einen Überblick über die für die moderne Therapie wichtigen Arzneimittel**
- **eine Einteilung der Arzneistoffe nach pharmakologischen Gesichtspunkten**
- **eine Beschreibung der Eigenschaften der Arzneimittel unter Angabe der Methoden zu ihrer Identifizierung, zur Reinheitsprüfung und zur quantitativen Bestimmung mit den entsprechenden Forderungen in bezug auf Reinheit und Gehalt**

WISSENSCHAFTLICHE TASCHENBÜCHER

MIX
Papier | Fördert gute Waldnutzung
FSC® C083411

Zeitfracht Medien GmbH
Ferdinand-Jühlke-Straße 7
99095 Erfurt, Deutschland
produktsicherheit@kolibri360.de